城市绿化技术集

主编：[日] 近藤三雄
协助：[日] 城市绿化技术开发机构
翻译：谭　琦

中国建筑工业出版社

著作权合同登记图字：01－2005－1986 号

图书在版编目(CIP)数据

城市绿化技术集/(日)近藤三雄主编；谭琦翻译.—北京：
中国建筑工业出版社，2006
ISBN 7-112-08119-X

Ⅰ.城… Ⅱ.①近… ②谭… Ⅲ.城市－绿化－日本
Ⅳ.S733.13

中国版本图书馆 CIP 数据核字(2006)第 016763 号

原书名：都市緑化技術集

责任编辑：郑淮兵
责任设计：董建平
责任校对：张树梅　孙　爽

城 市 绿 化 技 术 集
主编：[日] 近藤三雄
协助：[日] 城市绿化技术开发机构
翻译：谭　琦
*
中国建筑工业出版社出版、发行(北京西郊百万庄)
新 华 书 店 经 销
北京嘉泰利德制版公司制版
北京同文印刷有限责任公司印刷
*
开本：787 × 1092 毫米 1/16 印张：10 字数：240 千字
2006 年 6 月第一版　2006 年 6 月第一次印刷
定价：32.00 元
ISBN 7-112-08119-X
(14073)

本社网址：http://www.cabp.com.cn
网上书店：http://www.china-building.com.cn

中文版序言

与世界上人口密集的其他国家一样，中国的城市绿化正面临着城市化发展与保护城市绿色的矛盾。城市化发展的确给人带来了更多的生活便利，但同时也有越来越多的土地被硬化，甚至造成更多环境污染的问题。一味保留原生态而放慢城市建设的步伐是不现实的。在这样的自然和社会背景下，城市绿化的发展遇到困难和需要技术都是非常正常的。城市绿化技术以协调城市发展与绿色环境为目的，可作为城市可持续发展的解决方案。

2008年北京奥运会提出了绿色奥运的口号，其环境标志是人与树组成的形态，寓意人与自然的和谐统一。可见，在当今的中国，绿色环境是解决一系列环境和社会问题的关键，是改善生活环境的重要依赖。大气因绿色而得到净化，热岛现象靠屋顶、墙面等立体绿化技术可得到缓解，通过对生物多样性的保护实现了地域环境的生态平衡，绿化废弃物的循环利用技术对水质净化和环境污染产生了效果，更重要的是，生机勃勃和多样丰富的环境能够净化人的身心，从而提高人们的健康质量。

本书译者谭琦（日本名：檀智佳子）一直致力于日本环境资源、环保技术和生物多样性方面的研究，并投资北京泛洋园艺有限公司，开发了园林废弃物的粉碎技术和循环利用产品。其间，她在阅读本书以后，认为城市绿化的难题要靠绿化技术去解决，所以决定将包含各种城市绿化技术的《城市绿化技术集》介绍给中国同行。这是一件非常有意义的事情，势必对中国的城市绿化作出重要的贡献。我认为，可持续发展的理念和保护生物多样性不能只停留在概念上，需要用技术去付诸实践，所以，我也衷心希望这本书能够对同行业者们有所帮助。我愿意以此文推荐此书，并乐于作序如上。

中国生物多样性保护基金会　副理事长
教授级高级工程师
张佐双
2006年2月

出版前言

以城市再生、城市环境的改善等为理念而推出的新产品不断出现，其目的在于建设舒适的城市环境，其产生背景不外乎是地区乃至地球规模环境问题的恶化和紧迫性。

环境问题是和城市问题是分不开的，而且，城市环境的改善已成为解决环境问题的突破口，这也是新型环境技术开发市场已经形成的原因所在。在众多的环境技术中，也许由于绿色给人柔和和安定的感觉，所以，利用绿色技术作为与自然再生、共生密切相关的技术正在受到关注。在近来的四个半世纪里，各种各样的技术、系统得到了开发和应用。与热岛效应对策相关的屋顶绿化技术、生态等自然复原·再生技术、堆肥等每一个涉及绿色的循环利用技术，共同形成了现在的时代性。

在上述社会背景下，该书将各种各样的城市绿化相关技术聚集起来，按领域整理、归纳，提供了丰富的信息。这也是因为，被开发、应用的诸多技术、系统也需要积累被评价的数据，更需要技术的公开和效果的检验。随着这些技术的不断成熟，各种技术也就有了进一步发展的可能性。

本书收集的技术、系统全部由各领域专家严格挑选，然后，统一记述内容，用连续的章节构成。今后，以该书为基础，我们将在反映更多读者感想的同时，继续更新和修订，争取使该书越来越充实。

在编辑方面，我们请东京农业大学教授近藤三雄先生作为主编，还得到了财团法人都市绿化技术开发机构的帮助。而且，我们还请技术和系统的开发企业对各项技术进行了通俗易懂的整理。在此，深表谢意。

环境交流株式会社

2003年11月

CONTENTS

城市绿化技术集

总论

技术篇

1. 屋顶绿化技术

2. 墙面绿化系统

3. 与自然共生存・自然复原系统

4. 循环利用

5. 草坪·校园庭院绿化系统

6. 水池净化系统

7. 水相关器具、装置

8. GIS等

9. 人工土壤

10. 防止根茎侵入材料

11. 树木支撑材料

12. 自动浇灌系统

13. 铺装系统

14. 绿化预制板

15. 植物

资料篇

总　论

绿化方法与技术的分类体系与课题

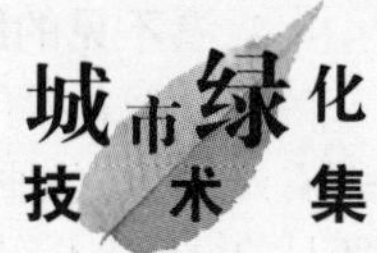

●近藤三雄 东京农业大学地区环境科学系造园专业 教授

绿化方法与技术很难用一句话说清楚，其内容的确是多种多样的。本文跨越广泛的专业领域，试图把日本的绿化方法与技术整理为一个系统，希望能够比较全面地归纳其整体概念。

绿化方法与技术可大致分为23个类别，我们把这23个类别作为主干技术，根据各主干技术的内容，又可分出一些小的具体类别。以下就针对这些类别，对其概要和课题进行论述。

1. 自然再生（生态绿化）技术

自然再生（生态绿化）技术就是从生态学的角度，根据生态学的认识，对自然（生态系统）或原生植物再生进行论述的总称。该技术论述包括：①宫胁的《故乡与森林建设》；②周边多自然形式做法；③生态环境；④平衡疗法；⑤森林的搬迁技术；⑥表层土壤播种技术（表层土壤种子储存技术）；⑦表层土壤的移植等。

关于最终要建设成怎样的自然景观，大多数情况都是养植管理目标不明确。如果目的在于生态系统的再生、复原，就必须掌握对象地区的规模（面积），而这一点经常被忽视。此外，使用植物材料（原有品种）的保证措施，特别是取得某地区原生品种存在困难的问题往往得不到解决。虽说目的是再生自然，但基本上是植物的新栽、养植，而在上述绿化方法和技术中，大多缺乏栽植学的观点。

2. 植物管理技术

植物管理技术就是根据移栽等生态学认识而总结出来的植物控制技术，包括：①根据绿化目标而施工的坡面栽植的管理；②荒山的树木和林带管理；③景观管理（森林的景致管理）；④利用山羊和绵羊等食草动物进行生态学管理等。

关于植物管理场所的科学认识大多根据地区调查而来，基本只是概论，不够详尽，很多认识需要通过苗圃试验进行再次确认。

而且，使用山羊和绵羊等食草动物的草坪绿地和生产草坪的草场进行植物修剪管理时，没有让修剪下来的绿化废弃物发挥作用，也没有用粪施肥，像这样的简单化管理现象，重新受到了人们的关注。

3. 循环利用的绿化技术

循环利用的绿化技术就是让各种废材能够在绿化中有效发挥作用的技术。在这里，我们仅介绍：①把植物垃圾（修剪枝、草坪修剪废弃物）和各种产业废弃物等变成堆肥和种植土的技术；②把污水处理场的污泥转化成绿化种植土的再生技术；③把建设余土用于绿化种植土；④把废玻璃的发泡材料（再生珍珠岩）当作屋顶绿化的人工轻质种植土使用；⑤废轮胎用于坡面绿化的挡土材料；⑥用植根和扦插树干快速形成树林的施工方法等部分再生技术。其实，还有很多各种各样的循环利用技术。

无论怎样，有关循环利用品质管理的标准还有待明确。此外，还存在着成本比例过高等很多问题。但是，今天的大趋势是实现排泄物为零、完全循环利用的社会，所以，相关技术必须得到进一步的开发、研究和应用。

绿化技术的分类体系 表1

1. 自然再生（生态绿化）技术	13. 森林建设技术
2. 植物管理技术	14. 草坪技术
3. 循环绿化技术	15. 花卉绿化技术
4. 隐蔽绿化技术	16. 栽植基盘技术
5. 水边绿化技术	17. 栽植养护管理技术
6. 特殊环境绿化技术	18. 管理节约型绿化技术
7. 坡面绿化技术	19. 植物保护技术
8. 屋顶绿化技术	20. 绿化植物的生育诊断技术
9. 墙面绿化技术	21. 绿化植物栽培技术
10. 室内绿化技术	22. 绿化容器技术
11. 功能栽植技术	23. 容器绿化技术
12. 植物环境修复技术	

4. 看不见的绿化技术

"看不见的绿化技术"是我自己创造的词汇，人们所看到的只是各种各样进行绿化施工后的场面，"看不见的绿化技术"是指人们看不到的像黑子一样的绿化处理、各种施工方法所需设备和材料的总称。可列举出：①地下埋设形式的支撑；②地下浇灌装置；③地下热源系统；④保水剂；⑤根茎调节材料；⑥驯化处理（低照度驯化、水培驯化）；⑦控制植物生长技术（通过感应作用等抑制杂草的发芽、生长的植物群）的应用；⑧接触刺激技术（通过施加踩踏植物、抚摸植物等物理性的刺激促进植物荷尔蒙的生成，或是抑制枝、茎、叶的生长）的应用等各种内容的技术。

从广义上说，看不见的绿化技术当然还包括土壤改良和排水等与建设栽植基盘相关的施工方法。虽然是眼睛看不到的部分，但为提高绿化质量，完善看不到的绿化技术是非常必要的。将来，还希望在以下方面能够取得进一步的研究成果，比如，利用植物荷尔蒙进行枝（茎）叶和根系生长控制，利用感应作用等植物本身所具有的生物化学力量抑制杂草，以及为扩大恶劣环境条件下的绿化可能性，利用植物环境适应能力开发驯化处理技术等。

5. 水边绿化技术

河川和湖沼的边缘、表面，也就是说，水边的环境建设是今后的一大课题。水边只是一个总括的词汇，但根据水边所处的状况，其环境建设和绿化方法自然千差万别。在此，我们把水边按位置、环境条件归纳为以下4种形式：①岸边绿化；②水间（与岸边相连、水深在10～30cm左右的空间）绿化；③水面绿化；④水景下空间的绿化。

适应各种环境条件下绿化用植物的使用技术急需开发。不管是水边、水面，还是水景下空间，为让植物能够在这些环境下正常地生长、发育，通过各种艰苦的开发而研制出来的装置和使用相关配件的绿化施工方法是不可缺少的。

6. 特殊环境的绿化技术

特殊环境是指对植物生长发育极为不利的恶劣环境条件下空间的总称，包括：①临海填埋地区；②无光照地区；③特殊土壤地区等。希望今后在检验具有适应各种空间环境压力特性的植物方面和帮助这些植物正常生长的支持技术方面（支持系统）得到进一步的开发。

7. 坡面绿化技术

关于绿化新建成坡面（挖土、堆土坡面）的技术，至今已有1000个以上的专利、实用新型技术正在申请，可以说基本达到了完成的程度。今后，作为更多受到关注的技术进步，可列举出：①快速成林技术；②混凝土坡面绿化技术；③已有荒废坡面的再生技术；④原生品种的坡面绿化技术等4个方面。

特别是根据新生物多样性国家战略，为接受处处都需要自然再生技术时代的挑战，可以说，急需确立的是树林快速形成技术和促使已有荒废坡面能够再生的思想和技术。

8. 屋顶绿化技术

根据绿化对象建筑物的屋顶状态不同，其绿化方法可大致分为：①屋顶庭院（在设计允许荷载比较大的地上屋顶建造庭院和公园的空间）技术；②屋顶绿化（在有坡度的屋顶和设计允许荷载比较小的地上屋顶上，为实现热环境改善效果而用草坪和景天植物进行绿化）两大类。

关于使用人工轻质土等建造屋顶庭院的技术，可以说，技术菜单已基本出齐了。开发绿化坡面屋顶等允许荷载极小屋顶的方法和技术，特别是在使用景天植物以外品种的超薄层轻质基盘条件下，急需确立使用可持续生长新植物的绿化方法。

9. 墙面绿化技术

我们已预感到，空前的墙面绿化潮流即将到来。作为墙面绿化有代表性的典型手法，我们可以列举出：①使用垂吊植物的绿化技术；②人工基盘模式的绿化（在墙面上安装培土等当作人工基盘，然后在这样的基盘上让绿化用植物生长的绿化手法）技术；③墙面绿化装置（把墙体本身当作绿化装置去考虑，使栽植空间、培土、绿化用植物做成一个整体的东西）；④造型（把园林苗木、垂吊植物或果树的枝・垂吊物牵引到绿化对象的墙面，不过分增加墙面厚度，让植物贴在墙上长成屏障状态），希望在这些方面能够得到进一步的开发。

特别是关于采用垂吊植物进行绿化的技术，目前，已开始尝试把5～6种左右的垂吊植物进行混栽的手法，而且也取得了一定的成果。在人工基盘形式的绿化和墙面绿化装置方面，选择使用什么样的绿化植物是非常关键的。

10. 室内绿化技术

现在，四季厅空间等室内绿化项目有些低迷。但同时，有污染的学校、有污染的大楼等室内空气污染已成为很大的社会问题。需要重新考虑这些污染的解决方案，也就是说，通过绿化植物净化室内被污染的空气受到关注。这包括：①作为室内空气净化装置的绿化手法；②用树进行绿化的技术；③用水培植物进行绿化的技术等。为确立上述技术，强烈需要有积极的科学发现精神和实践积累。

11. 功能栽植技术

功能栽植技术指的是通过栽植发挥各种功能效果的技术，大致分为：①建筑性的功能栽植（通过栽植植物和绿篱发挥围合或隔离的功能）；②工学性的功能栽植（通过栽植植物发挥防止坡面侵蚀、崩溃和防止建筑物的屋顶、墙面受光和热反射影响的功能）；③气候调节功能（防风、防寒、防雪、防雾）等栽植类别。

为逐渐把生活环境建设得更加安全、舒适，也为了让承担着重要任务的各种功能栽植能够更有效地发挥作用，需要对包括植物选择和植物使用方法的技术进行深入开发。特别是伴随着建筑物的高层化，虽然通过栽植带防止旋风（加速度风）已成为非常重要的手段，但现行的对策还远远不够完善。为能够确实防止旋风，迫切需要对栽植技术进行有效的开发。

12. 用植物进行环境生态改善的技术

用植物进行环境修复的技术指的是发挥植物的潜在力量使污染了的水质、土质、空气等环境得到净化的技术。水质净化、土壤净化、空气净化技术等，在绿化技术中可谓是将来最为重要的、对社会贡献程度很高的大型技术，也可说是具有商业机会的技术。

为能够迅速检索到具有净化作用的绿化植物，还有，不单纯依靠绿化植物本身的净化作用，而是通过与相关技术领域的结合来实现绿化植物的净化能力，这些，都需要进行更为深入的研究。

13. 建造林地的技术

在日本，为进行杉树、柏树等木材的生产，需要非常良好的造林（栽树）技术。关于在城市建造林地的相关技术，20世纪20年代建造的自然林地“明治神宫”，以其伟容堪称于世，之后，再没有取得任何进步。建造林地的最终目的是让某地区的自然林得到再生。仅靠自然的力量（时间的推移）需要数百年时间才能完成的林地，通过人的智慧和技术怎样才能够缩短成林的时间，这对建造林地来说是最为重要的。至今，播种、栽植、直接扦插、根系移植、表层土壤的更换等相关工序的各种方法都得到了尝试，但仍需要进一步的技术革新。

14. 草坪技术

为使高尔夫球场草坪的生产管理成为相关技术领域的典型，主要受美国等影响的日本草坪技术也在某种程度上达到了比较完善的程度。

今后，需要进一步提高的技术有：①草坪的常绿化技术；②校园庭院的草坪化技术；③草地化(野地建设)技术；④草坪屋顶技术；⑤让草坪进入室内空间的技术（室内拱形体育场的草坪培育管理技术）等。

在日本高温多湿的气候条件下，要做到草坪的常绿化不是件容易的事情。三种西洋草的混播和冬季超量补播方法等已逐渐成熟，但技术上还不够完善。在学校校园等许多有制约因素的地方，草坪的建植管理技术已成为新的课题。我们通过缓和热岛现象和节省能源效果的发挥等，希望改善热环境问题。目前，荷载小的坡面屋顶的草坪化、关于采用草坪品种的选择和使用方法等技术都能够得到进一步的开发。在四季厅等室内空间和拱形的体育场类场所中，由于光线不足、通风不良，有时还有高温现象等，所以，为使草坪能够得到正常生长，从开始选择对恶劣环境压力有耐性的草坪品种，到草坪的培育和管理，取得技术革新的成果之前，都必须把积累的相关研究成果作为前提去考虑。

15. 使用花卉的绿化技术

在日本的公园和城市绿化空间里，终于出现了用多彩的花卉修饰景观的动向，也有一些相关项目正在开始实施。在这些空间里，大多都是建筑物的屋顶和墙面、室内、道路、临海地区、水边、阴面地等环境条件恶劣的地方，且其涉及面积很大。在这些地方，一般建设管理费都没有多少预算。所以，不能指望有充分的养护管理。要想克服种种的制约条件，使用的花卉材料必须是用于花坛的1年生草花，且一年中要更换若干次，根据花期进行更换栽植的方法是不能适用的。为能用花卉修饰城市绿化空间的景观，具有适合性状的新品种花卉材料急需得到开发。关于可行的草花品种，在安藤敏夫、近藤三雄编著的《城市绿化——花卉绿化手册》（讲谈社出版）中介绍得非常详细。宿根花卉、地被植物、彩叶植物等植物群是主角。

16. 栽植基质技术

栽植基质技术是从生产栽植基质的相关调查、土壤改良，到土壤管理的一整套技术，大致分为：①调查诊断技术；②生产栽植基质技术；③土壤管理（制造出栽植基质，进而栽植施工空间的土壤性质经过数年仍能保持良好的状态）技术等。

为能够确实有效地生产栽植基质，前期的调查诊断是极为重要的。长谷川形式的土壤注入仪和透水测试仪等都得到了开发，今后，希望对绿化土壤性质可进行简单测试的仪器等能够得到开发。为能使适用于特殊土壤环境，且不以收获、收获量为目的，不需具有必要程度的旺盛生长能力的绿化用植物能够正常生长，土壤改良方法的确立是非常必要的。接下来，施工后经过很多年，为能作为栽植基质仍保持一定的品质，“土壤管理”这个新概念及其相关技术的确立已成为当务之急的事情。

17. 栽植养护管理技术

栽植养护管理技术指的是，为使绿化植物能够健康地生长和维持或抑制在适当的形状而采取的一系列技术，分为：①保护培养技术；②养护管理技术；③抑制生长管理技术。

在今后的绿化事业中，如何使植物达到所需绿量后不再生长，以及不至于因根系长大而抬高铺装面等，使用不产生任何危害的植物荷尔蒙剂等的抑制生长的管理技术将变得越来越重要。

18. 简单管理型绿化技术

为实现养护管理的简单化，从设计阶段开始就凝聚着各种各样的技术。包括：①简单管理型绿化植物；②简单管理型绿化模式；③简单管理型绿化材料。

今后，如果公园绿地和绿化空间在总量上越来越增加的话，即使从随之而来的经费方面考虑，也要求养护管理方面必须进一步简单化。作为简单管理的手段，必须选择植株强健、生长速度缓慢、尽量不需要修剪的植物。还有，把这些植物很好地组合并应用的绿化模式，以及不需另加人工就能实现肥效持续的超缓释肥料或肥料与农药的复合材料等，只要能为养护管理起到一点简化作用，都值得去开发。

19. 植物保护技术

植物保护技术就是让绿化植物远离杂草及病虫害的保护技术，大致分为：①杂草防治技术；②病虫害防治技术。

为了不过分依赖化学农药（除草剂），要积极使用抑制杂草发生、生长的有机覆盖物等材料和选择具有感应作用的绿化植物。但关于应用上述材料和绿化现场病虫害防治的生物农药的有效性需要进一步研究。另一方面，推广绿地和绿化空间农药的正确使用也是非常必要的。

20. 绿化植物生长状态的诊断、治疗技术

绿化植物生长状态的诊断、治疗技术就是对植物的健康状态及活力状态进行客观的诊断、治疗的技术，可列举出：①根据红外线热影像仪等诊断植物生长状态的技术；②树木医疗技术；③树木复壮技术等。

目前，确立更为科学和客观的绿化植物生长诊断及治疗方法和技术势在必行。可称非破坏检查法的红外线热影像（图表）植物生长诊断法在国内外都取得了很大的进步。我认为，大面积栽植的大量树木与草坪的生长状态诊断能够在瞬间完成的可能性指日可待了。

21. 绿化植物的栽植技术

随着自然再生、用花卉修饰景观等对绿化的要求逐渐多样化，以及绿化空间已扩展到屋顶和墙面等现有的情况，为实现适合上述空间的绿化效果，在绿化植物的种类和栽培形式方面都需要有很大的变革。比如，对尚未使用的绿化植物的开发和原生种绿化植物的适应性检测，规定特殊用途的绿化植物生产，针对各种环境条件（压力）进行驯化处理的绿化植物（水培驯化、低照度驯化处理植物）的生产，实现定型绿化的地被植物栽植板块产品，厚层日本草（在5cm厚的西洋草上生产的大型草卷状日本草），大型容器栽培苗木，宿根花卉的大型容器栽植产品，还有用于屋顶绿化的薄盆苗木的生产等，都需要开发。

并且，针对野生品种和地区原有品种的生产栽培，希望注意不要破坏遗传因子，容器栽植为防止转根现象（缠根）要采取一定的处理措施等，总之，有很多需要注意的事项。

22. 绿化混凝土技术

绿化混凝土技术就是在多孔质混凝土基础材料的空隙部分塞入土壤和植物的种子，在植物发芽、生长后，使多孔质混凝土表面得以绿化的技术。为让绿化混凝土保持永久性，今后，研究适合多孔质混凝土基础材料的植物种类是一大课题。

23. 容器绿化技术

在建筑物的屋顶和各种人工基盘或构造物坡面、墙面，以及道路和城市广场等铺装面，都需要使用已经栽植好的容器苗木进行绿化的技术，主要有：①容器庭院；②绿化吊挂花篮。

不管是上述①还是②，从根本上都应算作园艺手法。目前需要进行容器绿化的空间规模很大，而且有的地方绿化环境恶劣，并且大部分空间是最好不做养护管理的地方。所以，用过去的园艺手法已经完全不能满足需求。容器和花篮的材料、运输到场的栽植基质、所使用的绿化植物品种，全部都需要变革。

绿化必须伴随技术

●五十岚 诚 财团法人都市绿化技术开发机构 专务理事

引 言

在日本，从古时候的《作庭记》开始，传统的造园技术就以日本庭院为舞台连绵不断地延续了下来，直至今日，在城市绿化中，仍以上述技术为基础进行着各种项目的施工。

近年来，城市绿化开始逐渐意识到地球环境的问题，城市热岛效应等，急需人们为改善地球高温化而作出贡献。为此，以大城市为中心，城市街区部分（包括建筑物等附属的人工建造的空间），都作为绿化对象开始受到注目。这些空间都属于植物生长所需的土壤、水、光照等条件缺乏或不够充分的地方，也就是说，对植物来说，将处于生长环境非常恶劣的状态。比如作为最近话题内容的屋顶绿化，就是典型的例子，虽然有水和光，但是，却缺乏作为植物生长的基础——土壤。在进行屋顶绿化时，栽植基盘（土壤）必须符合建筑物的荷载条件、植物的生长条件等要求。不能简单地说，因为没有土，那就把自然土搬到屋顶上，然后整理平整就完事了。像这样在人为建造的空间进行绿化时，为让植物能够生长，必须有创造植物可生长条件的某些绿化技术。

真正地迈出创造绿色的第一步

在日本的城市，由于处在无秩序的城市膨胀发展已经完成的阶段，特别是在大城市范围内的城市街区部分，基本属于无法确保绿地面积的状态。为此，大家都一直作了很多努力，但是，从外国人的角度看日本城市的绿化，其评价仍然存在很多问题。

日本城市的绿化建设和保全所以能够一直范围广泛、内容多样地发展着，我认为，其契机可以考虑有以下三点：

第一，日本于20世纪60年代中期成为可以与欧美各国相匹敌的经济大国，在生活环境方面，由于社会资本建设进入的比较晚，所以使城市环境的恶化表现出来，为此，作为城市绿地场所的城市公园，都准备开始按照欧美各国的标准进行建设。这也是1971年出台的《城市公园等建设五年规划》的开始。城市公园进入五年规划的对象项目，与道路、河川、下水道等一样，都是国家确实想要进行规划性的建设项目，这也说明，绿化建设已进入公共事业的范畴。在1971年这一年，偶然地发现，正好是1871年按太政官的指令开始进行城市公园建设的第100个年头。城市公园建设进入五年规划对象以后，经过3个五年规划，共14年，完成了超过明治后100年间所建设的城市公园总量。

“花与绿国际博览会”的成功

第二，是1990年在欧美以外的地区，首次成功举办了国际园艺博览会。在大阪举办了“花与绿国际博览会”，展会期间，有超过2000万人的来访者，取得了很大的成功。在会场内，来自世界各国的展出单位都提供了美丽而有特色的庭院，从未间断地提供了多彩的草花，吸引了所有来参观的人们。另一方面，在舞台背后，为支持那样盛大、华丽的舞台前台，有很多下了工夫的绿化技术在各个方面得到了应用。比如从队列式花坛、容器苗木、花球、自动浇灌装置等，到开花控制技术和依靠生物技术进行的品种改良、繁育等。以该博览会为契机，绿化技术开发的愿望和实施并没有在一时的大型活动后结束，以新时代城市建设为目标，作为必须应用的技术，博览会为技术的进一步发展提供了良好的机遇。

绿化视角的发展

第三，是以“花与绿国际博览会”为背景而提出的1990年《城市规划中央审议会答辩》。该答辩提出，作为城市绿化的首要课题是整个人类所面对的世界问题，也就是地球环境的改善问题，例如，如何处理热岛现象、地下水枯竭及城市沙漠化现象等问题。而且，在城市地区，存在着土地利用率过高的问题。随之，建筑物的高层化产生了中心四季厅和屋顶、地下空间等作为绿化的新舞台空间,故必须推动绿化技术和环境控制技术的研究开发。

进一步说,作为上述发展历程的延伸,是1992年地球会议(联合国环境开发会议)的召开。考虑到我们的未来及人类的生存问题,必须考虑的环境范围是跨越一个城市、一个国家的。应该认识到,这是一个必须从全球规模考虑的问题,而且,植物处于环境建设的中心位置。也就是说,在绿化问题上已在各国首脑中达成了共识。

在日本,作为城市建设的方向,已经马上开始倡导与自然共生存的目标,减轻对环境的负荷,通过建设开阔的城市空间,创造出对人与环境都好的城市,也就是实现与环境共生存城市(环保城市)的构想。

1994年,通过对城市绿地保全法的修改,建立了可称为绿化方面城市规划的《绿化基本规划》制度。在1977年,本着从环境保全、娱乐、防灾、景观4个角度构成系统的绿化配置的目的,出台了《绿化总体规划》,作为《绿化基本规划》,确立了法律地位。

提供稳定场所的技术

城市的绿化场所、城市公园的建设等,首先要保证的功能是为孩子们提供一个安全的游乐场所,根据不同时代的不同需求,我们实施了符合各种需求、各种内容的公园建设项目,有可进行足球、网球等比赛型体育活动的运动公园,作为震灾对策等在发生灾害时发挥避难功能的公园,作为发生灾害后进行恢复时期的根据地的防灾公园,作为提高健康水平、增强体力的场所的健康运动公园,接触自然——也作为环境教育场所的环境交流公园,结合地方传统·技能·产业等特点而作为活跃地方功能场所的地方特点公园等。

另一方面,针对城市绿化、地球环境、绿化人工建造的空间等,新课题一个接一个出现。可称"环境世纪"、"绿化世纪"的21世纪,从今往后将进入最为关键的时期,对绿化的要求将会越来越多样化,也将跨越更多的领域。在满足各种各样需求的同时,为能在城市创造和保全更多的绿色,一方面要对继承的传统绿化技术进行进一步的发展,另一方面要重视对新绿化技术的研究开发。新绿化技术的开发要根据绿化目的、绿化对象的发展而进行,不要局限于过去作为绿化主体的绿化行业的技术,对来自世界各地不同领域的技术提案也应该去积极地思考。

技术不是开发后就结束了。如果不在绿化现场得到应用,那就没有任何意义。但是,在绿化行业的相关领域,一般来说小企业比较多,无论是多么好的新技术,也不可能一气呵成地大张旗鼓做广告。那么,如何让新技术信息传达到绿化现场呢?绿化技术信息杂志、绿化技术数据库等都需要创建。而且,那些技术到底在哪些方面有优势,要靠公正的第三者机关进行评价和判断,对技术的使用者方来说,也必须考虑一种能够让技术得到合理利用的方法。像土木技术、建筑技术等一样,希望我们(财)城市绿化技术开发机构能够作为认证机构在绿化技术审查证明事业方面发挥作用。我们可以协调各行业负责人,使越来越好的绿化技术得以问世。

最近的绿化技术趋向

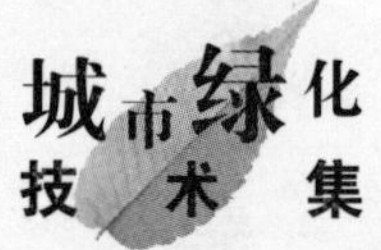

●藤田　茂　绿化技研有限公司　法人代表

引　言

到20世纪后半叶，地球规模的环境问题越来越明显。特别是地球高温化和城市环境恶化的课题，已到了必须解决的地步。在现在的城市中，有大量的物质和信息在生产、流通、消费着，同时，也产生着大量的废弃物、热能、污染物质。而且，去掉绿色及支撑它的土壤，到处都覆盖着混凝土、沥青。由于这样的状况导致了严重的土壤、水质、大气污染和垃圾问题，而且，在局部地区还出现了诱发城市型洪水的"热岛"现象。

另一方面，随着生活空间的舒适程度逐渐提高，人们开始追求快乐时光的度过方法、压力社会中的精神疗法、心情的滋润等。并且，在城市的自然环境中，人们开始呐喊，要进行生物多样性的恢复，通过包括生态等绿地的增加，追求生物休养生息环境金字塔底边的扩大。

作为解决上述问题的方法和策略，绿化被视为是非常有力的解决手段，在土地被高密度利用的城市，开拓地面上的新绿化空间已难度很大，尚未利用的残留空间，也是面积最多的场所，那就是屋顶。所以，在此，我以屋顶绿化为中心对其趋势进行论述。

屋顶绿化的趋势

过去，开始是东京都把屋顶绿化义务化，然后是国土交通省把屋顶绿化的相关税务制度的修订付诸实施，很多地方政府部门都为普及屋顶绿化推出了相应的实施政策。

像这样，针对屋顶绿化事业的扩大，很多企业开始发生兴趣，很多商品、技术开始问世，另一方面，廉价产品和技术及其施工也出现了不少问题。

1. 新的参与

东京都公布屋顶绿化成为一种义务之后，新参与到屋顶绿化事业的企业增加了。其内容主要是用景天类植物等进行的轻质、薄层、管理简单的绿化施工方法，进而言之，还有轻质、不需管理的使用苔藓类植物的绿化施工方法等，以轻质化和管理简单为卖点的施工方法有很多。无论哪一种施工方法，都需包括对植物的整体系统的了解。对建筑和植物没有充分的知识就参与，从而导致问题的发生也有所见。

作为资材，多见的是单元化、施工容易的产品，循环利用的资材也有很多，作为基质材料，最多见的是关于人工土壤的。在屋顶绿化中使用的土壤，与庭院绿化等园艺土壤不同，不含很多肥料成分，这样植物就不致生长过快，才能适合屋顶绿化使用，希望大家在理解这一点的基础上进行人工土壤的开发。还有，对草坪等人需登踩部分使用的土壤来说，最重要的是踏压后土层不下沉和不易发生板结，明确表示这一事项是不可缺少的。除人工土壤之外，还有耐根材、排水材、土壤固定材料、浇灌装置、照明、水池、装饰品、植物等包括很多领域的产品都参与到了屋顶绿化的事业之中。

现实中真正的屋顶绿化很少，占主要成分的是用景天等植物施工的薄层轻质绿化。这在累积荷载的限制条件下，成本比较低，可以说是追求养护管理简单和省钱的施工方法的结果。但是，如果把屋顶绿化作为人可进入的场所去施工，所需费用应与其利用价值进行对比，养护管理就是庭院绿化的本身费用，如果这样去理解，那么，一定会出现另一种思路。希望把屋顶作为充满花与绿的空间去设计。针对这样的屋顶利用方法，目前还基本没有新的提案等具体对策，希望今后有所突破。

2. 人工轻质土壤

屋顶绿化是用覆盖在建筑物之上的形式进行施工的，所以，累积荷载是最大的问题，于是资材的轻质化就变得非常重要了。为能支撑植物体，且能持续地为植物提供稳定的水分和养分，就需要充分的土壤量。为此，需要具有轻质、质量好、所需土壤量少等功能的土壤。

20世纪60年代初期，已经有了用人工轻质土壤施工的实例，其使用实例的发展很小。之后，到了70

照片1 国土交通省屋顶花园。确定使用6种土壤、5种排水材料、13种循环利用材料和17种系统材料的日期后再公开，但需事先预定。

年代后期，很多人工轻质土壤得到开发，并有所销售，其用途终于得到了认可。当时的人工轻质土壤中，主要是湿润相对密度在0.6上下的，保水性能都比较好，但价格也比较高。经济危机后，价格降低了，但主流是湿润相对密度在0.8左右的。

现在，把人工轻质土壤产品化的企业超过20家，人工轻质土壤的性能也是千差万别，在使用时必须根据现场的需要确定应使用土壤的选择标准。

3. 薄层绿化系统

从2001年4月开始，东京都把热岛对策作为一项重要工作并公布了屋顶绿化义务化的政策，2002年，兵库县也实施了同样的行政方针。与这些动向相关的是国家和很多地方政府先后陆续出台了各种屋顶绿化的援助政策。所以，实施屋顶绿化的楼也逐渐增加。

此时，主要的问题是建筑物的累积荷载限制条件。根据建筑标准法，办公楼和住宅楼等一般建筑物的累积荷载限制在考虑地震时应为60kg/m^2。而栽植灌木等绿化的重量将在250～300kg/m^2，即使是铺草也要100～120kg/m^2。由此，一般的建筑物是不可能进行全面绿化的，只能是对部分面积进行绿化。在实施部分面积的绿化时，景观的延伸和绿化的环境效应也是根据面积而来的，所以，薄层、轻质的绿化要求呼声就越来越大。

薄层绿化的典型就是使用景天类植物，其重量在40～50kg/m^{2}左右，没有预先设计绿化的现有建筑物也能进行全面的绿化。此外，因为基本不需要浇水，在水资源利用上也不会有什么问题。基于这些特点，最近的屋顶绿化大多半是采用景天类植物的薄层绿化。

关于薄层绿化，针对其环境效应和缺乏变化的单一性也有一些批评意见，从轻质、能大面积绿化方面考虑，也不能说其景观效果和环境效应就一定很小，根据绿化目的和具体的绿化场所，有时可能是最有效的手段。

现在，生产景天类植物绿化系统的公司超过30家，仍然还有新的企业不断出现，但也有退出的企业。

4. 系统化组合

20世纪70年代之后，作为容易施工和管理的绿化系统，开发出了很多透水材料、排水材料、土壤、浇灌装置等，还有一部分植物和组合为整体的轻质化施工产品。在托盘里放入基质，然后在上面种草，这

照片 2　新宿区派出所本部屋顶花园。使用土壤 4 种、排水材料 4 种、景天绿化系统 4 种。周一至周五上午 10 点到下午 4 点可以参观。但需向绿化办公室申报。

样形成的草坪绿化系统占主流。到了1988年以后，在现场组合的施工产品也由生产者推出了具体材料和标准。组合系统施工产品的实例也随之出现很多。

进一步说，在各组成部分的材料方面，也开发并出现了很多可组合的系统。现在，生产托盘式系统产品的企业不少于5家，生产积层式系统产品的企业超过 20 家。

5. 循环材料

特别是在屋顶上进行绿化，属于在一切植物所需的条件都没有的空间把材料搬运到场地并进行施工，所以在选择使用的材料时，要尽量回避破坏自然而取得的东西和使用很大能源才能够组装的东西。最近，从环境问题的观点看，其所需土壤也不是自然土或用自然土加工的产品，在物质循环过程中所出现材料的应用正在逐渐扩大。其一就是作为纸张循环过程中所产生的废弃物，属于被处理过的东西，因为它们在细微的空隙都有纸纤维变成炭，所以，就成为了保水性、透水性、保肥性很好的廉价人工轻质土壤。其他还开发了用发泡苯乙烯的废材、加气混凝土废材、树皮等制成的土壤等。

在排水材料、装饰材料方面开发的循环利用产品有袋装发泡苯乙烯碎块材料、废玻璃的发泡材料、源于废塑料的各种排水板、排水管。铺装材料方面有使用纸张循环制造过程中所产生废弃物的黏土而制成的保水、排水型路面砖，以及源于废轮胎的橡胶铺装板、固化砍伐树木碎片的材料等。

此外，作为已做成可简易安装的系统材料，除壁挂式绿化系统材料之外，还有各种挡土材料和容器、铺装材料等已被开发出来。下一步，对于尚未被利用的资源如雨水、空调排水等，希望有相关材料得到开发，使其可能被利用。

其他绿化技术的发展趋势

关于墙面绿化、生态环境、校园环境绿化和屋顶绿化等所使用的植物，其最近的发展趋势记述如下。

1. 墙面绿化

墙面绿化基本包括植物自下向上攀缘、植物自上向下垂吊、在墙面上设置种植基盘栽植植物、在墙面的前面进行栽植 4 种施工方法。

墙面绿化的主流是自下向上攀缘的施工方法，但是，还有依靠吸盘、附着根的方法直接攀缘到墙面的植物和卷垂、卷枝条、卷叶等卷包起来攀缘的植物。两种形式不管哪一种，都出现了可适用的系统产品。关于攀缘类的植物品种，为能形成顶部优势生长的状态，在根部附近的下面，很容易没有枝叶，所以，垂吊要尽量向下引导，还需要考虑顶部修剪等对策。

自上向下垂吊的施工方法是在屋顶和阳台等上面设置栽植基盘，然后让植物从墙面上垂吊下来的施工方法。即使是附着根形式的品种，垂吊下来后，注意不要让附着根露出来。在风大的地方，风一吹，植物就会摇晃，导致墙面上出现伤痕，附着的植物体也会受到伤害，所以，需要考虑解决上述问题的施工方法。

在墙面上设置栽植基盘的施工方法基本由基盘支撑材料、基盘材料、浇灌装置及已受驯化的特别植物组成。所以，比起其他施工方法来，费用较高，且可使用花卉等很多植物。但是，因为每一个基盘都挂在墙上，进行养护管理时，人要站在墙上操作，因此制造可行的构造是非常重要的。但更多的施工没有考虑养护管理方面的问题，这是今后的课题。

在墙面前面进行栽植的施工方法，包括造型等，这是今后应该普及的施工方法。

2. 生态环境

为使由人工物质覆盖的城市能够回归自然，绿化发挥的作用是非常大的。对人们的生活来说，自然是不可缺少的组成部分，对在城市生活的人们来说就更为重要。如果在我们身边有多种动植物能够按其自然生理机制生存的空间，说明城市空间已经变得生机勃勃了。

在生物多样性的领域，材料和施工方法也不少。近年来，其制造方法、维护管理、教育等复合的成套软件也逐渐得到开发。

3. 校园环境绿化

最近，孩子们能自由追跑、翻滚的校园草坪环境实例增加了许多。像这样的草坪，经常践踏后容易引起土壤板结，因此有时不能完全依赖土壤的质地，需要添加草坪保护材料。考虑到草坪利用方面的问题，可以把橡胶类材料和网格桩子材料等搅拌到土壤中，还有在表层铺上天然纤维板块，然后往这些块状材料中填土的施工方法。像这些开发成果都有所发展。

4. 植物材料

园艺方面的植物品种改良非常多，但在绿化方面，植物材料的开发就比较少。但是，最近围绕草坪植物的改良有所发展。此外，适合绿化空间的生产和运输、套装化等改变植物栽植、培育形式的植物开发不断取得了各种程度的进步。

当今的公园、绿地行政课题

●舟引敏明　国土交通省城市、地域建设局公园绿地课　公园、绿化事业协调官

引 言

进入21世纪以来，在日本，孩子少、高龄化的进程有所加剧。其间，推动经济、社会构成的变革成为很大的课题。至今，社会一直是以人口、经济不平衡为前提进行发展的，现在，已经把地球规模的环境问题纳入视野，并向追求可持续发展的社会转变。在城市政策方面，基于上下班所需时间太长，城市街区缺乏绿色与滋润等现状，城市构造的改善必须以减轻国民生活负担为目的，最终实现符合21世纪城市形象的与环境共生的城市。经过这样的政策转折后，城市的绿地和公共空间将作为宝贵的社会资本继承和延续到将来。今后的方针必须把重点放在以下方面：

1. 地球环境问题对策

为防止地球高温化现象，在寻找缓解热岛效应、生物多样性保护等各方面对策的基础上，希望位于城市中的绿地能够发挥更大的作用。所以，确保作为二氧化碳吸收源的绿地，以改善人工地被为目的的绿化，确保作为风道的连续绿地・水面，保全农地山地，协调自然生态环境的公园绿化等，都是必须实施的对策。

2. 城市再生对策

地震灾害、火灾等危险性很高的高密度城市街区在日本存在着2.5万hm^2，改善这样的城市街区已成为非常紧迫的问题。另一方面，伴随产业构造的变化和企业的人员精减，福利卫生设施用地都纷纷向产业用地和住宅用地转型，以林海地区为中心的大规模工厂用地逐渐向游乐休闲方向发展。我们应该积极地抓住这样的机会，在已建城市街区中确保绿地和开放空间。

3. 富有的地区建设对策

各地区人们的日常生活规律是通过长时间的积累而形成的，因此，人们会产生对自己生活地区的自豪感和热爱，这样，也就形成了那个地区固有的文化形式。与上述地域文化密切相关的自然资源、历史资源、文化资源等，都与绿地和空间一样，是地域财产，应该很好地继承。而且，必须作为活跃地方特色的重要因素去考虑。

4. 参与社会对策

近年来，在保护自然环境和创造充满花与绿城市环境的领域，通过地区居民和非营利组织的活动、民间企业的社会贡献活动等，积极开展了参加各种主体的参与行为。像这样的多种主体参与活动与合作都在推动城市建设方面起到了非常重要的作用。

综上所述，确保城市中的绿地和开放空间是针对当今政策课题的重要手段。本文对上述最新活动的状况进行以下介绍。

社会资本建设重点规划（方案）中的绿地和开放空间

根据《社会资本建设重点规划法》,《社会资本建设重点规划》于2003年10月10日在内阁会议通过。与迄今为止按项目分类的五年规划相比较，该规划是对公共事业相关规划作出了新的长期规划。关于该社会资本建设重点规划中的绿地与开放空间，与迄今为止的城市公园等建设五年规划在以下几点上有很大的不同：

① 迄今为止的五年规划没有把城市中的绿地保全作为规划对象，但在社会资本规划中已把城市中的绿地保全纳入规划对象（《社会资本建设重点规划法》第2条第7号中追加了“城市中的绿地保全相关项目”）。

② 道路、河川、港湾、机场等，包括城市公园项目以外的项目，都采用了以确保大规模城市绿地为目的的标准，即：城市地区水和绿地的公共空间确保量至2007年大约增加10%：12m^2/人（2002年）→13m^2/人（2007年）。并且，关于在此包括的绿地，正如表1所示，关于民间绿地的保全、市民绿地、绿化

施工建设规划认证制度等，也都成为了规划对象。

此外，作为个别目标，明确规定了具备一定防灾功能的开放空间的保护，依靠城市绿化等的二氧化碳吸收量，有助于自然再生·创造的公园绿地确保量等

"城市范围内水域及绿地等公共空间确保量"的规划对象　　表 1

项目·制度	概　要
城市公园项目	
国家公园	在国家设置的城市公园内，1）在超过都府县的大规模地区所设置的公园；2）作为国家纪念项目，根据内阁决议所设置的公园
地方公共团体所设置的城市公园	城市规划确定的公园或绿地，或者说城市规划区域内的公园或绿地，公园管理者的地方公共团体已发出公告，说明作为城市公园可以开始使用的公园或绿地
特定的地区公园（郊外公园）	在没有城市规划区域、人口超过 5000 人的街区和村落，作为运动场等建设的面积在 $4hm^2$ 规模以上的公园
绿地保护项目	
绿地保护项目	在城市规划中确定绿地保护区（包括近郊绿地的特别保护区），根据现有的行为规范，保护构成历史风貌主要因素的绿地，采取补偿损失、买入土地等措施
古都保留项目	针对镰仓、京都等古都，确定城市规划中历史风貌的特别保留区域，现有的行为规范，保护构成历史风貌主要因素的绿地，采取补偿损失、买入土地等措施
城市公园项目和绿地保护项目之外的项目	
市民绿地制度	土地所有者与地方公共团体等签订协议，根据所签订的协议，把绿地提供给市民使用的制度
绿化设施建设规划认证制度	城市街区村落的最高负责人对符合一定标准的绿化设施建设规划进行认证的制度
保留树木、保留树林制度	以维持城市美丽景观为目的，由城市街区村落的最高负责人指定保留树木、保留树林的制度
民间建设、管理的城市规划公园绿地	民间开发者按照城市规划专利项目的规定，对城市规划公园或绿地进行建设、管理的公园
公共设施的绿化等	针对河川水边的绿化，能发挥大坡度绿地作用的坡面对策、道路绿化、港湾绿地建设、机场周边地区的绿化

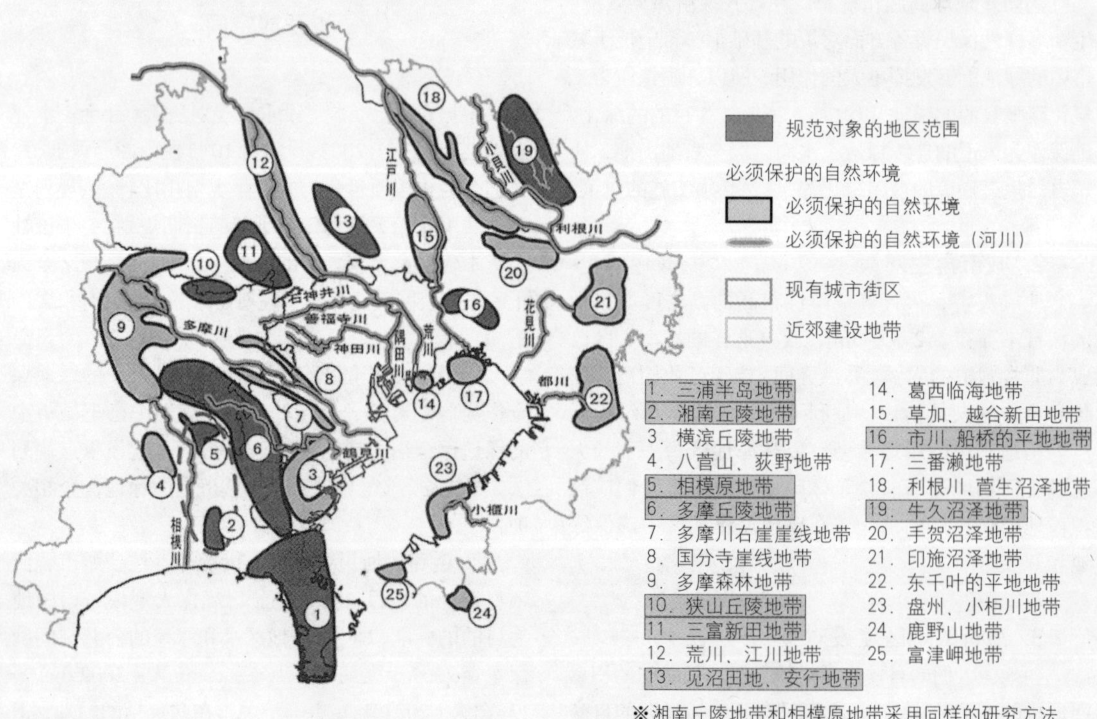

图 1　首都圈必须保护的自然环境　先行研究地区位置图

重点规划。像这样，社会资本建设重点规划已成为至今还没有纳入规划对象等广泛领域制定绿地和开放空间规划的依据。

绿地保护——首都圈自然环境的综合检查

从2002年开始，作为城市再生事业的一环，实施了首都圈自然环境的综合检查，对该次检查的记录，我们在2003年3月进行了整理，并归纳出《首都圈城市环境平台设计（中期报告）——水与绿与生物的环境》。其中，作为首都圈自然环境的基本目标，针对多样性保护，列举了提供接触自然的场所和良好的景观功能、城市环境负荷调节功能、防灾功能等。作为先行研究地区，从三浦半岛地带开始，选择了6个地区，对课题的选择和具体方法的实施方针进行了总结和归纳（图1），紧接着是计划制定《城市环境产业基础规划》。

绿化的推进——热岛效应现象的缓解效果

在2002年，国土交通省对东京都中心10km见方的地区进行了项目研究。根据现在的绿地覆盖率（27.3%）和各局部的树木栽植率、屋顶绿化率、草坪等自然覆盖率算出了采取绿化措施后的绿地覆盖率（39.5%），验证了相应的气温分布情况。其结论是，采取绿化措施后，研究地区内的平均气温下降了0.3℃，发生热带夜的地区减少到整个地区的10%。这也就是相当于东京大约10年的气温上升得到了缓解，同时，也相当于东京都中央地区面积大小地区的热带夜现象得到消除。

像这样的城市中心地区的绿地保护对缓解热岛效应的措施寄予很大的希望，所以，针对屋顶绿化等，实施了采取固定资产税特例措施的绿化设施建设规划

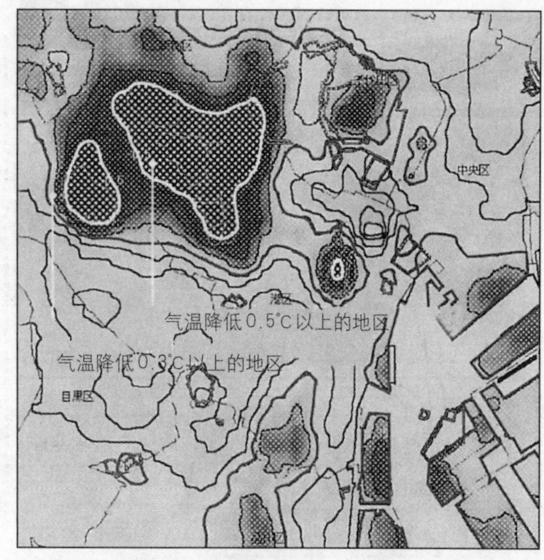

图2　通过绿化取得缓解热岛效应的效果（现状气温分布及绿地保护、综合采取绿化措施时的监测结果气温差（白天 13:00））

认证制度，现在已制定了8个地区（见表2）。今后，可望得到进一步的普及和推广。

公园建设事业的推进——着手于大规模的主要防灾场所

从2003年开始，在东京湾的有明地区，我们开始启动了作为大规模主要防灾场所的国家东京林海广域防灾公园建设。该项目针对首都圈内不可能由都县市单独解决的地震、火灾等大规模或程度很大的危害，确保其具备作为首都圈大规模防灾大本营的现场指挥总部、大规模支援部队等的中心部队基地营帐、发生灾害时的医疗支援基地、紧急输送物资的中转基地等功能，以展开迅速、顺畅的有效应急救援活动。

绿化设施建设规划认证制度指定的实际情况（2003年3月31日至今）　　表2

城市名称	建筑物名称	规划面积(m^2)	绿化面积(m^2)	绿化率(%)	摘要
东京都港区	电通新楼屋顶建设项目	17225	3462	20.1	地上、屋顶、墙面
东京都港区	汐留城市中心松下电工东京本部大楼	19710	4021	20.4	地上
广岛市	德露塔大厦	1003	469	46.7	地上、屋顶
福冈市	天神柯峨大厦	2239	450	20.1	屋顶
广岛市	山阳大厦	1589	337	21.2	地上、屋顶
东京都港区	品川柯盟广场	52865	10679	20.2	地上
东京都港区	六本木六丁目地区1级城市街区再开发项目	84802	18223	21.5	地上、屋顶
金泽市	三谷产业株式会社本部屋顶	9114	2055	22.5	地上、屋顶

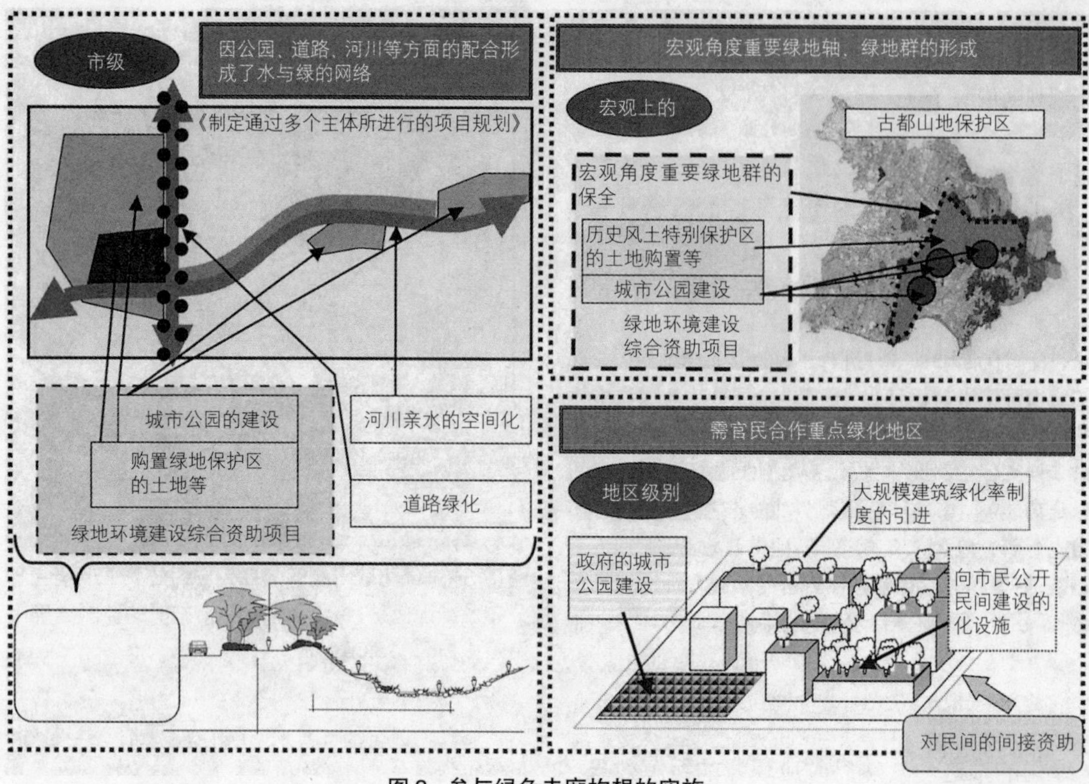

图3 参与绿色走廊构想的实施

在减轻人和物所遭受灾害的同时，以尽快恢复国家的政治、经济等各种功能为目的，平时需建设和管理具有可检验防灾活动开放空间功能的国家公园。在阪神、淡路大地震以后，最近又发生了宫城县冲地震、十腾冲地震等，几乎每年都有袭击日本的地震。针对这样的情况，在人口集中地区，特别是在很有可能受到极大危害的首都圈，已经把防灾当作最为紧急的事情而采取了防范措施。

对美丽国土建设的综合参与

2003年7月11日，国土交通省制定了《美丽国土建设政策大纲》。该大纲反省了日本在至今的经济发展中是否逐渐失去了美丽的环境，以这样的反思为基础，对将来国土建设的基本思路方法及其具体实施政策进行了归纳，其中，把绿化建设列为良好城市景观建设的一大支柱。具体而言，是正在推进的以下三个制度的建设。

① 制定与景观相关的基本法规，把与景观相关的国家、地方公共团体、国民等作用明确化，进而实施景观规划建设的参与建设。

② 为能把城市公园的建设、绿化、绿地保护作为一个整体去推进，要充分完善法律制度。

③ 为能完善良好的自然景观和保护田园景观，需要完善室外广告媒体制度。

今后的发展

为迎接2004年的到来，根据上述方针，对绿化要进行城市公园法和城市绿地保护法的根本性修改，对立体公园区域要建制，还要引进城市近郊的山区绿色保护制度和大规模建筑物的绿化率规定，包括推进NPO·民间项目中城市公园项目建设、管理等相关法律的修订也要进行现时讨论（图3）。

技 术 篇

1-1 万能土技术

●前田正明 东邦LEO（株）UR项目部部长

现在，屋顶绿化已不仅是行业媒体报道的对象，一般媒体也已开始逐渐报道了。屋顶绿化除具有改善城市环境和抑制气温上升、防止因太阳辐射热而引起的建筑物灼伤等作用之外，还有储存雨水、大雨时抑制大量排水等效果。也是行政方面大力推介的技术项目。

但是，随着屋顶绿化市场的急剧扩大，事故的发生也有所增加。我认为，今后的屋顶绿化技术应该在必要的基本功能上加强“对周围环境的考虑”和“安全性”等供货方的经营理念。根据这样的观点，虽然只是个再生材料，但在现在的时代，轻视安全性，说“当时不知道”等是不行的。

在此，从经历了20年的屋顶绿化方法开始，对成功的关键点和材料进行以下介绍。

关键点①防根层

在进行屋顶绿化时，最需注意的问题是植物的根对建筑的影响。众所周知，屋顶绿化后，减少了热量的吸收，混凝土因此而受到对紫外线的防护作用，如果不做防根层，植物根部直接进入土壤后，也就同时侵入接缝部分，这样，很可能导致漏水现象（照片1）。

现在，防止植物根部侵入建筑物的防根布得到了开发，采用这样的技术，即可防患于未然。而且，在实际的施工现场，钉子、金属物件和切块的碎屑等，有很多可能伤害防水层的东西。即使防根层和防水层受到损害，填土后，再把植物栽植完毕后，就不可能发现损伤情况了。所以，为了进行安全的施工，做防根层是当然的，还应该考虑保护防根层和防水层等的撞击防止层（保护块）的重要性。

照片1 根系进入混凝土接缝中

关键点②存水、排水层

最近，在城市中心地区，气象逐渐变得异常起来，出现20min集中降雨80mm的现象都不是新鲜事情。根据这样的现状，即使是社团法人公共建筑协会的“建筑材料、设备器材等品质性能评价项目”中关于人工屋顶绿化技术的品质性能，也把必须具备排水性能的标准定在了每小时240mm。

另一方面，在缺水季节，一个月不下雨的情况也很多。如在底部存有雨水，多少也能减少浇灌次数，为此，在施工薄层屋顶绿化时，最好让排水层具备存水功能。如最下层为存水层，植物根部就会向下伸展，可进一步防止干燥。

关键点③浇灌

大家可以看到，一般的养护管理者用水管给树和花浇水，大多数都只是浇到植物表面有些湿润的程度就不浇了。只给植物表面浇水的话，因对水分的需求，根部就集中到表面来了，这样，对干燥的抵抗能力就更弱了，所以，给屋顶的栽植地浇水时，必须每次把水浇足。但是，屋顶绿化的面积越大，采用人工浇水的方法把水浇足就更为困难，成本也就越高。

从上述观点来看，在屋顶绿化上使用滴灌方式的现场增加了，

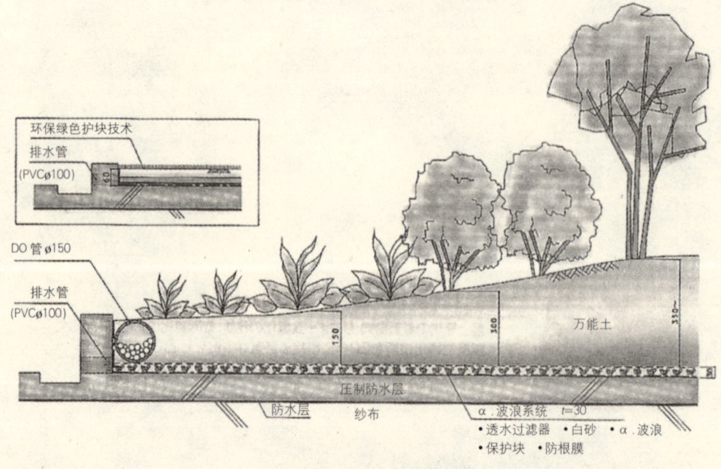

图1 技术概要

排水层材料一览表　每种材料都正在接受公共建筑协会的评审认证　表 1

名称	绿色平板	α.波浪系统
产品照片		
厚度	4cm	3cm
特点	用聚苯乙烯制成的存水、排水板。厚4cm，集存水、排水、防根功能为一体的排水系统	厚3cm的具有存水、排水功能的排水系统。具有耐压性，不仅用于植物栽植带，还可用于包括步道下面等绿化用地的全面排水系统

滴灌方式可确保管理质量，是能够实现养护简单化的自动浇灌装置，特别是不像喷头那样向四周飞溅，且能确保浇灌水渗入土壤内。东邦LEO提出了以下的开发方案，生产了通过压力调节功能使前端和末端都均匀地按一定出水量进行滴灌的浇灌管“压力管”，还有电气、太阳能、电池等同时带有计时控制器的浇灌系统。

关键点④土壤

用于屋顶绿化的土壤首先必须保证轻质化，此外，还既要确保排水，又要确保不干燥的保水，也就是说，需要同时解决完全矛盾的两种性能。在这样的土壤上，保证植物生长良好是当然的事情，人工土壤万能土的开发目的还在于能够低成本实施屋顶绿化，且能保证安全、施工简单。万能土是砾状的，所以在施工时不用担心会向周围飞溅，也不会污染周围环境，即使在下雨天也能进行施工。不仅排水性能好，保水力也很高。而且，颜色接近自然土壤，不会产生不协调的感觉。为证明万能土的安全性，我们进行了各种试验。包装分为1m³集装袋和30L装纸袋两种。

排出水的试验

大部分降雨和浇灌等进入栽植绿地的水在土壤和排水层暂时存留后，都向建筑物外部排出。如果这样的排出水对周围的环境形成负担，那就将成为很大的问题。为此，我们做了以下的试验，采用人工降雨机，对万能土层进行每小时 30mm 和 100mm 的降雨，然后对通过的水进行测定。两种降雨排水都符合水质污染防止法的排水标准。

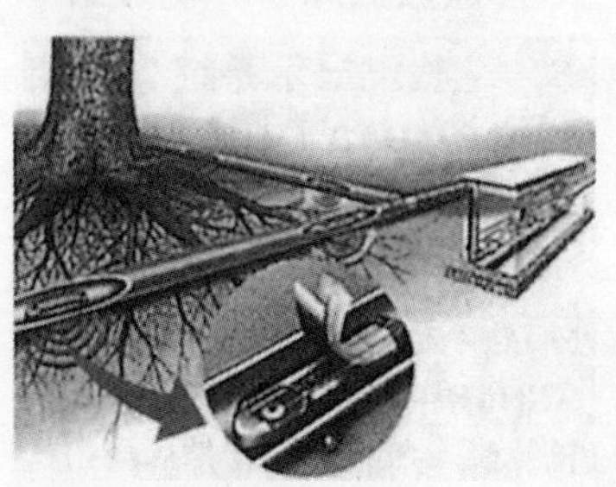

安全性——对人体的影响

最近，对菜园和花坛等，除养护人员外，一般的人接触土壤的情况增加了。收获的蔬菜如通过皮肤对人体产生影响，那就是严重的问题。因此，我们也针对安全性进行了皮肤刺激试验、经过口腔毒性试验等充分的试验。

关键点⑤支撑

树木的固定有木支撑、线支撑、地下支撑等方法。但是，对屋顶绿化来说，土壤厚度很薄，使用木支撑不能达到充分的强度。使用线支撑的话，如属于有限的狭窄空间，那么，支撑就太显眼而破坏景观。所以，更多的时候采用地下支撑法的“超级平地支撑”。东邦 LEO 提出了适合树木形状和植物栽植地状况的方案。

今后，为发展屋顶绿化，针对确实要实施屋顶绿化的空间，必须开发相应的综合技术和软件管理。而且，即使是景天类植物等管理简单型的屋顶绿化，也需要一定的养护管理成本，如果不能保证绿化空间的维护和管理，那就没有持续性。现在，我们需要把观念从“存在的绿地”向“利用的绿地”、“可产生附加值的绿地”转变。我们认为，这一点是持续推广屋顶绿化最具推动力的方面。

1-2 拉比特系统

●安藤路育、武内孝纯、明石诗子 （株）日比谷环境

开发背景

目前，屋顶绿化的主要代表是景天类植物的薄层绿化，重点在于对享用者的精神安慰效果和在城市取得收获的喜悦，以及能够体验接触土壤的感觉、缓解热岛效应等。我公司的产品就是开发了一种符合多样化需要的系统，叫“拉比特系统”。而且，对已实施屋顶绿化所取得的效果，还开发出可在显示屏上一目了然的“环保数据库”显示系统，该系统也已实现商品化。

并且，不仅是绿化大规模面积的屋顶绿化，为使屋顶绿化得到进一步的普及，我们开始销售以个人为对象的屋顶绿化装置。这种装置不仅适用于屋顶，我们主要是针对公寓阳台的需求进行商品开发的。

拉比特系统

产品特点

随着屋顶绿化市场的不断扩大，对具有一定品质、在价格上又有竞争力的产品的需求也越来越大。我们的拉比特系统具有作为绿化基质的标准性能，而且，是本着低成本目的进行开发的。

上述防根系统由拉比特膜（防根布）→拉比特板块（保水、排水板块）→拉比特透水布（透水材料）→拉比特环保土（再生隔热轻质人工土壤）一层一层摞起来形成的系统，每种材料都非常轻，根据植物的品种、大小可改变土壤的厚度，是可适用于所有绿化设施的简单而又有普及性的系统。

照片 1　拉比特系统

照片 2　拉比特板块

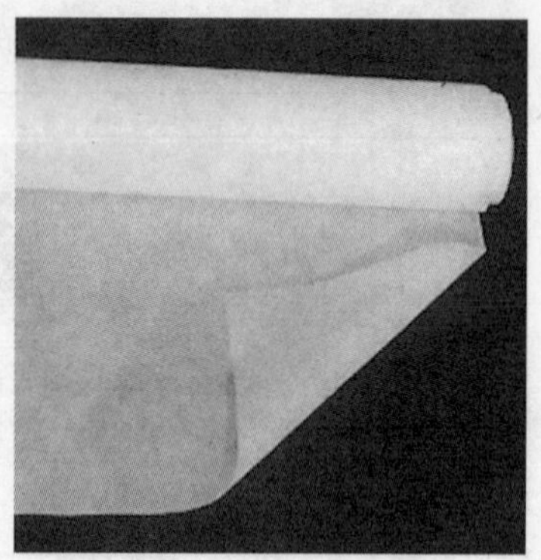

照片 3　拉比特透水布

照片 4　拉比特土・环保土

而且，拉比特系统为能有效利用雨水，还具有良好的保水性能，具体而言，就是带有让雨水可返还植物的系统（最大存水量为6.6L/m^2）。作为附属材料还有以发泡树脂为基础的拉比特墙（超轻体墙）和拉比特排水系统（架起来的排水层），这些都针对荷载条件限制严格的现存建筑物屋顶而设计，有很高的绿化可能性（参见照片 1～4）。

① 拉比特膜（防根布）
　规格：2m × 50m ×（t=0.24mm）
　　13.8kg/ 卷
　材质：合成纤维

② 拉比特板块（保水、排水板块）
　规格：1000 × 1000 ×（t=45mm）
　　0.73kg/ 张
　材质：发泡苯乙烯

③ 拉比特透水布（透水材料）
　规格：2m × 50m ×（t=0.3mm）
　　4.14kg/ 卷

④ 拉比特环保土（再生隔热轻质人工土壤）
　规格：湿润时相对密度0.8kg/m^3
　材质：以造纸厂所产生的循环利用再生材为主要原料

“环保数据库”环境数据检测显示系统

产品特点

环境数据检测显示系统“环保数据库”是用遥感装置对屋顶绿化、墙面绿化的缓解环境问题功能进行同步时间的检测，然后再把这

些数据用一种容易理解的形式显示出来的系统（参见显示例）。

以下是对检测内容等的记述。

屋顶绿化的效果检测：

用温度数值对绿化部分和未绿化部分进行比较（夏天凉快、冬天温暖），把1天中的温度变化用图表显示出来，可实际感受到环境的变化。

各种发电量的检测：

用数值显示来自天然能源的发电量（太阳光发电、风力发电等），看看1天中来自天然能源的发电量到底有多少，然后用图表可与家庭的使用量进行比较。

展示系统：

为能够向更多的人深入浅出地解释绿地对环境的缓解作用和小气候的调节作用，我们开发了一个展示系统。

环境教育：

可用于调查绿地带来环境效果的一种环境教育。

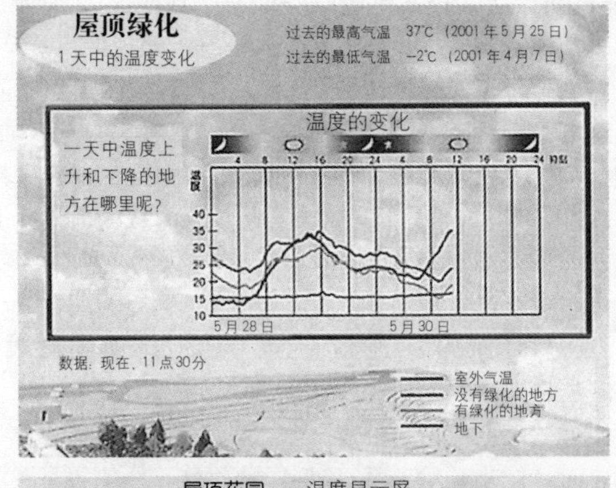

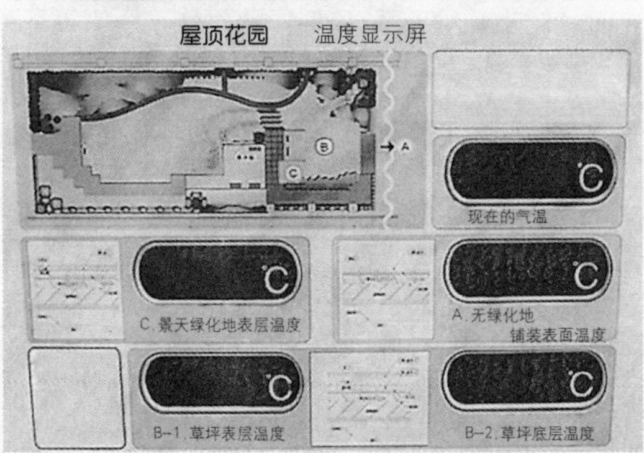

照片5 显示例

以个人为对象的绿化装置

（1）产品简介

屋顶绿化装置是以家庭所有成员一起高高兴兴做屋顶绿化为理念开发的。

装置内容包括绝缘材料、防根布、保水·排水嵌板、粒状排水材料、透水材料、人工轻质土等专业屋顶绿化材料和我公司严格选择的植物。

照片6 以个人为对象的屋顶绿化装置

而且，为丰富屋顶绿化的形式，还可追加水池、菜园等部分。费用方面，市内限定在20万日元之内进行材料的销售。还有25万日元包括施工费的销售形式。

施工方面附有说明书，保证个人能简单安装。一般3个大人一天即可完成。

此外，如指定大小，不仅是屋顶，大小有限制的阳台也能够适用。这种情况需要在充分理解公寓管理规定的基础上，在规定允许范围之内进行安装。

（2）产品特点

屋顶绿化装置的特点主要在于从环境和教育方面所看到的优势。循环再生人工轻质土壤“拉比特环保土”是利用造纸作业过程中所产生的黏土成分烧制而成的多孔质形状土壤。湿润相对密度约0.8，是黑土一半的重量。而且，为有效利用雨水，保水排水嵌板有具有8.8L/m^{2}的保水量，即使在热岛效应现象之一的夏季集中降雨季节，也能实现预期的临时存水效果。在环境教育方面，能够简单地提供在身边感受植物生长、观察水池中浮游生物等习性的场所，可应用于在城市中生活的孩子们的情操教育。

1-3 屋顶绿材

●野泽信一　（株）前川制造所

对植物来说，暴露在恶劣环境之下的屋顶绿化是对作为具有多样性“生物”植物的综合考验，也是对构成建筑物各部件是否具有工学技术依据的一种验证，屋顶绿化系统的构成必须以上述研究成果为依据。

前川的屋顶绿化系统“屋顶绿材”以坐落在静冈县富士宫市朝雾高原的我公司植物工学研究所的植物栽培方法和茨城县守谷市的我公司机械制造主要工厂所属技术研究所的工学分析力量为背景，实现了美化而又结实、安全的屋顶绿化系统。

超轻质种植土

前川所开发使用“超轻质发泡种植土”类型的绿化系统总重量平均为15kg/m²(干燥时重量为10kg/m²，最大湿润时重量为18kg/m²)，实现了超出屋顶绿化常识范围的“超轻质化”，大幅度减少了对建筑物的荷载负担。

而且，由于种植土已被固化，对强风、大风和暴雨下的土壤飞溅和流失具有较大的防止作用，对坡度较急的屋顶等施工也具有一定的优势和施工可行性。

该“超轻质发泡种植土”主要以具有隔热性能的隔热树脂和利用废玻璃循环生产的泡沫玻璃为原料，也叫做有利于地球环境的环保系统。

除“超轻质发泡种植土”类型之外，还有使用堆积在富士山山麓的透水性强和具有适度保水性能火山岩（斯科利亚）的斯科利亚种植土类型，根据客户的需要和施工条件可进行选择。

朝雾培育的强壮景天

用于“屋顶绿材”的景天类植物是在坐落于富士山山麓超过海拔700m朝雾高原的我公司大规模苗圃栽培的。

在昼夜温差很大的高原地区所特有的气候中，根部采用人工种植土栽植，一直到成活为止都是露地栽培，在恶劣的环境下，依靠自然力量的检验，植物的强弱差别就显现出来，部分被淘汰，与“温室栽培”不同，培育出来的景天是强壮的植物。

让景天长时间存活的排水性能

在岩石地带等干燥环境自然生长的景天具有保持干燥性所需要的特别生理特点，持续处于干燥状态时，为防止体内水分消失，叶面上的气孔就会关闭而进入休眠状态。由于进入过这样的休眠状态后，景天就具有了对夏季高温和冬季低温的适应性。相反，没有经受过干燥状态的压力，且未经休眠而一直持续生长后，就将失去作为宿根草的永久持续性。

与在人工制造的“过保护”环境下临时栽植并催生成繁茂状态的景天相比，还是在接近自然的环境下稳定保持永久“绿色”更为重要，基于这种考虑，前川采用了结合景天自然生长环境和生理特性的方法，特别注意提高排水性能，再加上干燥压力，以实现植物“持续时间长久”的目的。

景天的品种和特性

八宝科多浆植物的景天一般来说是具有较强耐干性的，不算依靠地域与环境自然生长的品种，包括改良品种在内，全世界共有500多个品种。

而且，虽说都叫景天，在耐干性、耐寒性、耐暑性耐阴性等方面，各个品种都有所不同，重要的是需要根据施工地区自然环境和安装场所的状况，或种植土的条件选择景天的品种。

狂风暴雨对策

屋顶是暴露的，要承受日照、狂风、暴雨、下雪等自然现象的每

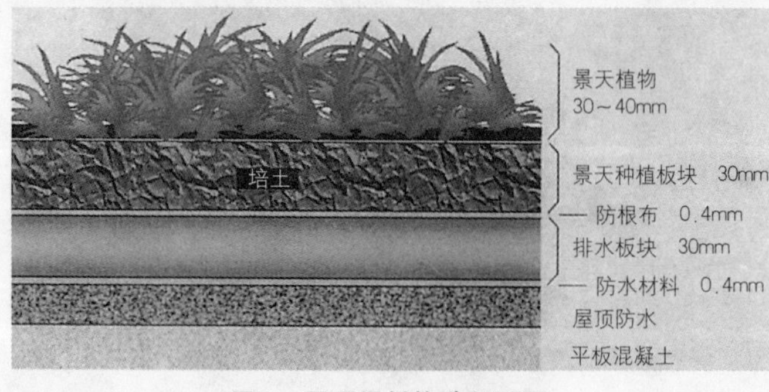

图1　屋顶绿材构造剖面图

时每刻的变化，这对植物的生长来说可算是非常恶劣的环境。特别是种植土流失等问题，在整个屋顶绿化系统中，不仅栽植的植物要受到损伤，对建筑物也有可能施加恶劣的影响。所以，一定要把准备工作做齐、做好。

关于屋顶绿化系统所应承受的风压强度，现在还没有定论。根据屋顶的高度和建筑物的构造，是否有楼前楼后的旋风，以地势和地形为基础的地区特性等，都会把问题复杂化。此外，不仅是针对风压有系统的张力强度问题，风进入系统内部的影响也是不容忽视的。“屋顶绿材”对系统实物在公司内作了实验，根据其试验结果，在标准施工条件下，我们确认了可抵抗风速40m/s的风。如要求具有该标准以上的强度，用增加单位面积固定配件使用量的方法是可以适用的。

作为狂风对策，为保证绿化系统表面不致因下雨而使种植土流失，要在系统下部的安装25～30mm的排水层和在边缘部分间隔100mm设置有直径30mm排水孔的专用铝制边。做好上述工作后，如果60min内降雨量在100mm以内，经由绿化系统下部排水层的雨水就能全部排掉。

进而言之，关于种植土，如前所述，超轻质土已被固定，而且，斯特利亚种植土填满30mm厚的特制纤维板块后，即可防止种植土的飞溅和流失。

管理简单

薄层屋顶绿化广泛使用景天，其主要理由之一是由于基本不需要浇水、施肥、造型、修剪、随季节发生的植物更换和杂草清除等定期的管理。但是，即使是被命名为极具生命力的“景天科植物”，也有可能由于预想不到的环境变化、人和鸟造成的破坏，以及不适当的管理而受到伤害。此外，有时，因病害和虫害或其他植物的侵入等由外部因素受到伤害的情况也有可能发生。所以，监督是否有异常发生的定期检查是不可缺少的，发现异常时要防止受害扩大，一定要在导致致命危害之前尽快采取修复措施。

照片1　东京都千代田区·东京交通会馆

以信赖为依据的各施工实例

1999年开始销售以来，在脚踏实地积累业绩的过程中，用研究与技术所打造“屋顶绿材”的优良品质逐渐取得了市场的信赖。

在屋顶绿化发展很快的城市中心地区，我们为很多地方提供了产品，如从东京站前的“丸之内大厦（1000m²）”和有乐町站前的“东京交通会馆（1200m²）”开始的很多写字楼、商业大厦和集中住宅等，还有的是在外地，如从宫城县大河町“宫城县南中核医院（4000m²）”开始，到鹿儿岛县“东市来町役场厅舍（400m²）”的东北，关东、中部、四国、九州等地区进行了施工。

今后的课题

“绿色的存在效果是综合的，涉及很多领域”（和歌山大学系统工学部、山田宏之助理教授）。所以，目前对各种各样屋顶绿化的效果进行定量说明处于非常困难的状况。针对这种情况，前川与大学及企业合作推进了用数据测量和评价薄层屋顶绿化效果的工作。

而且，不仅是屋顶绿化，墙面绿化的需求也在不断增加，为克服墙面绿化相关的各种课题，公共机关和企业一起正在进行潜心的共同研究。

我们将对植物栽植和土壤的适应性进行更加深入的解释和品种改良。为进行更为安全的系统开发等，我们还与生产活动平行开展研究开发活动，不断为社会提供更好的相关产品。

1-4 超轻质土

●北村洋一、中岛庆太　（株）创意网络

城市环境的改善与循环再生相结合的人工基盘绿化

我公司在18年前就开发了相当于传统种植土厚1/3、重量1/10的超轻质土施工方法（超轻质人工基盘施工方法），之后，我们又开发了庭院园路施工方法和庭院种植板块（用椰糠制成的平板状成形种植土）施工方法。此外，还开发了以建设废材加气混凝土和农业废弃物为原料的完全循环再生轻质土壤，深入开展了使用混凝土块土壤化技术的屋顶绿化、人工土壤基盘绿化事业。在开发利用上述材料的坡面屋顶绿化施工方法和墙面绿化、雨水聚集型屋檐水池施工方法而进行屋顶绿化、人工基盘绿化的同时，对热岛效应的解决方案和建设、造园废弃物等的循环处理利用也投入很大。我们认为，今后的城市绿化已不仅仅是缓和热岛效应的技术，包括废弃物的处理在内，必须从如何对城市环境整体进行改善的观点思考问题，并带着这些思考去进行各种各样技术的开发。

绿化系统

我们采用自己开发的超轻质土壤和庭院园路施工方法、循环再生材料的园路铺装、庭院种植板块等轻质的土壤和其他厂家的防根布、保水板块、保水排水板块等附属材料，并选择最适合的栽植植物组合起来，对人工基盘进行绿化施工。使用上述组合式绿化系统使日式庭院、欧式庭院、菜园，以及低成本原野式绿化等各种各样形式的屋顶绿化都成为可能。

在上述平面人工基盘绿化的基础上，我们还另外研究并确立了用顶部优势绿化系统进行坡面屋顶绿化的施工方法。而且，建筑物的墙面绿化是缓解热岛效应的最有效方法。现在，我们正在进行低成本墙面绿化系统的开发。此外，对已施工上述墙面绿化的建筑物，我们对其隔热和道路、铁道沿线等的绿化，包括隔声壁在内等，都有相应的方案。

还有，在对建筑物绿化的基础上，像上述储存雨水并有效利用的屋檐水池绿化系统不仅使雨水得到了有效利用，在作为缓解热岛效应现象有效对策的同时，也可以认为在抑制城市型洪水和储存城市用水方面起到了很大作用。上述屋檐水池系统不仅可在屋顶进行施工，在一般的地面也可以设置，而且，在公园和绿化地带、停车场、防灾公园的地下等都可以施工。在这种地下存水的场所，如果万一发生震灾等灾害，作为厕所用水等也可以考虑利用。

从循环利用的角度来看，以往作为建设废弃物被处理的加气混凝土叫下脚料和废材，以及园林绿化所产生的修剪枝等废弃物、从超市里面产生出来的蔬菜垃圾等，现在都成为了人工轻质土壤的原料，而且，现在有很多循环利用园路正在兴建。进一步讲，应用现有的开发方法，东京电力和清水建设还共同开发了采用建筑废弃物的混凝土废材生产循环利用人工土壤的方法。

上述循环利用环保土是作为普通地基栽植土壤可以使用的土壤，是根据对以往的绿化方法反复思考而研制成功的。关于如何

1. 防水改造工程

2. 庭院板块的安装

3. 循环利用园路的铺设
4. 浇灌水管的铺设

5. 完成

照片1　涉谷区的屋顶绿化施工方法实例（庭院板块＋循环利用园路＋浇灌系统）

庭院园路
（人工轻质土壤）

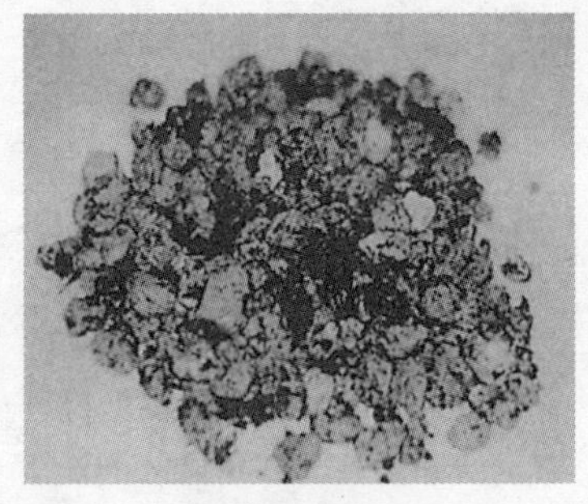

循环利用园路
(含有机质多孔循环利用轻质土壤)

庭院板块
（平板式成形种植土）

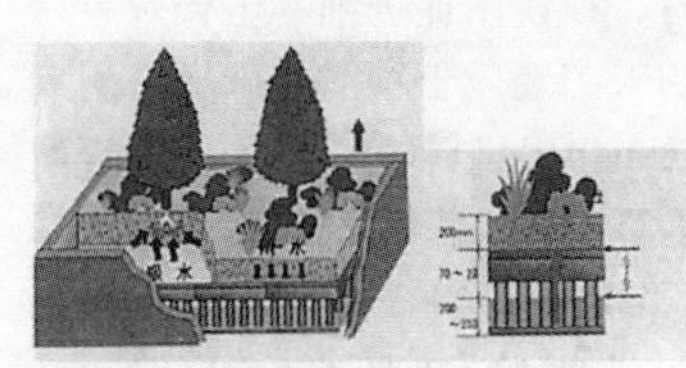

屋檐水池施工方法
有效利用雨水的绿化方法

采用庭院板块的墙面绿化系统

净化后3星期
岩清水开发的池水净化系统

照片2　绿化材料及环境改善系统

循环利用产业废弃物，今后我们还将开发新的循环利用方法，使多种多样的废弃物能够变成循环利用的产品而得到使用。

材料开发与土壤、栽植咨询

在生产和销售绿化材料和环境改善系统的同时，我们还从事土壤、植物相关的咨询活动。

1-5 生根加工法

●昆士绿化（株）

近年来，城市地区屋顶（或人工基盘）绿化的必要性及其功能已经逐渐广泛地为一般人所认识了。

地方政府制定了一定的相关标准，对新建建筑物屋顶的绿化已义务化，对屋顶绿化费用方面已执行补贴制度的地区也不断增加。

把植物栽植到屋顶上的一项尚未解决的问题是“重量”问题。

在所采用植物的重量之外，还要加上供植物生长的土壤重量，这样，对建筑物的负荷就变得相当大了。重量负荷本身就与建筑成本负荷有直接关系，所以，这些年来主要把注意力集中在如何轻质且容易维护管理的施工方法上。

但是，我们昆士绿化本着在屋顶创造有代表性人工空间的宗旨，认为不断进行如何维护城市地区已充实绿地空间的研究也是非常重要的。

作为上述研究目标之一的就是以下所要介绍的“GR（Growing Root，即生根）加工法”。

什么叫生根加工法?

“生根加工法”就是把树木的土球厚度加工到只有一般土球约1/3程度的树木重量的削减技术。

树木的轻质化

如果是乔木，即使根据树种的不同多少有所差异，但不管什么树，它的重量基本为土球重量（土的重量）所占有。

“生根加工法”是在把形成土球的土壤去掉一定程度的基础上，对需要土壤的层换入人工轻质土壤，这样，就可做到让树木的重量分段轻质化了。

土球缩小的作用

关于把土球加工缩小以后的作用，当然，一是树木自身重量得到减轻，更为重要的是植物栽植所需土层被压薄了。

一般使用的轻质土壤相对密度为大约0.7，假设是把30cm厚的土球削薄，那么，$1m^2$即可获得减轻200kg的效果。

如前所述，在人工基盘上的栽植工程方面，重量是一项尚未解决的问题。所以，用压薄土壤厚度的方法即可大幅度减轻对建筑物的负荷。

削减土球在植物成活上有问题吗?

在树木根部所发挥的作用中，以下两点是非常重要的。

（1）从土壤中吸收生长所需养分、水分，然后输送到地上部分。

采用“生根加工法”进行加工时，在使用促进细部生长效果好的人工轻质土壤的基础上，用无纺布包根材料“J-master”在容器内进行假植栽培。

“J-master”容器是在植物根部试图要通过无纺布包根材料时，由于已被加工成容易形成细胞块的构造，从这些细胞块又能进一步长出很多细根，所以，栽植时比一般流通的树木处于更好的细根发育状态。

因此，栽植后的成活也能够更加放心（“J-master”为昆士（株）的注册商标）。

（2）为不被风和地上生长部分自重所压倒，需对树木本身进

生根加工法业绩数据　　表1

树木名称	杨梅		红楠		白栎		安息香		多花株木(白)	
规格（H、C、W）	450　50　250		450　40　180		400　20　120		400　30　250		300　15　100	
	加工前	加工后	加工前	加工后	加工前	加工后	加工前	加工后	加工前	加工后
土球直径（cm）	107.5	98.8	96.7	80.0	74.0	50.0	97.5	82.5	46.0	40.5
土球高度（cm）	60.0	29.0	60.0	29.0	46.0	25.0	60.0	47.0	36.5	26.5
总重量（kg）	975.0	430.0	6508.3	238.3	155.4	83.4	382.5	282.5	50.5	46.5
土球(土)削减重量(kg)	575.0		300.0		85.6		129.5		14.5	
轻质土壤使用重量(kg)		30.0		30.0		13.6		29.5		10.5

照片1 加工前

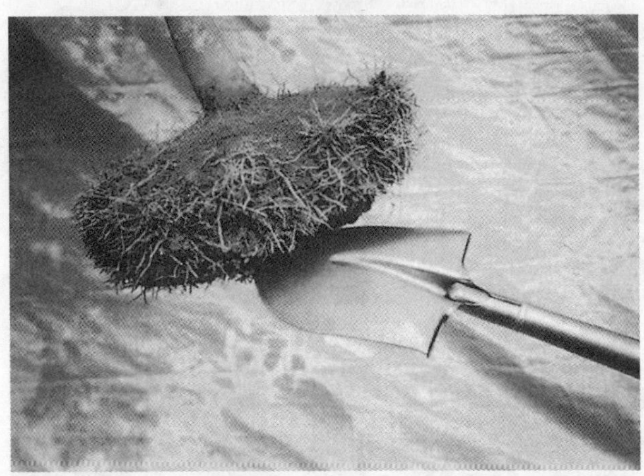
照片2 加工中

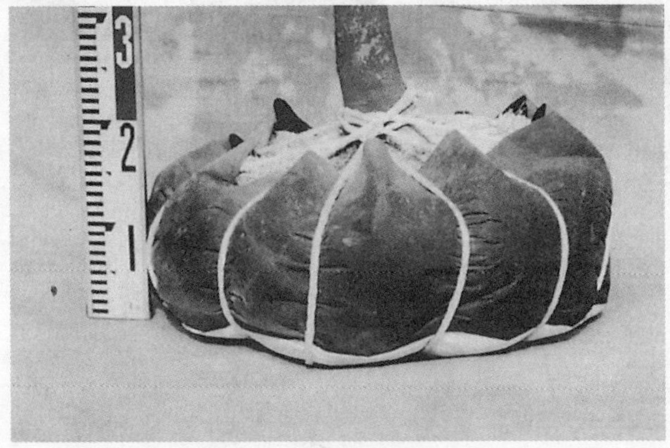
照片3 加工后

行支撑。

在人工基盘上用于栽植的土壤自身是薄而轻质的，所以，对树木的支撑没有多大力度，为此，采用地下式支柱和钢筋支撑是一般的做法。

使用这样的材料后，即使在切除忽视细根生长的粗壮木质化根株时，也不用担心树木会倒。而且，还可维持良好的生长状态。

使用景天类植物和草坪等的薄层屋顶绿化代表了过去屋顶绿化的潮流，现在，已不是仅强调功能方面了，为人提供有疗养效果的特殊空间绿化已变得越来越受到重视。

为了尽可能实现设计者所描画的绿化空间形象，以"因为是屋顶绿化"为托词而放弃的若干制约事项也因"生根加工法"的技术而得到缓解，的确感觉到，设计的自由度有了大幅度的提高。

1-6 超级聚苯施工法

●福泽崇志　积水化成品工业（株）商品技术部

概　要

城市空间及其近郊已被深刻的环境问题所困扰，政府和企业提出了一系列必须解决问题的对策，并有所执行。

东京都和兵库县等城市把屋顶绿化作为改善环境的一种方法已经义务化了，在国土交通省和涉谷区、墨田区、大阪市等地的办公大楼屋顶建造了绿化样板空间，通过开放这些空间来开展普及屋顶绿化的活动。

而且，其他地方政府也用补贴制度等推进着普及屋顶绿化的事业。

特　点

对屋顶进行绿化时，一般来说，只有180kg/m²的允许荷载，此外，由于还有种种制约条件，在实施屋顶绿化的基础上，首先必然有轻质化的问题，其他还可列举出成本、环境影响、施工可行性等基本条件。

“超级聚苯施工方法”是以轻质土壤和泡沫聚苯乙烯为原料，使用多种材料，具有轻质性、空隙保持性、隔热性的有计划绿化施工方法。而且，通过许多业绩和各种确认试验，它已作为“建筑材料、设备机械材料等品质性能评估事业”的“人工屋顶绿化用系统”管理型适用法得到认可，在“评价报告”中也有所记载（照片1）。

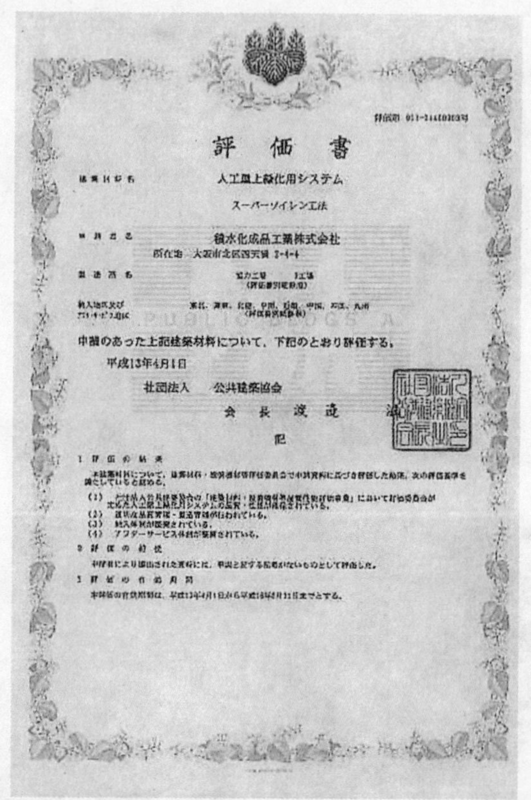
評　価　書

人工屋上緑化用システム

スーパーソイレン工法

積水化成品工業株式会社

所在地　大阪市北区西天満 2-4-4

申請のあった上記建築材料について、下記のとおり評価する。

平成13年4月1日

社団法人　公共建築協会

会　長

記

照片 1　评价报告

照片 2　防根布（聚苯塑膜 DK）
特点：使防水层不受植物根部影响的厚质聚乙烯塑膜

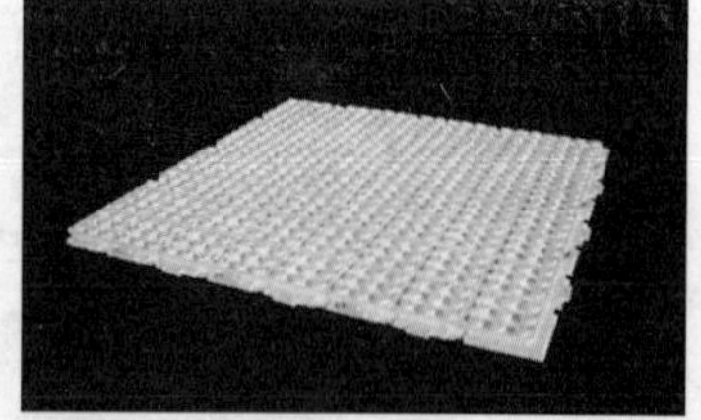
照片 3　带存水空间的排水板材（聚苯板块 M30）
特点：剩余水快速排水和存水功能兼有的泡沫聚苯乙烯成型产品

施工方法

作为系统的基本构成，从主体开始依次施工

1）防根布（照片2）

2）带存水空间的排水板材（照片3）

3）透水过滤材料（照片4）

4）轻质人工土壤（照片5）

5）植物栽植

6）复合材料

根据需要，还有时需要铺设垫高材料（照片6、7）。

照片4 透水过滤材料（聚苯过滤材料-A）

特点：防止土壤流失，且透水性好，用于园林、土木的无纺布。

照片5 轻质人工土壤（聚苯G土壤 CA型）

特点：重量是自然土壤的1/2，以火力发电厂的粉煤灰为主要原料制造的轻质人工土壤。

照片6 带排水空隙的垫高材料(聚苯块DF）

特点：具有自然土壤大约1/100的轻质性，是带剩余水排水功能的泡沫聚苯乙烯成型产品。

照片7 排水垫高材料(新型聚苯）

特点：属于整体垫高材料，是可排水的泡沫聚苯乙烯粉碎物的袋装产品，也是环保标志商品。

↓

照片8 横浜国际旅客中转接送港

施工实例

用“超级聚苯施工法”建造的“人们聚集的绿化空间”有很多施工实例，其中之一可列举“横浜国际旅客中转接送港”（照片8）。

作 用

作为在屋顶绿化系统中采用“超级聚苯施工法”可发挥的作用，首先是因泡沫聚苯乙烯成型产品而具有的隔热功能，同时，从土壤和植物中蒸发的水可对城市地区的“热岛效应现象”起到缓解作用，其结果直接与改善能源效率有关。

并且，在上述“环境效果”之外，由于创造的是作为城市地区修复景观的场所，所以，还具有调和人的“心理效果”。

1-7 绿波

●水野绫子　田岛屋顶（株）

概　要

过去，屋顶绿化都要考虑保护防水层，为此，仅用混凝土、砂砾等施工排水层和为取得充分的保水效果就需要大量的土壤。

绿波是用总厚30mm的轻质系统来完成上述功能，重量轻微，而且还是增加了防根功能和保水功能的植物栽植基盘。

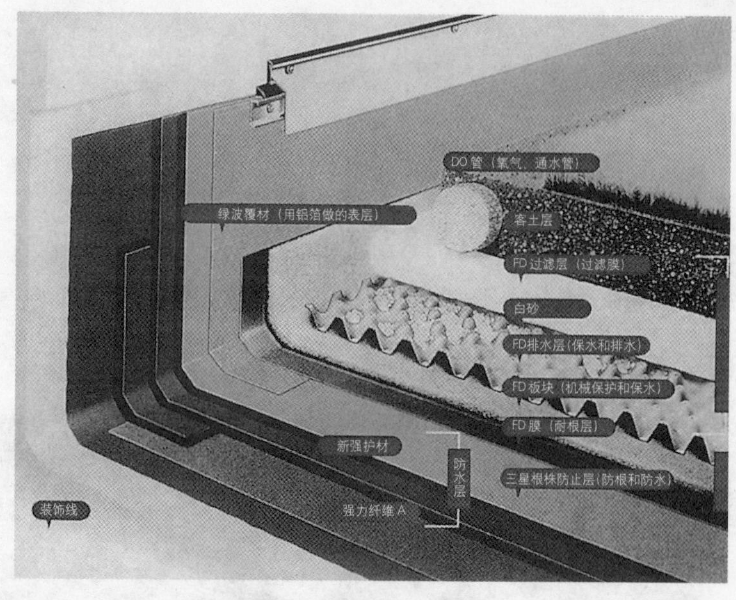

图1　绿波FD–L施工法

特　点

① 双重防根层

本施工方法要做双重的防根层。

第一层防根层，也就是根株防止层，是为防止生长的植物根部进入防水层而造成损伤。在合成橡胶的表面和背面涂上一种特殊的合成树脂膜，变成一体化的东西，在耐久性和尺寸稳定性上有优势，可对长期生长植物的根部侵入起到防护作用。

第二层是耐根层，FD膜与根株防止层功能相似，但目的不同。

根株防止层是为完全防止植物根部的侵入，FD膜由于不做包起来部分的处理，所以，不能完全作为耐根层去使用。

根株防止层是为了保护防水层完全不被植物根部损伤，相对来说，让植物本来向下伸展的根横滑，从而加大植物根部到防水层的距离，这种方法即可起到耐根作用。所以，即使植物栽植面积和土壤厚度非常有限，也能减轻植物根部生长所产生的影响。

采用上述两种特点的不同防根层，能使建筑物和植物同时受到保护。

② 保水、排水系统

正如概要所述，植物栽植不仅需要保水，同时也需要适当的排水功能。本施工法所使用FD排水可按3L/m²的标准存水，超过一定量的水就会向下落，然后随主干坡度进行排水。

此外，该FD排水不仅具有保水、排水功能，还能提供植物根部生长所需要的氧气。发挥排水层作用的FD排水内侧是水流过的部分，同时也是空气通道，因为随时都可以从外部吸入新鲜的空气。

在该系统上面可加上10cm以上的客土，从草坪到3m高的中型乔灌木，适合各种各样的需求，可在较广的范围内进行设计。

用这么1张嵌板系统就可以兼顾保水和排水功能，不再需要使用砂石等的排水层，这样也就使植物栽植得到了尽可能的轻质化。

施工方法

① 绿波　FD-L施工法

使用FD-L施工法时，施工双

（循环再生苯乙烯制品）

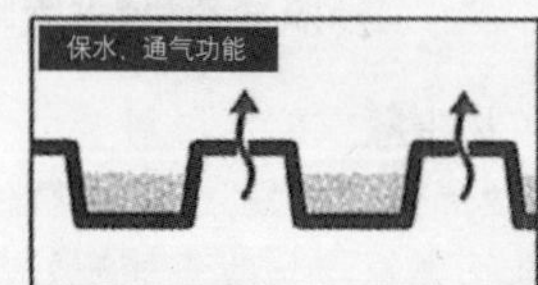

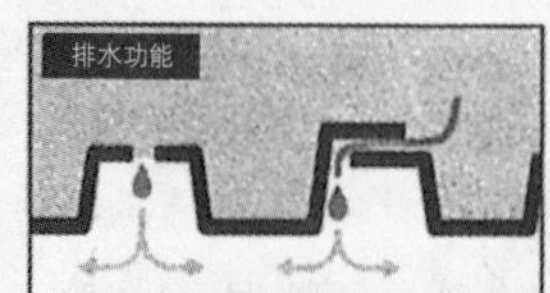

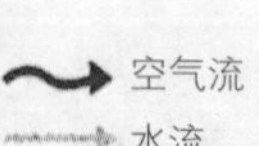

图2

重防根层后，再铺设FD板块。这是由于FD排水的形状而针对操作时所产生的撞击起到了保护作用，还由于施工后的土壤重量而对防根层和防水层起到了保护作用。

设置FD排水后，在其凹部放入白砂。这是为能长时间保持填入客土后容易凹陷的保水空间，也可起到让保水层里积存的水能够通过毛细管顺利到达上部土壤的作用。

其后，为保证不会有土壤流失现象，要对栽植部分整体铺设FD过滤膜，然后进行土壤、植物的施工就可以完成了。

② 绿波 FD-E施工法

FD-E施工法就是限制FD-L施工法所进行栽植的植物，把土壤和系统都薄层化、轻质化的技术。系统厚度为10mm，包括土壤在内也不超过60mm，重量在50kg/m²上下。

FD板块、FD过滤层的施工被省略了，但保水·排水的量与FD系统相同，排水和空气层的功能也以同等标准已被设置在其中了。所以，如果要能对植物进行限定，那么，将可以实现更为轻质、薄层的绿化。

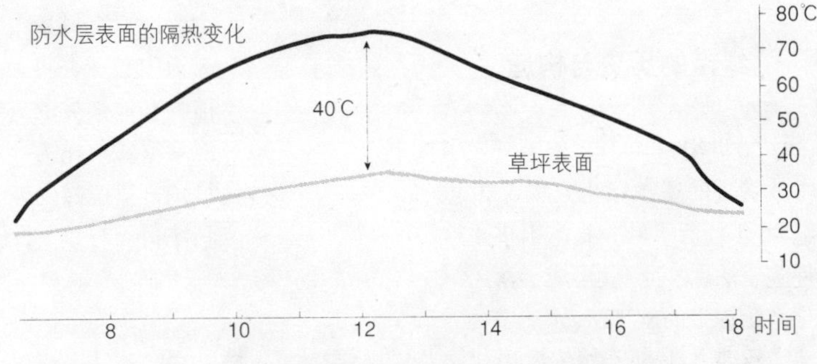

图3 绿化带来的隔热效果

照片1 施工实例

效 果

使用该施工法时，与传统施工方法相比，重量约为传统的1/10，厚度约为传统的1/3（注解：使用植物相同时）。

而且，通过施工屋顶绿化，可取得以下的效果：

① 经济效果

• 节省能源

• 保护建筑物

因具有隔热效果，所以，也就成为主体结构和防水层的保护层。

② 社会效果

• 防灾

• 城市气候的改善

抑制雨水的快速流出，与抑制城市型洪水直接相关。而且，减少辐射热，与缓解热岛效应直接相关。

③ 心理效果

• 保护生活环境的效果

• 提高景观质量的效果

施工实例

由于以上所记述的系统特性，很多屋顶绿化都采用我们的产品。作为其中一例可列举出，FD-L施工法已用于东京国际展览会场，FD-E施工法已用于六本木商务中心（照片1）。

1-8 绿带

●古泽浩一 （株）得克

绿带的历史与构造

20世纪80年代，德国开发了粗放管理的屋顶绿化方法，20世纪90年代后半叶，日本引进了这种施工法，之后，就形成了薄层绿化系统绿带的施工法。

绿带从下部开始依次由排水层、保水层、种植土层、植物栽植板块层组成，剖面尺寸在60mm以下（参考剖面详图）。

①排水层	尼龙制品的无纺布和聚酰胺质地的螺旋构造钢筋及其复合板块
②保水层	再生纤维的无纺布板块
③种植土层	火山砂石、树皮、黏土
④种植板块	塑料线纤维及天然纤维的混合板块
⑤植物	主要以八宝科景天为中心。香料植物和地被类的混栽形式也作为特别订货产品受到注目。

特　点

绿带的最大特点在于植物栽植板块。很多薄层绿化系统都是装置式的，基本采取在温室里用塑料装置种植景天，然后铺设到屋顶的施工方法。绿带是用植物栽植板块预先进行栽培，成为了具备以下特点的施工方法：

① 轻质且运输方便。

② 性状多样，可自由搭配，设计自由度高。

③ 预先栽培所需时间短，对突然发生的订单也能够满足需要。

④ 从屋檐到墙面的绿化，都具有施工可行性。

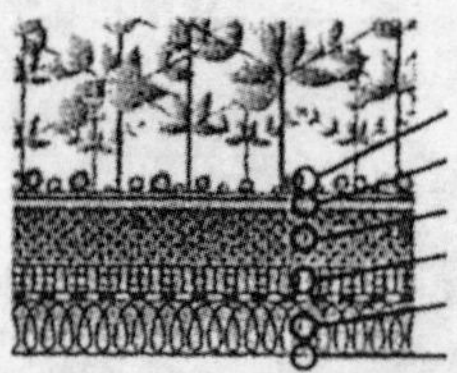

图2　绿带剖面图（平面屋顶的情况）※层厚约5cm、重40kg/m²

施工程序

① 在防水层上，铺设防根布。

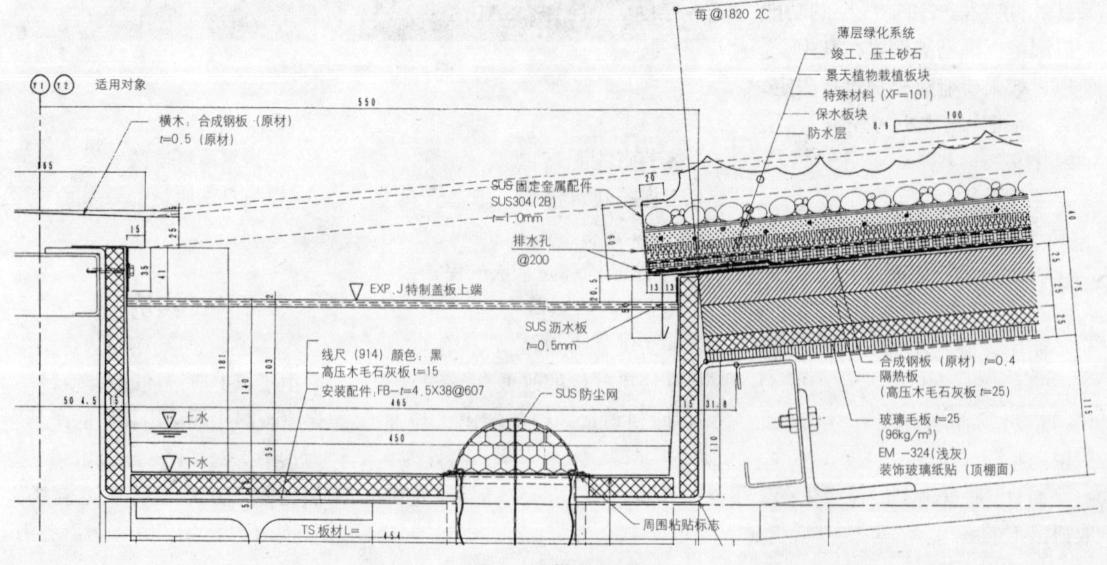

图1　绿带剖面图

照片1 施工实例1

照片2 施工实例2

② 铺设排水层。
③ 铺设保水板块。
④ 铺设种植土。
⑤ 铺设植物栽植板块，再把板块连接起来，然后在周围安装上隔离材料。
⑥ 完成最后工序。
⑦ 浇水。施工后基本是2个月浇一次水。

作 用

① 节省能源
屋顶绿化可使室内温度在盛夏降低近10℃，这一点已被证实。
② 与缓解热岛效应现象和抑制城市洪水有很大关系。
③ 对消除空气中的灰尘、污染有作用。
④ 对建筑物的保护有作用。这一点属于削减废弃物，实际上就是减轻了城市运营的负担。
⑤ 对提高城市景观质量有作用。

主要施工业绩 表1

① 1997年	铃川公园游泳池屋顶	山形县	$570m^2$
② 1998年	仓桥街区建设中心屋顶	广岛县	$1000m^2$
	琦玉县立大学屋顶	琦玉县	$1920m^2$
③ 1999年	东京我的景观多摩南野中心屋顶	八王子市	$640m^2$
	城市基础建设公团新所泽集会会场屋顶	所泽市	$390m^2$
④ 2000年	热情大厦晴海	东京都中央区	$605m^2$
	心中中心叶山	叶山市	$500m^2$
	城市基础建设公团霞之丘住宅小区屋顶	上福冈市	$595m^2$
	袋井市市民会馆屋顶	静冈县	$1850m^2$
⑤ 2001年	小田原东邮局屋顶	小田原市	$880m^2$
	东急浅野公寓屋顶	横浜市	$1967m^2$
	时津町文化会馆屋顶	长崎县	$1245m^2$
⑥ 2002年	城市基础建设公团美浜停车场屋顶	习志野市	$353m^2$
	中田古纸再生工厂	世田谷区	$975m^2$
	新川崎城市住宅屋顶	川崎市	$630m^2$
⑦ 2003年	家庭田园调布	大田区	$430m^2$
	丰田自动织机工厂	爱知县	$1800m^2$

施工业绩

绿带从开始施工到今天有7年的历史了，在全国，其施工实例不断增加。

在这里记载的是主要的施工实例。

1-9 不含化石的板材

●古暮 宏 莫斯数据系统服务（株）

因 CO_2 的增加而导致地球高温化、因人工排热的增加和绿地丧失而导致的城市热岛现象、因开发和治山治水而导致的生态系统受到破坏等，使得人类无法在地球上生活的那一天终会到来的问题已成为非常现实的问题。

为阻止当今地球环境的恶化，屋顶、屋檐、墙面、坡面等绿化的必要性已被认可，政府和民间已同心协力地共同深入到真正的立体绿化事业之中。但是，现实中关于无机环境的绿化，在现场阶段出现了各种各样的问题。

• 建筑物的绿化因荷载问题而成为难题。特别是坡面屋檐（在东京都，坡面屋顶面积占平顶屋顶的 3 倍以上）的绿化基本近乎不可能。

• 伴随绿化的初期投资、施工后的维护管理等费用太大。

• 绿化基盘的施工和浇灌等所需要的能源消耗与绿化的环境改善效果不成比例（有些时候还出现负面效果）。

克服上述问题的绿化技术如果得不到开发，无机环境的绿化步伐也有可能无法向前推进。

采用苔藓植物进行绿化

苔藓植物是地球环境处于比现在还恶劣状态的4亿年前就产生了，可说是大规模覆盖陆地的最古老的植物群体。从古至今，一直蔓延生长着，作为生态环境的基础发挥了重要的作用。今天，猛然一看，人们基本会认为，水泥构造物是生物不可生长的代表性材质，但另一方面，多种多样的城市空间中，某种苔藓植物也四处可见，有时可覆盖水泥面整体，也就是说，无机环境复原的作用也在不断发展。（照片 1）

照片 1

如果能利用这种不需要土壤、只依靠太阳和雨水就能生长的苔藓植物特性，就有可能解决无机的环境绿化课题。

概 要

① 自古以来，利用绵延不断继承下来的土墙技法，在其上引入苔藓植物，作为屋顶、屋檐、墙面、坡面等用于无机面的绿化。

② 把土、黏土、砂子、秸秆、废旧纸张等和微生物，以及砂藓、灰藓，均衡地组合在一起，而且，不使用任何化学合成材料，然后再想办法把苔藓植物固定，基盘的表面是具有可供生长的回归自然性。

③ 在苔藓植物可生长的环境，构造物表面被苔藓植物覆盖，内部有微生物适度地繁殖着，这样，即可防止因紫外线而引起的劣质化。

特 点

① 在多种多样的无机空间可比较容易地实现绿化。

苔藓与其他植物不同，没有叫作根的疏导组织，从空气中吸收水分、养分即可生长，不需要土壤。而且，本系统采用的砂藓、灰藓，耐干性强，所以，对形成一般植物生长生物层困难的高层大楼、墙面、坡度较急的斜面、屋顶面、现存建筑等均可使用。

② 经济性很强（可低成本实现）

苔藓植物和基盘是一体化了的轻质结构，对构造物负担小，而且，施工也比较容易。还有，比较其他施工方法，初期投资可明显减轻，而且，施工后也不需要浇水、施肥、整形修剪等养护管理，

产品规格

产品名称	尺寸(mm)	用途	预算价格(材料)
希路路・普利得	275 × 570 × 3	墙面、屋顶面、坡面等	6900 日元 /m²
希路路・普利得 e- 坡度	275 × 570 × 5	倾斜面(5° ~ 45°)	9800 日元 / m²
希路路・普利得 α 莫格勒	275 × 570 × 3	平地面（砂石地下标准）	8900 日元 / m²
Co 波	275 × 570 × 15	平地面（单独标准）	13500 日元 / m²

也就是说，不需要更多费用。

③ 实现真正的环保

与传统型的工业产品不同，是利用自古以来连续不断继承下来的土墙技法，且不使用化学合成材料而生产的生物生长建材，是真正的环保产品。

效　果

① 通过CO_2吸收和碳元素固化而产生的地球高温化的抑制效果

苔藓植物与其他植物一样，因碳酸气体的同化作用，使得体内开始有碳元素的活动。对一般的植物来说，体内固化的碳元素因落叶和枯萎活动得到腐蚀化，如果被焚烧，就会把CO_2还原到大气之中。据说，其结果是CO_2的吸收和排出基本在1∶1的比例。但是，在无机质上可生长的苔藓植物腐蚀化进展程度很慢，所以，如在固化碳元素的状态下使其腐蚀化，就会逐渐形成泥炭土、泥炭层。于是，从长期来看，苔藓植物与其他植物相比，可算是固化程度比较高的。

② 小气候的缓解和节省资源的效果

砂藓可保水的程度大约在自重的20倍（照片1）。对干燥来说，是蒸发体内水分来保住生命，所以，我们发现了这种砂藓所具有的保水性和蒸发效果对缓和小气候非常有效。而且，用苔藓植物绿化屋顶和墙面后，夏季可望具有作为冷库的节省能源效果，冬天可望具有作为暖房的节省能源效果（照片2、照片3）。

③ 建筑物的保护效果

一般来说，混凝土、防水层、涂料装饰材料的劣质化是由于紫外线和红外线所产生的温度差所致。为防止这样的劣质化，采取用植物覆盖等方法很有效。使用苔藓植物绿化后，紫外线被隔断，使温度变化所产生的建筑物膨胀受到抑制等，可产生减轻劣质化的作用。

④ 生态系统的复原效果

用苔藓植物进行环境绿化与一般所说“绿色”相对应的绿化不同，不一定非要提供“绿色”。只要提供初期生物层，所属环境区域就会产生一种环境形成作用，也就不断给这些区域赋予了各时期变迁状态向初期生态系统的恢复和改善等作用。在这样的环境下，多种多样的生态系统逐渐形成。

施工实例

照片2　墨田区“绿与花的学习园”

照片3　丰岛区“S大厦”

照片4　港区“O大厦墙面”

照片5　长野县“国道19号线”

1-10 景天花园

●足立景一　绿星（株）城市环境绿化事业部

地球高温化现象越来越明显，在大城市地区，夏季的热岛现象逐渐变得越来越严重。而且，近年来，集中暴雨带来的城市型水灾也发生了很多。上述现象都起因于城市绿地和自然土壤的流失。

作为增加绿地的方法，大家也作出了建设公园、绿地、私有土地等各种各样的努力。但是，由于地价等问题，今后必须推广的是让占城市大部分的屋顶披上绿装，也就是要普及屋顶绿化。市民的呼声越来越高，为回答这样的呼声，各地方政府也在屋顶绿化推广政策和资助制度的条例化方面非常活跃。

使用景天的薄层屋顶绿化实例（香川县厅）

序号	名称	面积(m²)	摘要
①	景天绿化系统	325	湿润时　50kg/m² 以下
②	景天绿化系统	178	湿润时　66kg/m² 以下
③	轻量草坪栽植系统（马尼拉草）	170	人工轻量土壤厚 17cm
④	玫瑰	8	
⑤	马缨丹	8	
⑥	美女樱	21	
⑦	天蓝绣球	20	
⑧	红冰花	14	
⑨	夹竹桃	36	
合计		780	

特　点

我公司在大约6年前，在日本最早开始使用景天涉足了“薄层屋顶绿化系统”领域。当时，我们采用的是在德国已有20年以上业绩的S & B公司的Excel Flow。但是，与德国不同的是日本特有的高温多湿环境，在这样的环境下生长状态不好，失败也很多，一直处于挫折不断的状态。其后，经过屡次试验，失败和业绩的积累，终于研制开发出了也适合日本气候的薄层屋顶绿化“景天花园”。

主要的改良点在于景天品种的选择和栽培方法，还有土壤的改良、养护管理方面的改良等。我公司所开发景天花园是把7种景天混栽在一起，厚度在70mm，重量为40kg/m²。此外，具有隔热效果方面也以实验数据被证明。我公司的基本方针是，无论哪个环节都由自己公司研制，从而提供一条龙的服务。从景天的栽培到施工，全部都由我公司工作人员负责，这样，就可以持续地随时检验生长状态。

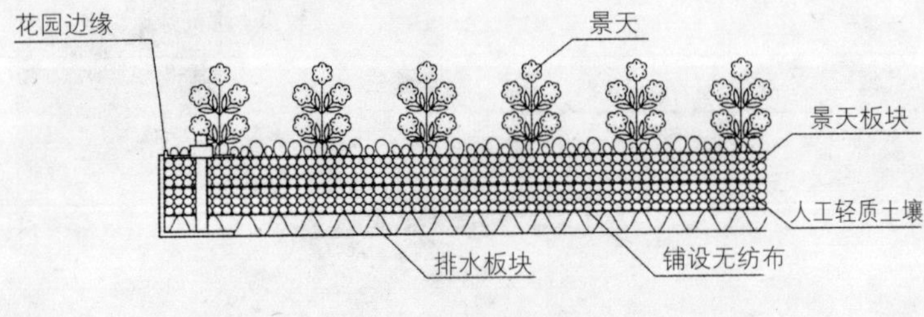

图1　景天绿化系统

作为主要业绩，包括兵库县立神户高校、大阪市北斋场、新大谷饭店、东京国税厅、香川县厅、兵库县厅及其他公共、民间场所等，项目超过200个。（参考照片1～3）

而且，7种景天也经过时间的考验，长得茂密了，状态也稳定了（一般来说，植物如果处于混栽环境，会彼此竞相生长）。

在这近于6年的时间里，也可能是因为每天坚持观察、研究景天的结果，与其他公司的产品相比，在品质上我们有足够的自信。正如公司名称之意，我们是专业公司，我们的产品比其他行业的景天品种好，那是应该的，我们不认为有什么可以自满的。

照片1 景天花园施工实例

照片2 阿波银行中浜宿舍
（大阪市东成区），2001年7月施工，约300m²。

照片3 新大谷饭店
（大阪市中央区城见），2001年6月施工，约630m²（整体1500m²）

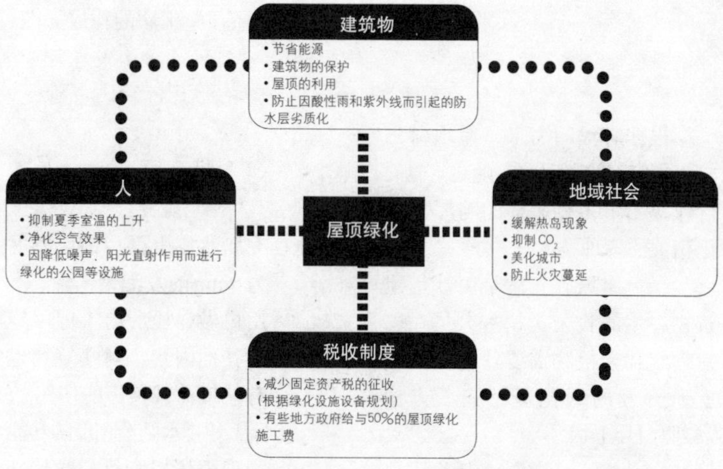

图2 以屋顶绿化为中心的关系图

但是，非常遗憾，最近，在东京等地，经常看到景天屋顶绿化失败的实例。是很多企业轻易参与的结果，采用快速栽培（温室栽培）景天是失败的原因之一。而且，一阵时间推销景天是"无管理、不需浇水的"，实际上，景天是管理简单，若没有管理是不可能健康生长的。但是，如果浇水，景天的形状和质地就会发生变化，从而变得软弱，这样就变成了杂草丛生。景天不能完全依靠降雨，是通过简单管理而实现减少整体能源的屋顶绿化。人为给水催生栽培的景天肯定在屋顶这种恶劣环境下会出现一时衰退的现象，即使是我公司一年到头驯化栽培的景天，也有可能出现一时的生长不良状态。在这种时候，如果不实施适当的管理，景天就不会生长。

最近，有这样的理论，说景天由于屋顶绿化流行而缺乏实践检验，其实，景天也不是这么单纯的东西。应该对生长状态仔细观察、验证后，归纳出届时的气候等各种各样的条件特点。温室栽培的景天不能在屋顶正常生长，这已从实践经验中得出结论。而且，如前所述，施工后的管理也非常重要。

无论怎样，从栽培到施工都是我公司自己做的，很多事情不自己实践是不明白的。今天已是景天花园业绩积累的第5年了，今后，我们的目标是继续研制更好的景天绿化。

作为景天生长的生态环境，即使是在完成状态下，很多时候还是最终不可能像草坪一样长得那么密。一般的生长特点是在一丛一丛之间留下空隙地生长、分布。对这种空隙不满意的客户占大多数。但是，因为有客户，屋顶绿化才能存在。客户需要的是景天间空隙尽可能少，且更多的人看上去感到是非常有观赏价值、很美的景天绿化。

1-11 绿色屋顶施工法

●渡边 诚 （株）技术网络

概 要

根据时代的需求，屋顶绿化成为大家讨论的话题，随之，相关行业提出了多种多样的与屋顶绿化相关的各种技术。

绿色屋顶施工法是由涉足建筑物一生的我公司技术人员在思考建筑物和植物需要什么的基础上所开发的绿化基盘施工方法（参照照片1）。

构 成

绿化屋顶施工法的构成如图1所示。

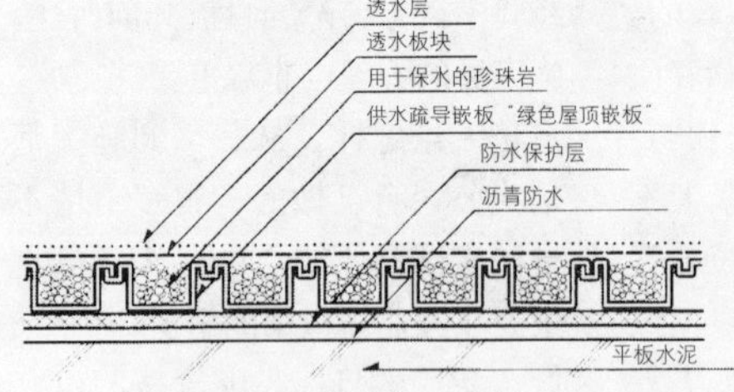

图1 剖面图

特 点

① 在防水层上面，铺设厚度为5mm的发泡聚乙烯，不用再做盖压混凝土即可施工其他内容。对建筑物也有减轻荷载负担的作用。

② 保水和排水两个相反的功能用聚丙烯树脂材料的特殊绿化嵌板进行处理。特别是不设置保水性优化的特殊浇灌设备的情况有很多。

而且，排水功能的另一个特点是，在嵌板上可以钉制混凝土等。这样，即使在水上和水下中间部设置类似植物栽植区域和通道的部分，嵌板下面也还是能够让水自由流淌。

即使不增设排水设备，也可以实现多种多样的设计。

③ 不需特别规定种植土壤。最近，屋顶绿化使用人工轻质土壤的情况很多，我们现在介绍的施工法可使用一般市场销售的土壤。透水层、透水板块的2层无纺布在很大程度上增强了防止水流溢出的作用，而且，也不会出现因堵塞而造成的排水功能丧失现象。

④ 防根功能是通过2层的透水层、珍珠岩、特殊嵌板施

照片1 嵌板铺设现场

照片2 日本工业俱乐部

照片 3 志木市立参观学习馆

照片 4 静冈文化艺术大学

工法的整体来实现的。防根功能在防止防水层受损伤的同时，特殊的嵌板形状使防水层也不会因荷载而引起变形损伤。

⑤ 关于施工后系统的养护管理，除需通过日常检修确认排水功能外，基本不需要管理。

施 工

可在很短的工期内完成施工。所有组成部分的材料都是1个人能够操作的形状，而且还很轻，在搬运、作业上都可以用很少的劳动力就能完成。而且，在系统的施工上，不需要特殊的工具。对工期紧迫的屋顶作业可以迅速完成。

效 果

是具有缓解热岛现象、降低外部气温、对建筑物的隔热作用等各种各样效果的屋顶绿化系统。正如其效果所描述的一样，土壤厚度可从5cm到70～80cm左右，根据所需栽植的各种各样植物进行调整，而且，可在平面上进行自由设计的上述施工法，从景天类植物的绿化到配置中、高乔灌木的真正庭院绿化，可实现富于变化的各种自由设计的屋顶绿化。

施工实例

在“我是富士野”，从1994年1期工程开始到2003年4月，在延伸11000m²的屋顶上，用各种各样的形式进行了屋顶绿化的施工，营造了非常美好的环境空间。

那霸中央邮局办公大楼、盛冈地区交通中心、静冈文化艺术大学、秦野红十字医院等，有很多施工实例（参照照片 2～4）。

1-12 水箱系统

●上栗哲哉 （株）与人

开发背景

自从开始讨论通过城市地区屋顶绿化实现“充满滋润与恬静的舒适街区建设”以来，屋顶绿化不仅在缓解热岛现象、净化空气方面发挥着很大的作用，还在贮存雨水，可望在“城市的水坝建设”事业上发挥着作用。

但是，为能通过屋顶绿化实现“城市的水坝作用”，还存在着几个问题。特别是水的问题。植物生长需要大量的水，而水资源不是无限的，而是有限的。为此，如何贮存作为天然资源的雨水并有效利用是非常重要的。思考屋顶绿化时，有建筑物的重量限制问题，需要轻质且具有高保水性的土壤。最近，出现了很多各种各样保水性好的轻质土壤，但是，能够同时具有轻质和保水这两种互相违背的功能不是件容易的事情。或许，我们可以考虑设置雨水贮存槽。但是，这不仅将带来重量问题，设备成本的费用也很大，结果还是导致成本提高。

针对上述难题，我们开发了对解决难题可发挥作用的材料，计划性保水剂“感热胶”。应用该保水剂的屋顶绿化系统实现了前所未有的轻质化、低成本。

概要和特点

（1）感热胶

感热胶是一种可保持自重百倍以上水分的吸水性树脂粉末，对适合植物生长条件下所保持的水进行排水、再吸水，是前所未有的保水剂。一般的植物是在温度到达20℃后，开始生长活跃，为促进生长需要大量的水分。

把感热胶搅拌到土壤后，它可以感触土壤温度，土壤温度升至20℃以上时，开始排出保持的水分，随着温度的上升，不断为植物提供水分，到达35℃时，感热胶中水分就基本排出完毕了。

感热胶还不只有上述功能。低温下降时，植物不再要求水分，此时，可以再吸收土壤中的多余水分并贮存起来。通过这样的活动，可以对通气性有所改善，所以，不用担心会发生烂根现象。

吸水和排水可反复多次进行，贮存的雨水也可有效利用，这样即可自动营造出适合植物生长的环境。一般来说，只要给土壤和轻质土壤搅拌大约0.2%的感热胶，即可提高100～200L/m^3的土壤水分保持量，也就是说，用低成本可飞跃性地提高保水性。

感热胶的技术还不仅如此。我们还确立了可自由控制感热胶的吸排水温度（感温点）和保水量的技术。这将进一步为沙漠绿化和热岛效应对策提供新冷却系统等发挥作用。

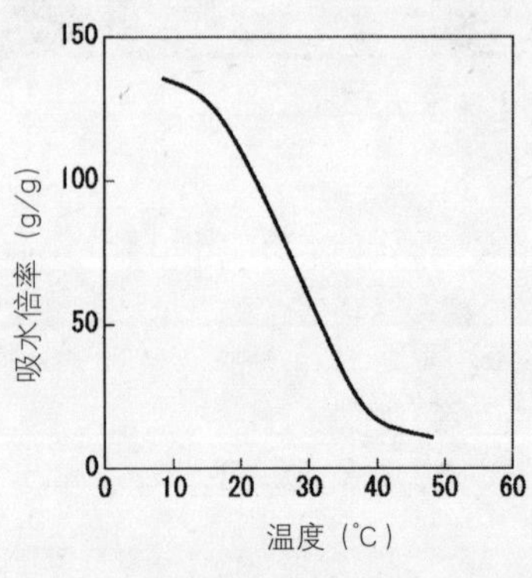

图1 感热胶的感温吸排水特性

（2）水箱

我们还开发了最大限度挖掘感热胶功能的存水板块“水箱”。水箱是用感热胶和隔热保温材料合成制作的板块状成形产品。

隔热保温材料所具有的适度空隙和保水性使感热胶的吸排水功能能够充分地发挥，而且，施工时的操作程序也非常简单。

把水箱铺设到人工基盘上，然后只要在它上面覆土即可形成用于栽植的土壤基盘。就像地下水那样，雨水等水分存入水箱，根据温度变化，依靠虹吸现象从下面为土壤供应水分。能够保持与水箱容积相同的水分，所以可以说是存水效率非常好的存水体。现在，水箱分为厚5cm和3cm的两种，正在商品化，5cm的大约可存水47L/m^2。具体计算方法在这里就省略了，但在荷载为180kg/m^2的条件下，水箱和感热胶轻质土壤混合后，将达到100L/m^2的保水量，如果是相当于草坪蒸发量的植物，夏天即使30天左右不下雨也不用浇水，温度低的时候，水的供给就停止了，所以不需要担心会出现土壤过湿的问题。像这样应用水箱的话，就将提供无需浇灌屋顶绿化的新可能性。今后，如果各种植物的水分生理数据能够逐渐明确，通过与植物结合起来去考虑，就将使丰富多样的无需浇灌绿化成为可能。

除此之外，水箱的应用与发

"刚施工后"　　照片1　鸟羽十景（三岛）　　"施工4年后"

展可以有很多思考，希望有新的利用法得到开发。

（3）种植槽草坪

另一方面，不仅限于屋顶，人工基盘能不能更简单地进行绿化呢？使用种植槽装饰阳台等的手法已为人们广泛采用。如果有可简单设置且容易撤换的类似种植槽式的草坪……，我们就是基于这样的思考开发了种植槽牧草。种植槽牧草是直接安装在以上所介绍水槽上的东西，现在，作为28cm见方的单元正在商品化。只要把种植槽牧草排列起来，即可简单地做成草坪，而且，安装草坪后的厚度也只有大约7cm，不仅非常薄，因为有水箱超强的保水效果，即使是夏天，1星期浇1次水也就足够了。此外，也不用担心因土壤可能导致排水管堵塞，非常简单地就能够享受到草坪给予的快乐。

照片2　采用水箱的屋顶绿化（竹中工务店空中办公室）

施工实例

当时（1999年3月）作为鸟景十景之一的三岛，因鸟粪太多，所以就像照片1中所示，植物的生长状态很不好，基本处于秃山状态。在那里，我们使用了缓和感热胶的改良土壤，并新植了300棵苗木。其结果如经过4年后照片里呈现的状态。

在相当于现有楼群1600m²屋顶面积大约20%的320 m²的地方作为地下浇灌材料铺设水箱，然后在大约1年前种植了草坪、草花、橄榄和白栎树，12C个品种，大约3000株。现在，凭借水箱的吸排水功能，基本仅依靠雨水浇灌，就已实现了正常的生长状态。

1-13 CA 屋顶绿化系统

●佐藤泰山、小林康裕、金好弘之　技研兴业株式会社环境营业部

概　要

石油危机以后，能源多样化的问题受到重视,对煤炭抱有很大的期望。针对日本主要能源的总供给量，煤炭的比率如表 1 所示，其使用量也在 1997 年超过了 13000t/a，之后年年递增。

一次能源供给源　　表 1

供给源	1973 年供给率	1997 年供给率
石油	77.4%	53.6%
煤炭	15.5%	16.9%
天然气	1.5%	11.6%
原子力	0.6%	12.9%
水力	4.1%	3.8%
地热	0.0%	0.2%
其他	0.9%	1.1%

煤炭用于制铁、发电的大约在 80% 以上，矿业、化学工业、造纸工业、天然气制造等也采用煤炭。

煤炭中的硅即使经过燃烧，它的残留物质也含有 5%～30%（根据产地有所区别）的灰成分，所以，煤炭在燃烧后会产生煤炭灰。

煤炭灰的主要成分如表 2 所示，根据产地，其成分在很大程度上有所差异。

煤炭灰的主要成分　　表 2

成分	含有率（%）
SiO_2	40～75
Al_2O_3	15～35
Fe_2O_3	2～20
CaO	1～10
MgO	1～3
Na_2O	1～2
K_2O	0～4

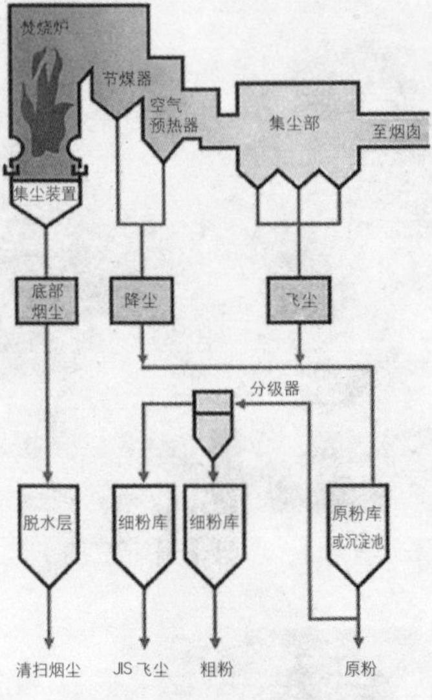

图 1　清扫灰尘发生过程

把煤炭灰进行分类后，可大致分为在焚烧炉的上部所回收的飞尘和降尘，以及底部留下的清扫烟尘。（参照图 1）

煤灰的特性是用于石灰混凝土领域、土木・建筑领域、农林・水产领域等，其发生量逐年递增，今后，由于填埋场地困难的状况，扩大其用途已迫在眉睫。

为进行煤灰用途的开发，由鸿池组、飞岛建设、三井住友建设、三祐、三宝绿化、积水化成品工业和我公司共同组成了研究会，进行了长年的研究。

研究结果表明，即使是在煤炭中也能通过清扫烟尘研究和开发出最适合植物生长的屋顶绿化和坡面绿化人工土壤（CA 土）的制造方法。

采用该土壤，我们开发了 CA 屋顶绿化系统。

用于CA土制造的清扫烟尘是在焚烧炉中长时间处于 1000～1500℃高温下而烧制的烟尘，所以，在煤灰的溶出试验中没有检测出水银、镉、铅、六价铬、氰、PCB 等有害物质，对环境安全性高，而且，因其性状为多孔质，所以还具有保水性，正如上述成分表中所列，含硅、钙化物、钙、镁及其他对植物生长有用的成分。

系统概要

CA屋顶绿化系统如图2所示。该系统由以下部分组成：

① 防止植物根部进入屋顶
铺设 CA 膜

② 存水、排水、隔热
铺设 CA 嵌板

③ 防止土壤流入 CA 嵌板
铺设 CA 过滤层

④ 植物生长基盘
铺设 CA 土

⑤ 浇灌（根据需要设置）
设置 CA 管

⑥ 植物
栽植

特　点

该屋顶绿化系统具有以下特点：

①可创造丰富多彩的舒适空间

适合树木等多种类植物的栽植。特别是种植草坪时，在其上面可步行和进行轻型的体育活动，由此创造舒适的空间。

② 在保湿性方面有优势

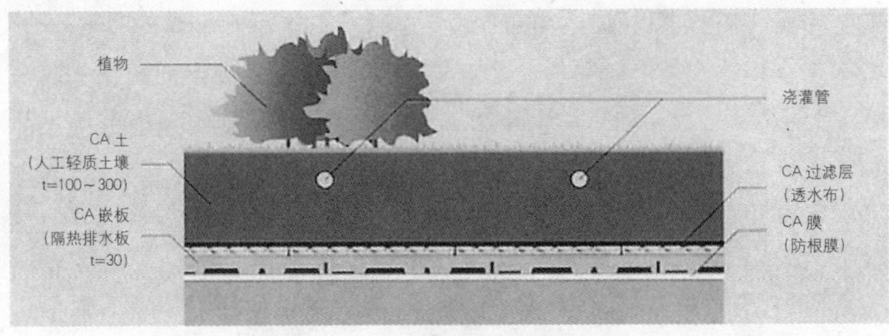

图 2　CA 屋顶绿化系统剖面图

照片 1　国土交通省屋顶

照片 2　南大野幼儿园屋顶

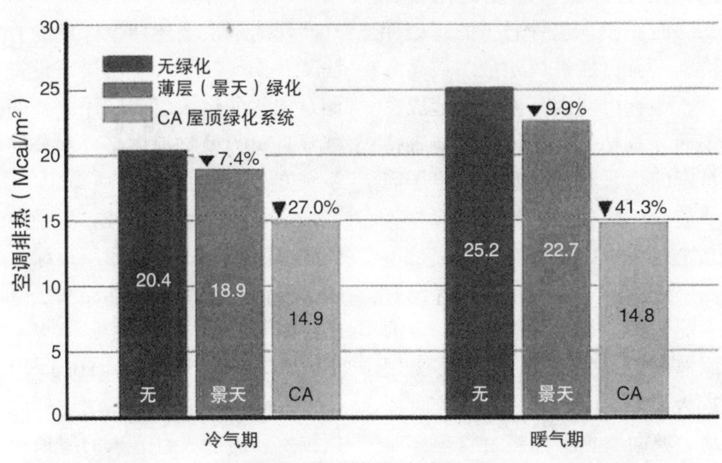

图 3　隔热性能试验结果

照片 3　鸿池组屋顶

CA 土保水性很强，对植物生长可保持充分的水分，对非常干燥的屋顶绿化也极为有效。

③ 在轻质方面有优势

处于湿润状态的CA土也只有自然土壤的大约 1/2 的重量（相对密度 0.8），可减轻荷载。

④ 出色的隔热性能

CA土与CA膜相互作用，从而发挥着非常好的隔热作用，也可降低冷暖空调的负荷。（参照图 3）

⑤兼顾对环境的考虑和低成本

由于产业附属产物的有效利用（CA土属于100%循环再利用材料）、系统构成的简单化、人工土壤的低成本等特点，比其他施工法可降低 20%～30% 的成本。

施工实例

关于本屋顶绿化系统，在此，我们介绍 3 个施工实例。

第1例是国土交通省屋顶，是最近施工的实例（参照照片 1）。

第 2 例是南大野幼儿园屋顶，是作为幼儿游乐场所施工的，现在，正如当初规划的一样，已成为幼儿休憩的场所。(参照照片 2)

第3例是鸿池组技术研究所的屋顶，是 1 年前施工的实例。经过 1 年看现在的效果，栽植的植物处于良好的生长状态。（参照照片 3）

1-14 草盖

●日下部友昭　住友林业绿化株式会社

说到屋顶绿化，过去基本上是百货商场等商业设施和新办事机构等公共设施的屋顶花园，或者是园艺爱好者利用自己住宅的屋顶进行绿化。现在，以缓解城市地区所发生热岛现象等为目的，从东京都开始，各地方政府已把屋顶绿化作为一种义务而制定和修改了相关条例，这种动向正在不断扩大。作为绿化对象的屋顶，主要限于人可进入的部分，作为义务使屋顶绿化市场得以形成。

屋顶绿化的新课题

根据新屋顶绿化市场的需要，我们认为产生了2个技术课题。一个是薄层轻质化，再一个是简化养护管理的工作。

薄层轻质化的课题是根据建筑基本法条例第85条规定的，考虑地震受力因素，积载荷载以600N/m²（60kgf/m²）为大致标准。作为减轻屋顶绿化荷载的方法，过去就确立了轻质土壤技术，由于植物生长所需土壤水分量的关系，土壤的竣工相对密度只能最轻到0.7～1.0的范围之内，不能再轻质化的事实已非常明显了。在这样的限制条件下，即使采用最为轻质的人工土壤，土壤厚度也只能在8.5cm左右。众所周知，土壤越轻、越薄，干燥情况就越严重，厚度8.5cm土壤中所包含的水分，经过3天基本就全部蒸发了，土壤也就干燥了。这种情况对薄层轻质的屋顶绿化来说，必须有高度的水分管理，同时也意味着只限于耐干的植物。

另外一个是养护管理的课题，管理成本在设施经营上已成为很大的负担。为此，人们开始思考怎样才能基本不需要土壤，还有怎样才能基本不需要管理，于是，用景天类装置实施的屋顶绿化系统就开始普及了。但是，景天类植物在栽植方面比较容易，而在屋顶这种恶劣的现场环境下，有可能被风吹散、被鸟啄食，还有可能因高温多湿造成蒸发而导致枯损，所以，为能维持良好的生长状态，有人提出了需要进行一定程度的修剪、除草等几个问题。由此来看，即使是不需要土壤的景天绿化，如果没有人的管理，是不可能维持稳定的绿地效果的。而且，在很多采用景天类屋顶绿化系统的平面屋顶、坡面屋顶上面进行管理作业也不是件容易的事情。

此外，用草坪生产的薄层系统也得到了商品化，由于薄层化，其干燥速度就愈加明显，所以就需要高度的浇灌管理，而且，根据一般的观点，剪草等管理也非常麻烦。再有一点，薄层绿化的根比较浅，植物容易受到干燥的危害。

开发理念

草盖作为解决上述课题的屋顶绿化系统，是与千叶大学绿地植物研究室共同研究开发出来的划时代薄层绿化系统。其开发理念如下所述：

① 即使在现存建筑物的屋顶上进行施工也能够满足荷载的要求。

② 是可尽量减轻管理方面负担的系统。

③ 可循环利用和降低成本。

④ 采用日本原生植物的马尼拉草、结缕草。

作为解决上述两个课题的方法，我们研制了在土壤层下设置储存雨水的保水层，利用陶瓷的虹吸现象为植物提供必要水分的系统方案（参照图1）。

草盖的特点是，首先，采用陶瓷底部上水方式，节约屋顶绿化的水分消耗，使土壤和保水层厚度控制到最小成为可能，实现了土壤厚75mm、重量64～80kg（根据保水量有所变化）的薄层、轻质化技术。由于人可进入的屋顶积载荷载是平均60kg/m²以上，即使在现存建筑物的屋顶上，其绿化可能面积也能够达到75%。

而且，能够长时间有效地利用保水层里储存的水分，即使保水层里水分很少，也能够在仲夏季节维持2周以上不浇水，草坪可生长。在此基础上，由于属于利用虹吸现象等自然现象的系统，所以不需担心发生故障。

此外，草坪的管理一般都认为是非常费事的，而结缕草和马尼拉草本来就有草株不高的特点，每年剪个1、2次草就已足够维持效果了。

对草盖这种植物栽植基盘来说，使用的是在净水场所施工自来水过程中所发生的“净水基质”，是对平时填埋处理的天然资源进行循环利用的技术。该技术作为用于农业的培土已有植物栽培业绩，作为屋顶绿化庭院的人工土壤也得到了使用。草盖可供人站到草坪上去，所以在上述净水基质循环土壤中还为增加耐践踏性能而有所技术考虑。

草盖的命名来源于在建筑物屋顶上培育日本草坪的状态，有一种草原覆盖的形象。

照片 1

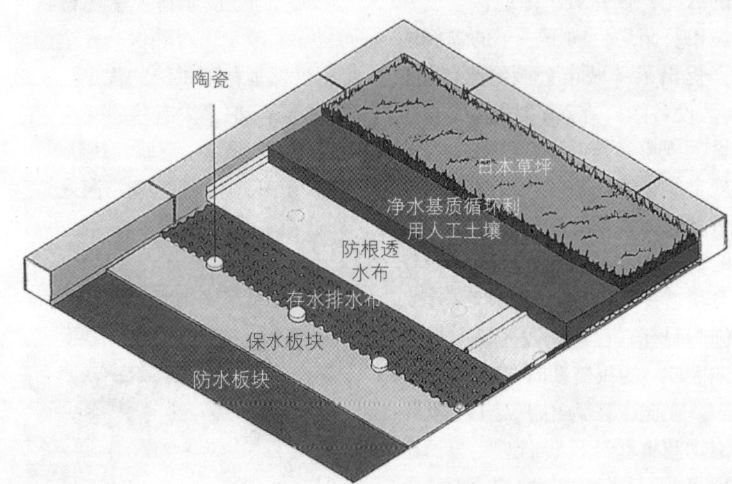

图1 剖面构造图

效 果

采用草盖所取得的主要效果如下所述：

① 屋顶面的隔热冷却效果。

② 通过栽植基盘和保水层实现的雨水临时储存效果。

③ 可作为草坪和栽植地使用。

关于草盖的保温作用，针对在现存公寓屋顶上所施工的实例（参考照片），根据7月下旬晴天下午2点的实际测量值，屋顶混凝土面与施工了草盖部分面的温差最大约40℃。而且，比较温度表格的表面温度的结果是混凝土面基本达到了50℃，相对来说，草坪面一直是在30～40℃之间。对室内环境隔热作用的测定是，屋顶和墙面等隔热与窗户等开口部分因受方位等影响比较大，所以不太容易测定，但可以观察到，通过蒸发的散热、通过土壤与保水、排水层的隔热而向主干部分传导的热量不算少。而且，草坪覆盖性高，也可望获得防止折射的作用，所以，缓解朝向屋顶绿化的居室和屋顶空间的环境变化作用还是很大的。

而且，草盖1m^{2}的保水量大约在35L，通过保水，即可延缓降到屋顶雨水的排出，对缓解城市洪水可助一臂之力。

更进一步说，草坪在耐践踏方面很有优势，人们可步行进入屋顶绿化地。在有利于应用的性能方面，比多浆植物的景天更具优势。

*

草盖是利用自然现象和循环再生技术的省能源、省资源型的低成本屋顶绿化系统，是一种必将对城市空间的绿地面积扩大作出贡献的技术。

1-15 艾尔德系统

●小野文夫、尾关雄一郎 西武造园（株）

序言

在城市建设中，绿化所发挥的作用是很大的。即使在城市绿化中，建筑物、构造物屋顶等视为人工基盘的绿化也对城市地区热岛现象的减轻、大气净化以及节省能源等方面具有改善城市环境的功能。通过绿色植物所进行的环境改善是以地球高温化问题为契机的，在满足社会需求方面也起到很大作用。

国土交通省为推进城市地区的绿化，合并城市绿地保全法和城市公园法，向下一年的惯例国会提出了《城市公园绿地法案》（假设名称）。在新的法规中，对建设大规模建筑时绿化区域的设置规定了义务方针，规划地的20%为最低限，根据绿地面积增减楼群的容积率。同时，还对降低固定资产税进行了规定。以2005年度实施为目标，已经出现了恢复城市地区环境的积极动向。

在此，作为用于人工基盘的植物栽植基盘，我们对完全的循环利用人工轻质土壤（艾尔德）及应用此材料所开发的人工基盘绿化系统作以下介绍。

产品概要

以人工基盘绿化为目的的栽植基盘必须是轻质且具有排水性能的，还要有保水性，必须保证植物长期正常生长。

而且，屋顶等人工基盘处于比地面高的位置，需要有施工时的可行性（特别是防风吹问题）和安全性。人工轻质土壤已由各厂家根据各种各样的用途开发了相关产品，这些产品一般都价格比较高，需要从社会上的经济角度出发而压低价格。

（1）完全循环利用的人工轻质土壤

（艾尔德）

艾尔德的主要原料是本着保护地球环境的观点，不使用天然资源，而是有效应用作为建设副产品的无机质类产业废弃物（加气混凝土）。该原料为单一材料，而且品质稳定，可确保其安全性，也有可保证稳定供给的优点。

但是，pH多少有些弱碱性，在废弃物的性质上，形状为块状、颗粒状、粉末状，由于有杂物混入，直接使用原材料有困难。在此，为满足作为栽植土壤的性能，我们在物理性及化学性上都进行了改善。

照片1 完全循环利用的人工土壤（艾尔德）

作为物理性上的改善，用粉碎机、生物菌分类机等对材料进行分类，除去不需要的杂物，粒径从0.1mm到15mm不等。该粒径的选择为在植物根部生长时对根株区域起到有效的保护作用，我们提高了它的空隙率，目的在于促进对根部区域的养分供给。

土壤性能 表1

项目(物理性)	数值	单位
粒径分布	0.1 ~ 15	mm
搬入时重量	0.62	t/m^3
湿润时相对密度	0.79	t/m^3
气体率	40.0	%
液体率	41.6	%
固体率	18.4	%
有效水分保持量	109.0	L/m^3
饱和透水系数	1.7×10^{-3}	m/s
项目(化学性)	数值	单位
pH（H_2O）	7.1	-
所有氮元素	0.4	g/kg
有效磷	116.0	mg/kg
可交换性钾	4.8	cmol(+)/kg
可交换性钙	118.0	cmol(+)/kg
可交换阳性离子容量	14.3	cmol(+)/kg

在化学性的改善方面，我们主要对碱性进行了改良。一般在日本生长的植物都是处于中性到微酸性的环境下长得最好，土壤的pH值如果不出4.5 ~ 8的范围，作为园林树木的栽植基盘土壤，被认为是“好”的(表1)。所以，直到主要原料的断面，都是通过用特殊材料涂装加工而起到中和作用的。如果添加弱酸性农业有机废弃物（椰壳纤维）细粉状化后的材料和微量元素等，中和效果将更佳。

（2）人工基盘绿化系统

（艾尔德系统）

在开发完全循环利用人工轻质土壤（艾尔德）的同时，我们还研制了由保护排水板和粗纺面保护层、装有存水层的排水板、具备防根功能的透水・防根布组成的

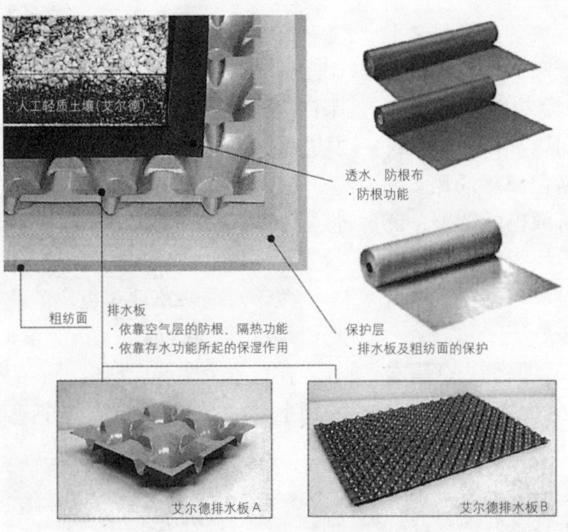

照片2 艾尔德系统

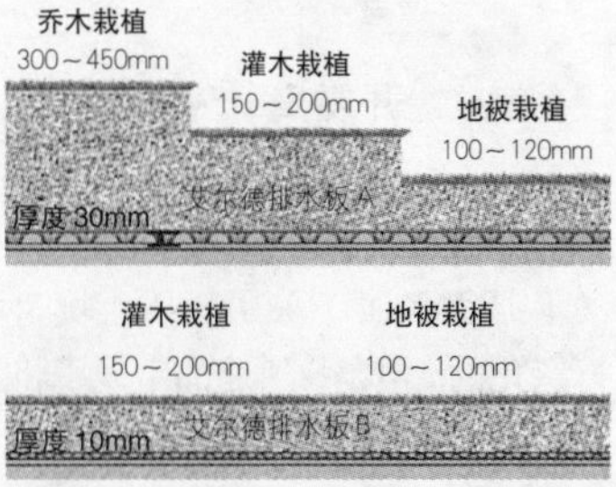

图1 艾尔德系统标准剖面图

照片3 国土交通省屋顶

照片4 鹿岛汐留大厦

按植物栽植种类分类的标准规格　　表2

	乔木栽植	灌木栽植	地被栽植
标准土壤层	300～450mm	150～200mm	100～120mm
湿润时重量	250～370 kg/mm²	125～170 kg/mm²	85～100 kg/mm²
排水板	艾尔德排水板A	艾尔德排水板A或B	艾尔德排水板A或B

系统（照片2）。该系统适合从乔木栽植到地被栽植（土壤厚10～45cm）使用，根据不同用途采用必要的材料组合方式（表2、图1）。排水性能以确保每小时最大降雨量100 mm为前提。

艾尔德系统的特点

根据在我公司所泽办事处屋顶上所做的培育试验，即使是在土壤厚8cm、不浇水的粗放管理条件下，我们也验证了韭菜花、苔藓类植物、报春花、马鞭草等生长的可能性。而且，在试验区里，杂草的发生也非常少。这是由于试验土壤属于砾石质地，粒径为0.1～15mm，比较粗大，所以，种子很难滞留，而且，虽然下层可以保湿，但可以想到，地表面会因温度上升而干燥。

此外，上述完全循环利用的人工轻质土壤（艾尔德）及应用该材料的人工基盘绿化系统（艾尔德系统）还实现了相当于过去产品15%左右的低价格化。

施工实例

作为施工实例，有国土交通省屋顶（照片3）、西武不动产销售公寓“岛上公园”（照片4）的中心庭院、鹿岛汐留大厦（照片4）等。国土交通省屋顶和岛上公园中心庭院已经过2年以上的时间，仍然处于良好的生长状态，也没有被风吹跑的问题，非常顺利。特别是香味系列植物生长得非常好。

今后的发展

作为今后的发展课题，可列举出以加气混凝土为主要原料的碱性土壤对园林植物所施加的影响、混合利用有用材料研制栽植基盘土壤的改良等。

1-16 网格草坪·板块

●横沟 明 大格化学工业株式会社

开发背景

在近年来的屋顶绿化施工方法上，很多属于采用轻质土壤进行绿化的。但是，到处都出现了将来防水修缮施工中需拆除防水的问题。当然，由于有了绿化，受紫外线影响而使防水层劣质化的情况没有了，也证明了绿化对防水层起到了保护的作用。但是，漏水的危险性潜伏在各个地方，比如，地震时由于荷载等原因引起震裂等发生而导致漏水的可能性是不可否认的。此外还有土壤飞溅的问题，也由于排水管堵塞等原因，以屋顶绿化应该尽量少用土的理念为基础，开发了使用具有吸水功能和排水功能的循环再生发泡聚苯和具有保水功能的纤维素过滤材料的轻质、保水网格草坪·板块基盘材料。

产品特点

（1）网格草坪板块的基本性能：与土壤比较

网格草坪板块基盘材料是采用循环利用聚苯和循环利用过滤材料而制成的植物栽植基盘材料，考虑到了环保问题。作为基盘材料的试验，根据在淡路景观园艺学校进行试验所取得的结果，证明了网格草坪板块与真砂土培育状态相同。实验成果已在关西造园学会相川支部大会上发表。

（2）网格草坪板块的基本性能：有效水分保水量

有效水分保水量也相对于人工土壤性能 100～200L/m³ 的标准来说，网格草坪板块A为200L/m³，具有植物生长所需保水力。

（3）网格草坪板块的基本性能：对板块的植物根部成活状况

关于对网格草坪·板块的植物根部成活状况问题，2002 年 8 月，在日本大学藤泽研究中心的屋顶上进行了田间测试，包括西

景天不浇水

野花

西洋草（没施工）

高丽草根在板块上附着成活（02 年 10 月～03 年 4 月）

西洋草根在板块上附着成活（03 年 3 月～5 月之间）

照片 1 植物与根部附着成活的样子

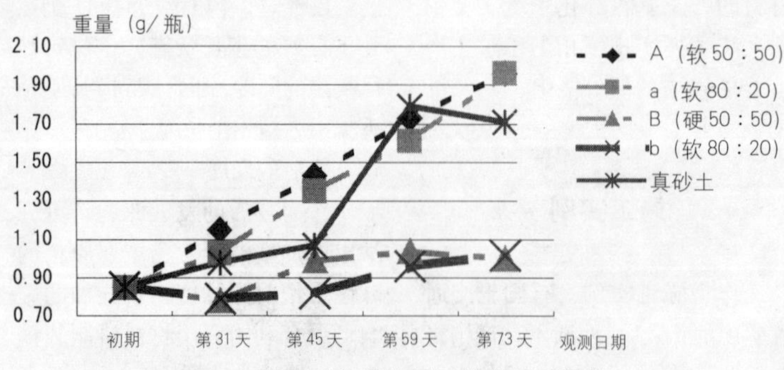

图 1 淡路园艺学校景天培育试验数据

照片 2 网格草坪·板块产品照片

洋草的播种和马尼拉草的设置、景天无浇灌试验、野花播种等内容，取得了良好的结果。

（4）网格草坪板块的基本性能：依靠肥料的植物生长效果

根据景天的田间试验，我们对添加肥料的网格草坪板块和不添加肥料的网格草坪板块生长状态的区别进行了观察，其结果表明，即使在冬天，根部的成活也很快，从在其生长状态（颜色、大小、绿色覆盖率等）中可看出很大区别。

无肥料

有肥料

照片3　景天角盆施工法（照片03年5月）

无浇灌露地设置观察时间：2002年11月设置～2003年5月5日

特　点

网格草坪板块的开发理念是，尽量不让土进入屋顶，从而没有类似土壤基盘的排水管堵塞和土壤流失、飞溅等问题，拆除及更换简单，不需要复杂的施工程序就能够简单完成，而且，能够制成各种各样的形状，还有设计美观的特点。

① 轻质性

搬运比以往的土壤更为简单。施工时也只需轻松作业就能完成。

板块重量：3cm厚 2.4～3.0 kg/m²、5cm厚 4.0～5.0kg/m²

基本尺寸：600mm × 600mm

② 施工可行性

铺设防根排水层（波纹布），然后施工网格草坪板块的薄层绿化，谁都能操作（用切刀很容易就能把草快切断）。

③ 设计美观

网格草坪板块可由各种各样的形状组成。这样，屋顶绿化的设计面就展宽了。

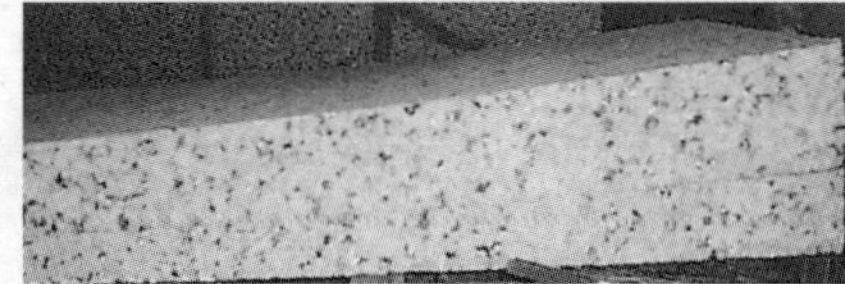

使用网格草坪板块倾斜板的国岭高尔夫练习场

使用网格草坪板块种植景天的施工

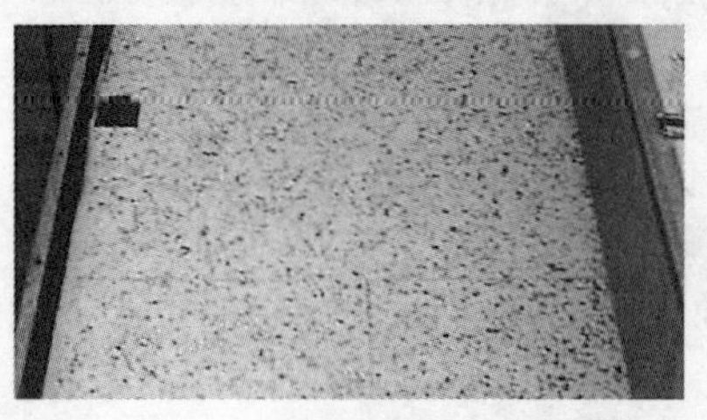

使用网格草坪板块的和式庭院（苔藓和石子）

照片4　施工实例

施工实例

从去年开始进行工程施工，有品川区役所和最近在千代田区役所也进行了展示，可参观。

屋顶绿化的作用是利用植物和基盘的蒸发效果，一方面可防止热岛效应，同时，还有隔热效果，对节省能源发挥作用。

1-17 波拉斯混凝土屋顶绿化

●石川嘉崇 电源开发株式会社循环利用研究室

在新建的和已建改造的建筑物屋顶中，人们所需要的栽植系统的条件如下所述：

① 作为屋顶绿化问题之一的是荷载限制问题的解决。

② 不需特殊构造和特殊技术就能完成施工。

③ 维护、管理简单，不太需要维护、管理费用和复杂的作业内容。

④ 尽可能利用工厂等制造设备所生成的环保材料。

关于采用电源开发、东京工业大学、新型草坪共同开发波拉斯混凝土（POC）施工的屋顶绿化系统，以及该系统的特点和实际采用该系统进行屋顶绿化的实例，如下所述：

波拉斯混凝土与栽植

（1）波拉斯混凝土

根据植物生长需要配置的波拉斯混凝土结构如图1所示。

作为栽植混凝土的栽植基盘骨架部分，主要由碎石和少量水泥构成，这就是波拉斯混凝土。水泥是使用碱性极低的水泥等进行混合，让包含适量有机营养成分的土壤填充到波拉斯混凝土中，然后再给基盘表面覆上肥料和包含土壤菌的薄层客土进行固定。

植物生长需要“光”、“生长所需空间”、“大气”、“土壤”等四个要素。为能在代替土壤的栽植混凝土上直接栽植植物，需要栽植基盘是具有保水性、透水性的组织结构和具有能保持植物的力学强度，还需要有包含适当的pH值的水和适量的营养成分，在设计栽植混凝土时必须考虑这些因素。

（2）环保材料的利用

在栽植混凝土利用环保材料方面，笔者对有效利用煤炭火力发电所排出的煤灰（飞灰、清扫灰）的方法进行了研究。作为栽植混凝土的性能，为确保25%空隙率、材龄28天、压缩强度10N/mm^{2}的程度，我们得出以下结论。[1]

① 清扫灰的粗骨材混合率最大约20%左右。

② 清扫灰的细骨材/水泥比的最大值约40%左右。

③ 飞灰水泥的飞灰置换率最大值在使用海外煤5号碎石时大约40%左右。

而且，在水泥里除飞灰水泥外还使用了高温矿渣水泥，骨材可利用高温矿渣、再生混凝土骨材、垃圾融化矿渣骨材等，也就是说，可在很广泛的范围之内利用工厂等设备中所生成的环保材料。

新型屋顶栽植系统

根据以上的背景，笔者根据已研究开发的可供栽植的波拉斯混凝土，对新建的和包括现存改造建筑物的屋顶栽植系统进行了新的技术开发。

重新提出的波拉斯混凝土屋顶栽植系统采用了轻质人工骨材“薄型轻质波拉斯混凝土栽植基盘（下称POC栽植基盘）”。（图2）

POC栽植基盘根据一般的屋顶栽植系统的盖压混凝土，为发挥位于上部保水、排水层及土壤（约厚30cm左右）的功能，采用10cm盖压混凝土厚度的波拉斯混凝土，以此为基本理念进行了相关技术开发[2]。

该系统的特点是，不仅是作为盖压混凝土替代品具有薄层构造的特点，由于是波拉斯混凝土，它还具备以下特点：

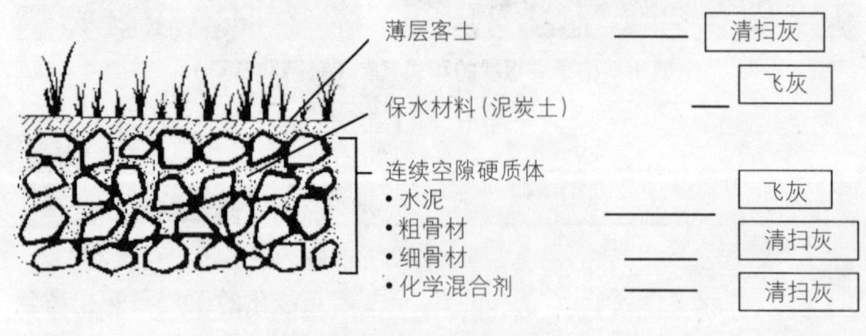

图1 栽植混凝土的一般构成

注释）图中□部分是利用煤炭灰时的例子

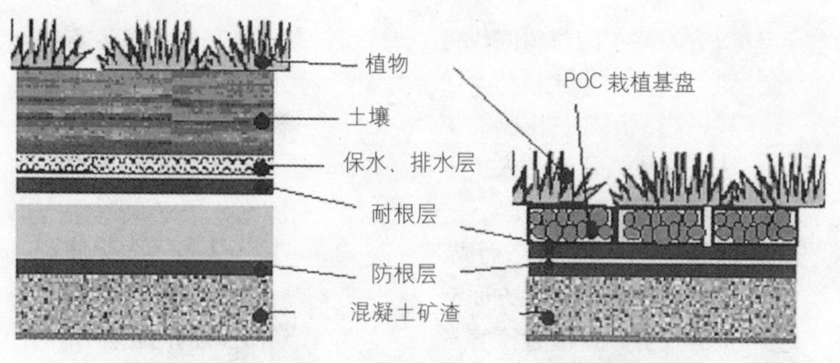

图2　一般屋顶栽植系统与POC栽植基盘的比较

①确保透水、保水性。
②可步行进入。
③可栽植灌木。
④灌木没有支撑也能够在屋顶的强风环境下生长。

图3　施工实例（研究楼屋顶）

图4　施工实例（火力发电所·屋顶）

施工工序概要

作为POC栽植基盘的施工工序，具体可列举以下各例。

① 对电源开发研究所·第2研究楼屋顶（屋顶高度约13m）进行施工。为能在实际的施工中使用，我们按50cm × 50cm × 10cm的大小规格把基盘材料格子化了，重量是仅基质（包括填充土壤）大约75kg/m³。施工面积大约80m²，分为草坪区、百合区和灌木区三个区域，灌木种类选择了5种（佟树、忍冬、秃序海桐、车轮梅、山茶）。施工后的照片如图3所示。

② 对电源开发、矶子火力涡轮楼·屋顶的施工。在此，采用了现场打制的波拉斯混凝土，厚度从10cm到40cm，种的是景天。施工后的照片如图4所示。

针对以上实例的栽植情况，我们已观测到良好的生长状态。

今后，为发挥用波拉斯混凝土进行屋顶绿化的长处，希望有更多的屋顶绿化施工现场能够积极地有所采用。

注释1）石川嘉崇：利用煤灰开发了种植型波拉斯混凝土，参见日本建筑学会技术报告集第12号，第21～24页，2001年1月。

注释2）石川嘉崇、掘口刚、梅干野晁：利用环保材料进行轻质屋顶栽植系统的相关研究（其一），提出轻质薄型屋顶绿化栽植系统方案并做试验，日本建筑学会大会学术演讲梗概集D-1，第1021～1022页，2001年9月。

1-18 环保广场板块

●西冈睦雄　株式会社日本自然绿化

人类生存的基盘是被水和绿所包围的地球环境，然而，伴随城市开发的进程，出现了地球高温化、大气污染、城市地区的热岛效应等非常严重的状况，需要进行地球规模的改善。

作为恢复城市地区绿色的切入点，"屋顶绿化"的构想逐渐成了气候，行政、机关的参与也很活跃，人们对其效果给予了很大的期望。

屋顶绿化的义务化和以价格竞争为诱因的低价参与造成了很多失败，对一般消费者来说，虽然有期望，但也有不安与担心。义务化不仅是强迫性地让屋顶绿化动起来了，也让消费者方产生了"如果效果那么好，我们也想绿化、也想参与"的积极能动意识，于是，屋顶绿化也就必须是具有人们期望魅力的舒适空间建设。

屋顶绿化原本的目的是必须成为人们"休憩场所"的空间，作为其副产品，才展开了以改善地球环境为目的的绿化事业。

我公司以1995年取得专利的"草坪养生板块：环保广场板块"为中心，本着创造富有绿色魅力的舒适空间和改善地球环境的目的，深入进行了研究开发活动，综合性地参与到了绿化事业之中。

概要和特点

"环保广场板块"为天然材料。考虑到环境因素，使用杉树的间伐材料，以奈良炭粉末等天然材料为原料而制成的纯天然循环型环保产品。

① 混合粉碎了的杉树间伐材料"杉粉"和木炭粉体及尿素树脂，用加热压制加工法，制成板块状的人工土壤用于栽植。

② 内部用固体颗粒构造而成，在保水性和通气性方面都很有优势，盐基置换容量也很大，可为植物提供长年不变的理想生长土壤环境，且一直可保持其构造。1000m × 330m × 50m/块 5kg/块。

③ 由于是薄型轻质产品，即使是已有的建筑物，不用做加强修缮也可进行屋顶绿化施工。

荷载（湿润时）55kg/m²（块状产品也一样）。

④ 施工简单、形状拼装自由。不仅屋顶可以使用，屋檐、阳台、运动场、狭小空间等各种各样的场所也都很容易安装。

在屋顶上安装时，首先要铺设防根布，然后在防根布上面放置环保广场板块，在外围只要摆放上砖头就算准备工作完成了。之后，只要种上植物就可以了。

由于很容易切断，所以在组合形状、构置曲线等方面都是自由的。

⑤ 在管理方面不费事。环保广场板块由尿素、炭等配合而成，所以，草坪和草花只要有雨水就可生长得很好。基本不需要浇灌装置，也基本不发生需要施肥的情况。

⑥ 环保广场板块源于自然，是回归自然的环保循环利用产品。万一需要拆除，也可还原土壤、与土同化回归自然。不会发生需要焚烧等处理的问题。

效　果

在以下几方面可解决绿化事业中所出现的问题：

① 由于人们可以自由进入栽植区域内，屋顶空间就不仅是可供观赏的空间了，同时也可作为娱乐、休闲、锻炼身体的多功能场所而发挥作用。

环保广场板块是把土壤硬质化后制成的，所以，践踏不会使其土壤内部环境发生变化，可永久保持相同的环境条件。

② 由于没有使用自然土，所以不会出现因强风而飞散和因降雨而造成土壤流失的现象，可保持干净的屋顶空间。

③ 由于只采用天然材料进行的产品化，所以不会有化学物质通过排水管进入河川、海等处而导致污染的危险性，水的安全性也很高。

所以，也不会使屋顶内各设备、防水覆膜产生化学反应、化学变化而导致本产品劣质化。

照片 1　品川区立鲛浜小学屋顶
2003 年 1 月 11 日施工、铺设草坪
草坪：本克勒斯奔草

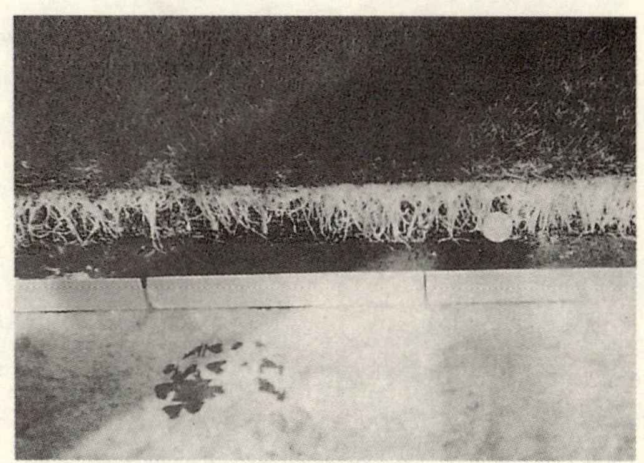

照片 2　根部成活状态

照片 3　2003 年 3 月 6 日施工、铺设草坪
草坪：肯塔基兰草、用于野餐聚会等。作为娱乐空间使用。

照片 4　2003 年 2 月 20 日施工
草坪：肯塔基兰草、在狭小部位铺设

④ 吸热、隔热作用强。缓解建筑物内部温度变化的环保广场板块由于隔热效果好，与草坪蒸发活动等相互所用，从而缓解了建筑物内部的温度变化。夏天可降低室内温度，冬天可防止室内温度向外扩散。

⑤ 根据环保广场板块的重量比例，混入了 10% 左右的粉状奈良炭。通过该木炭的活动，自来水中的漂白粉成分被除去，并因酸性雨得到中和。因此，土壤内的水质随抗酸化水发生变化，可防止烂根。

施工实例

① 即使在冬季最冷的时候进行施工（草坪进入假休眠状态），草坪的生长状态也很好。可见，环保广场板块的土壤内部环境非常好。

② 品川区役所、涉谷区役所的屋顶作为示范现场铺设了草坪，在相同的土壤中种植了高丽草、西洋草，两种草都生长得非常良好。在同样的土壤环境下，可证明暖季型草和冷季型草均可生长良好。

*照片所示均为施工后 4 周的状态。

1-19 TLC屋顶绿化系统

●手冢 修、诸冈千晴 株式会社投新集团

屋顶绿化的需要不断增长，各公司都开发了各种各样的绿化系统、材料。我公司也以范围广泛的景观绿化为目标，开始涉足TLC屋顶绿化系统，目前已历经10多年。项目启动当初，公共建筑物和大规模大楼的绿化占主导地位，近年来，由于东京都屋顶绿化的义务化和各地方政府资助制度等因素的推动，出现了各种各样条件下的屋顶绿化需求。

特别是关于薄层绿化，从公共设施、民间大楼，到个人住宅的屋顶绿化，其相关咨询都不断增加。

至今为止，适合中、高乔木栽植的商品已得到开发，根据这样的需求，从3年前开始对用于薄层绿化的嵌板进行了商品化，在景观绿化和薄层绿化，以及积累了长年业绩的容器绿化三方面得到了确立。

在此，从屋顶绿化多样化的观点，对我公司的几个施工实例进行一下介绍。

都心的空中庭院

在文京区所属的多层楼改造项目中，实现了大规模的屋顶绿化。

在国道沿线新建高层写字楼和公园之间夹着的2个多层楼上面所做的这个屋顶庭院是在高层楼新建时规划的，这3个楼用步行通道连接，但还是以认可进入为目的设计的。

首先，在高度不同的2个现存大楼的上面用铁架安装了种植区域和围栏，对高低差别用设置台阶的方法掩盖了。

一般的人是从1层的室外台阶进入，从高层楼的入口兼有非常出口的作用，可从门的地方自由出入。

邻接的地盘有大规模的公园，从上面俯视下面后，与借景成为一体，绿色的效果在视觉上是很好的。

照片1是它的一部分，四季变化的花卉和丰富的绿色、高低错

照片1 给人公园感觉的空中花园

照片 2

落的园路虽然处于都心，同时也给人以公园的印象，提供了一处大规模的空中花园。

引人注目的墙面绿化

为防止阳光直射的反射，也为防止建筑物的劣质化，墙面绿化的视觉效果是非常好的。通过对建筑物侧面进行绿化，从地面眺望绿色的壁面绿化如今非常引人注目。

本文列举的建筑物墙面绿化实例是在围墙上设置宽 100cm、深 40cm、深 40cm 的 FRT 材质的种植槽，以垂吊植物为中心进行栽植。

最开始，是把屋顶部分作为网球场等游戏空间进行设计的，外围可作为步道的部分只有35cm。为确保管理用的步行通道，最终确定了在围墙上安装容器的方案，这样的话，施工后的安全问题就出现了。为防止掉下来的危险，在围墙上安装了不锈钢制品的金属框架，然后在框架中放上容器。

还有，考虑到围墙部分的荷载问题，为提高施工的可行性，采用了 FRP 材质的种植槽（每个 8kg）。在屋顶部分，特别是使用容器时，由于非常容易干燥，所以设置了浇灌装置，其用水是利用雨水。

照片 3

照片 2 是施工后马上拍摄的照片，植物还没有覆盖墙面，有待将来的生长状态以观后效。

重视设计性的艺术庭院

在高层写字楼的最上层，做了一个日式庭院。从回廊看过去，透过玻璃可看到3个庭院中有模仿月亮形状的栽植色带，各个月形代表不同的季节，满月为“春”、缺月为“秋”（照片 3），以此为主题进行了植物配置。

花卉用直径 5cm、高 30 ~ 60cm 的铁艺构置框架之后，外侧与铁板焊接。从内侧连接的特制 FRP嵌板用钉子固定，作为挡土墙使用。把种植床整体抬高，月牙部分像是被波浪冲掉那一刻的感觉，然后就出现了崭新的月形。

薄层绿化的程序

在本文最开始也提到了，最近从个人的客户对草坪和景天等薄层绿化的咨询也增加了。在屋顶上建造庭院的需求不是从现在才开始的。但是，由于各地方政府的资助、绿化可起隔热作用的信息逐渐广为人知，近年来受屋顶绿化风潮的影响就不言而喻了。

关于个人住宅的屋顶绿化，干燥式施工可行性的好处是必须考虑的，同时，我们还把重点放在了拆除的容易程度上。因防水的修缮、搬家等因素必须移动、拆除时，可在不伤害地面的前提下恢复原来状态。

照片 4

本文列举了 4 种情况的实例，像这样，屋顶绿化市场正处于不规范的状态，今后也将逐渐规范起来。

1-20 丰田屋顶花园

●木村裕喜　丰田屋顶花园株式会社

近年来，城市地区的气温比郊外异常地高，针对这样的热岛现象，作为缓解对策之一，屋顶绿化和墙面绿化都受到关注，日本国家和地方政府也建立了相关条例和资助制度，从而使屋顶绿化事业得以被推动。

在上述社会形势下，作为参与环境活动的一环，丰田汽车于2001年12月成立了丰田屋顶花园公司，从此，正式加入到屋顶绿化和墙面绿化的绿化事业中。

现在，该公司以天然有机质用土（四川泥炭）为中心，开发了屋顶和墙面的绿化系统，从而展开了绿化工程的规划、设计和施工。

四川泥炭是中国四川省高原地区所生长草本类植物遗骸经过7000年以上的历史在厌氧状态下腐殖化了的东西，轻质，且具有良好的保水性和保肥性。进一步说，依靠颗粒的构造使排水性和通气性也很好，为土壤微生物和土壤小动物提供了活跃生存的空间。

丰田汽车成立了在中国四川省挖掘、加工四川泥炭的公司，该公司进口和销售四川泥炭。

作为屋顶绿化技术上的注意点，必须与防水等建筑施工分开来做。夏天，屋顶表面温度可上升到近60℃，风很大，处于容易干燥的环境条件之中，作为考虑荷载因素的种植基盘，土壤容量的限制非常苛刻，其间，如何让植物能够健康地正常生长是最为关键的问题。

应用“四川泥炭”的屋顶绿化系统

为验证四川泥炭良好的保水能力，去年盛夏，在名古屋市中心地区的大楼屋顶上进行了马尼拉草的生长试验（照片1）。该试验区的土壤厚度为50mm，不浇水，仅依靠雨水，照片所示是经过上述条件2周以上的状态。

根据试验发现，用于屋顶绿化的珍珠岩系列轻质人工土壤试验区植物已基本全部枯死，相对而言，四川泥炭混合率越高，其试验区的植物生长状态就越好。

此外，四川泥炭配合的屋顶绿化用土分析结果如表1所示，其保水功能的大小也可定量测定。

还有，从非常轻质、保肥力也很高方面看，在积载荷载条件苛刻以及非常容易干燥的屋顶，四川泥炭可说是适合植物健康生长的植物栽植基盘土壤。

四川泥炭配合的屋顶绿化用土分析值　　表1

有效水分量(pF1.5～3.8)	319 L /m³
湿润相对密度(pF1.5)	0.76
饱和透水系数	2.3×10^{-2}cm/s
阳性离子置换容量	5.73meq/100g

总之，本系统蒸发量小，不是只适合特定耐干树种的屋顶绿化，可构筑适合一般树种绿化的植物基盘。

图1介绍了用于系统地被植物的标准剖面规格，因土中含有很高的保水力，不在下层部分设置存水层，只依靠简单的排水层和防根层即可提高施工的可行性，同时也实现了低成本施工。

实　例

在此，介绍3个最近施工的代表性实例。

（1）综合医院的屋顶绿化（照片2）

屋顶现状：保护混凝土

施工方法：TRG容器施工法、

照片1

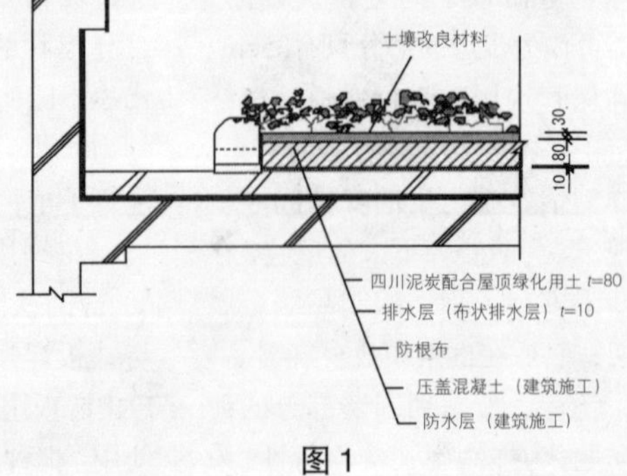

图1

照片2

照片3

照片4

TRG自由施工法

土壤厚度：地被植物：80mm

灌木：370mm

绿化面积：211m²

竣工时间：2003年5月（新建）

地点：爱知县丰田市

植物：白栎、佟树、小檗、麦冬等

在综合医院的4层阳台上，作为健身空间，设计和施工了屋顶绿化。

该工程是在50cm见方、土壤厚80mm的有连通孔单元容器中栽植地被植物，在每个种植块设置排水层，在土壤厚度370mm的栽植基盘中栽植地被植物和灌木。

而且，单元容器的原材料是使用了汽车的缓冲部废材（如轮胎），在循环利用方面也发挥了作用。

（2）环境教育设施的屋檐绿化（照片3）

屋檐规格：耐抗性钢板

屋檐坡度：45%

规格：厚层基础材料安装法

土壤厚度：50mm

绿化面积：65m²

竣工时间：2003年2月（新建）

地点：爱知县丰田市

植物：狗牙根等牧草、箬竹

为能在体验山野自然的同时开展学习活动，在木质平顶建筑北侧屋檐设计和施工了屋檐绿化。该工程是坡面绿化施工法的一种，应用了厚层基础材料安装施工法，以提高栽植基盘保水性和促进植物早期生长发育为目的，在厚层基础材料中混合了四川泥炭。

由于采用了靠压力泵把种子混和土喷到屋檐的施工方法，所以，比以往的施工方法工期得到了缩短。

将来，希望能够靠建筑物周边混入的种子使周边植物环境得到改变，从而形成草屋檐。

(3)研究楼的墙面绿化(照片4)

墙面规格：耐抗性钢板

墙面高度：10m

绿化面积：133m²

竣工时间：2003年5月（已建）

地点：爱知县丰田市

植物：紫葳、常春藤

在3层高的化学公司研究楼西侧墙面设计和施工了墙面绿化。该工程是在钢板墙面上焊上亚铅镀金的金属网，并与椰壳板块组合成墙面绿化嵌板，在地上栽植可顺墙攀缘的垂吊植物。

为实现垂吊植物的早期攀缘和永久持续性的繁茂状态，在植物栽植基质中掺加了四川泥炭的土壤改良材料。该四川泥炭土壤改良材料当然在提高土壤的高水性及保肥力方面很有优势，特别是在活跃微生物等的力度方面也发挥作用。

而且，设想3年后的墙面整体将被绿色所覆盖。

2-1 立体花坛、现场安装花坛

●伊藤孝巳　株式会社伊藤商事

人们认为，楼体墙面的垂直面绿化施工方法，与屋顶绿化具有同样的技术开发必要性，各领域都出现了各种各样的产品和相关提案。屋顶绿化是在屋顶这种特殊场所进行施工，是在平面上进行施工，现已开发的各种技术在应用上不断取得了一定的成果。

但是，对于垂直绿化，比屋顶绿化就更具特殊性，从现状来看，完备的施工方法和技术系统还比较少。

本文介绍的施工方法是对我公司过去所开发的用于大型活动立体花坛和空间装饰系统的卡盆式立体花坛构成材料及其改良、组合产品。使用的植物是生长了很多年的，其中一部分可换成草花等组成花坛模纹等，功能性强是该系统最大的优势。

照片1　卡盆式立体花坛基本材料“可拆装式卡盘”

照片2　卡盆式立体花坛基本材料“卡盆”

特　点

构成本系统的主要部件是具有一定大小规格卡盆穴的卡盘和符合卡盘穴规格的卡盆。

针对卡盘部分，还进一步制作了规定大小和强度的收装盘，每个收装盘中有一定数量的卡盘，从而构成 1 个单元。比如，高250mm、宽125mm的卡盘为32个组成1平方米。另一方面，卡盆是侧面构成一周网状的特殊材料，而且，在其上边装有卡子，所以，无论在什么状态下使用，植物都不会脱落下来。

植物种植作业顺序

① 卡盘部分经过防锈处理（亚铅镀金），放置到钢制收装盘中，用螺丝等固定。此时，在各卡盘的顶部预先配置滴灌系统。内径1mm的滴灌管在通常的上下水管的1.5～2.0kg/cm² 水压下，1分钟可出水50cc左右。

② 用海绵和岩棉等把农家等生产的3.5号（10.5cm）左右大小的植物根部包起来，放入卡盆里。这时候，在植物的根部安装阻塞物，起固定作用，目的是让植物不管在怎样的状态（比如倒过来）都不会从卡盆脱落下来。

③ 把上述②的卡盆插到①中所述卡盘收装盘中的卡盆穴中，卡盆侧面的突起部分像皮筋一样活动后，随着啪唧一声，卡盆就装入卡盘中了。

④ 从收装盘的下部开始，依次装入卡盆，在盆和盆之间的缝隙中填充珍珠岩、黑耀石等组成的轻质

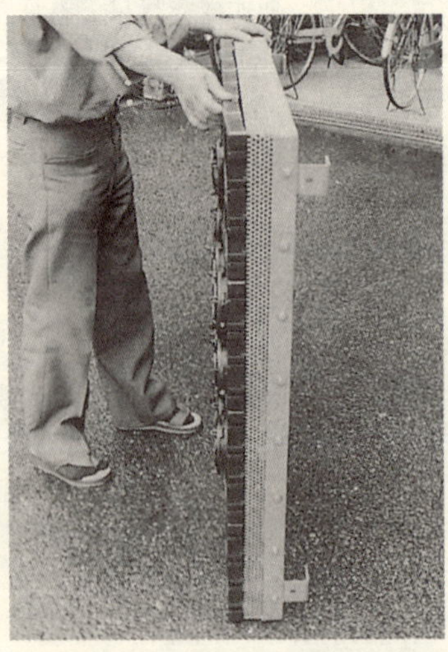

照片3　在1m²收装盘中组装的单元产品

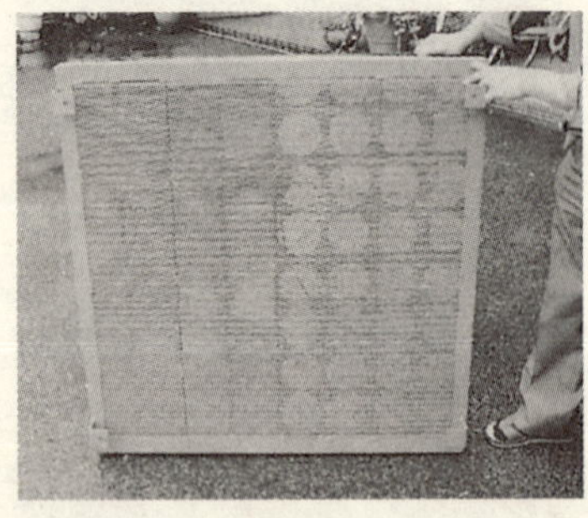

照片4　为使植物能长年生长所开发的可填充堆肥的箱状单元

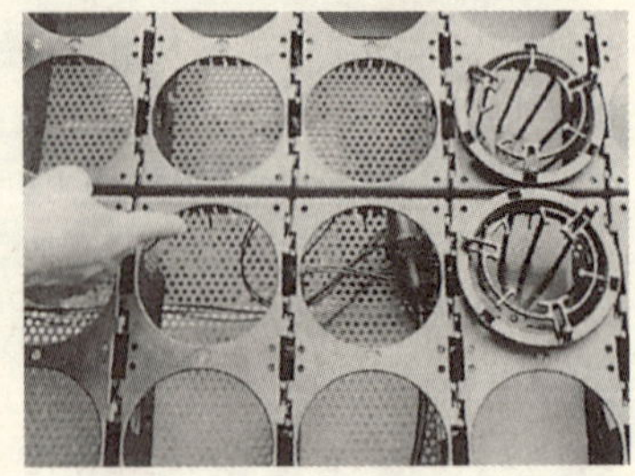

照片5　内装用于浇灌的微循环管

人工堆肥。这样填充堆肥后，各个卡盘就不是单独的个体了，比如1平方米植株的收装盘单元与种植在1平方米的地上可获得同样的效果。

⑤ 根据采用植物的种类和大小，在没有植物时也可使用卡盘。比如，采用常春藤、*Canariensis*的3.5号（5～6株、高30cm）左右的植物时，4盆左右就能很丰满了。现场施工前6个月左右开始种植并养护的话，可为绿化墙面提供理想的植物材料。在此期间，没有植物的卡盆为防止土壤脱落，可用阻塞物固定住。而且，该阻塞物对牵引和固定常春藤、*Canariensis*等攀缘植物也可同时发挥作用。

⑥ 垂直绿化的一部分需要用季节性花卉和其他植物装饰，或用于大型活动时，把希望更换位置的卡盆取下来，换入草花等花卉后再插装到卡盘上，这样，一部分的更换就做成了。按收装盘单元（比如1平方米）更换当然也是可能的。卡盘系统对绿色的植物适用，对同时使用花卉的景观美化也是可行的并具有很大优势的。

照片6　中国昆明花博会上的长30m、高18m花船是用我公司卡盆系统组装的。

照片7　大阪花卉博览会中央入口前搭建的花墙（高4m、长24m）

施工实例

上述系统最开始是为当时的大型活动立体花坛而开发的，在国内外已使用10年以上了。施工实例的大部分采用了草花，目前对大楼等建筑物的垂直绿化还没有业绩。但是，其出色的功能经过长年使用得到了验证。通过把使用的植物换成绿化品种和盆与盆之间填充堆肥，使常设的绿化墙面很容易地就能够完成。

照片8　石川县(金沢)的大规模坡面花坛

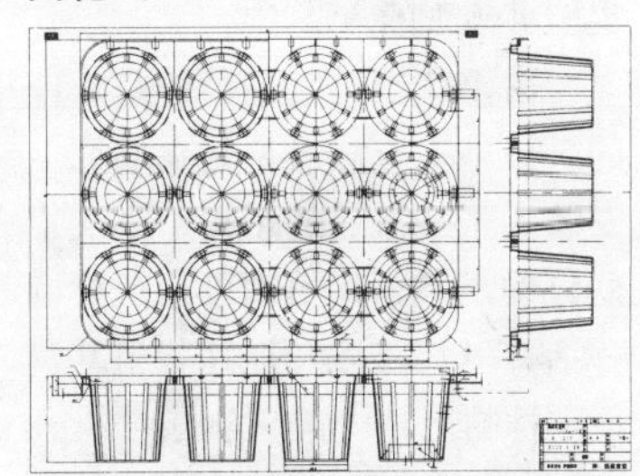

照片9　可装防花株脱落装置的特殊花株回收箱

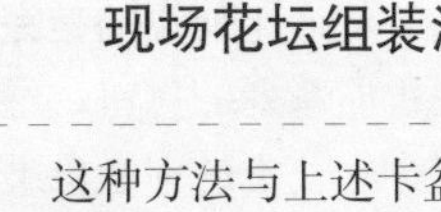

现场花坛组装法

这种方法与上述卡盆式比较，构造更为简单，2001年在石川县召开的城市绿化节主会场第一次使用了该施工法。为绿化高4m、总长150m左右的混凝土墙壁，我们研究了各种各样的方法，最为功能性、也有现场施工可行性的该施工法与相关人员的期望非常吻合，最终也取得了非常出色的效果。2004年在浜名湖召开的花卉博览会上，在主办者的展示部分设计了大约1200m²的墙面花坛，使用的也是该施工方法。为能在现有主体组成部分中满足长时间生长的要求，我们增加了填充堆肥功能，从而，成为了常使用的墙面绿化材料。

2-2 垂直森林墙

●福住 丰 株式会社福住

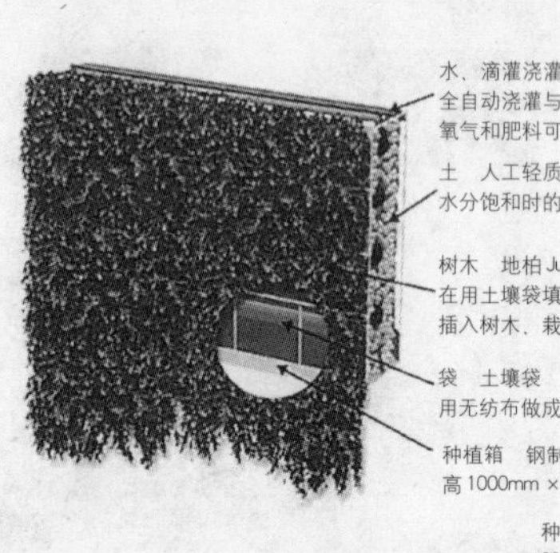

图1 箱+布

概 要

在世界上的城市中，伴随高层建筑物林立的城市化进程，地上部分的可绿化面积越来越少，由于热岛效应，城市环境的恶化变得非常明显。福住的前身是福住庭院，以日本传统的庭院技术和知识为基础，建设居住舒适的城市空间，如今，已扩展到城市空间环境的美化和墙面绿化施工方法“垂直森林”系列产品的开发和应用上。

关于墙面绿化，涉及植物的生长环境、安全性、持续性、管理方面等很多问题，与屋顶绿化一样，作为一种绿化城市空间的方法，话题很热门，但实际应用的情况却还很少。

垂直森林墙解决了上述诸多问题，是在很难施工的高处墙面也能够施工的方法。

由于栽植基盘与植物是一体的，该施工方法可说是在墙面上安装人工基盘、使用构造不发生变化的土壤、让植物可永久持续存活并生长，以及提高栽植基盘稳定性的划时代施工方法。

特 点

垂直森林墙分为城市型（种植箱式）和农村型（种植布式）两种。

图1就是其构造剖面。

（1）城市型垂直森林墙

城市型垂直森林墙基本以设置在高处墙面和永久使用为目的，采用的是不锈钢或钢制的种植箱式。

城市型的特点如下所述：

① 采用不锈钢或钢制的种植箱，把人工轻质土、植物填入其中成为一体化单元型产品，在高处设置也很简单。

② 由于把人工轻质土填充到了特殊的口袋里，不会出现土的飞散、落下等问题，树木的根贯通整个土壤袋，形成了和人工轻质土一起互相缠绕的构造，所以，不会有树木落下的危险。

③ 人工轻质土使用的是完全无机质系列的材料，经过多少年，土的构造也不会发生变化，质量稳定。

④ 树木基本使用的是木质化快的地柏，没有落叶、落枝，耐寒、耐湿、耐干、耐病虫害。

⑤ 设置时是单元整体操作，从一开始就可以进行全面绿化，但由于使用的是攀缘植物，最好开始施工时拉开些距离，经过若干年后，即可覆盖墙面整体。

⑥ 管理方面以供水系统的维护检修为主，为让植物的特性能够充分发挥，基本不做修剪、整形养护，也不喷洒防治病虫害的药剂。

（2）农村型垂直森林墙

农村型垂直森林墙的系统特点基本与城市型相同，在栽植布的特性上，根据其墙面的设计可随意加工，也可用于主题墙。

而且，农村型比城市型轻，由于可以把种植布连接起来施工，在施工可行性方面很有优势。

施工实例

垂直森林墙最初施工的是照片1中的西武百货商场池袋店，1992年施工，经过了11年，植物生长顺利。其他业绩如下所记述。

1992年 西武百货商场池袋店
1996年京急百货商场上大冈店
1997年 QED别馆
1997年 橡树中心
1999年 东名高速公路日本坡
1999年 枥木湾博公园正门
1999年 枥木湾博公园东门
2000年 法乘院阎魔堂
2001年 涉谷赛利昂塔
2002年 多摩川清扫工厂

照片1 西武百货商场池袋店

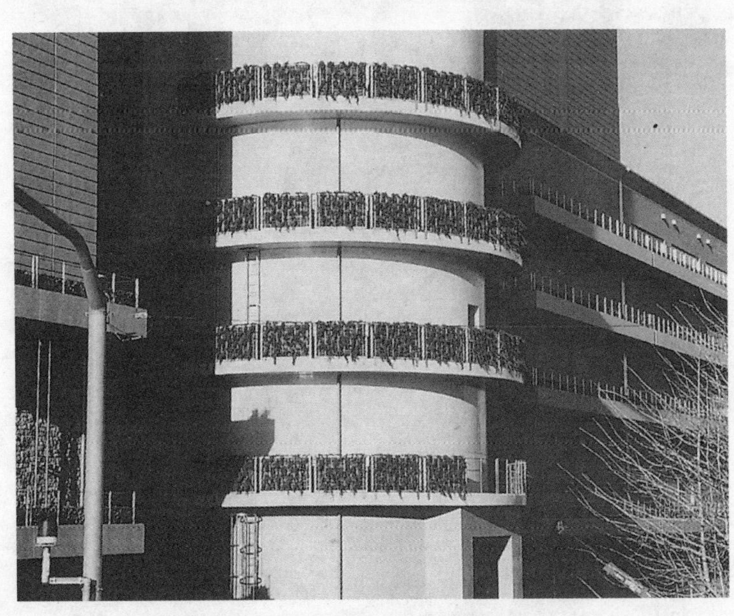

照片2 多摩川清扫工厂的施工实例

效 果

通过垂直森林墙所获得的环境改善效果可列举出以下几个方面。

① 减轻混凝土墙面的辐射热
② 净化大气的作用
③ 降低噪声
④ 保护墙面材料
⑤ 节省能源作用
⑥ 美化景观和心理的作用
⑦ 循环再生产品的应用

以上是通过垂直森林墙所获得的效果。

关于辐射热、大气净化、降低噪声，即使是采用以往攀缘植物的施工方法，其效果也已得到了验证。

但是，垂直森林墙施工方法由于栽植基盘材料与植物是一体化的单元式产品，比过去的栽植基盘材料更容易在墙面上安装，而且还能取得更好的效果。

2-3 绿色板块

●柳 雅之 鹿岛建设株式会社土木管理本部土木工务部

现在，诸如热岛现象的缓解和对热负荷的减轻、舒适感觉的提高等，为了改善城市环境，建筑物屋顶和墙面的绿化技术需求越来越大。东京都推出了促进城市街区绿化的《东京自然保护与恢复的相关条例》(东京都自然保护条例)从2001年4月1日开始实施。为能适应这样的社会需求，鹿岛从1992年开始进行城市绿化技术的研究开发，开发出人工轻质土壤“轻型土壤”，解决了荷载限制等课题，并实现了丰富多彩的屋顶绿化效果。

另一方面，与平坦的屋顶绿化不同，在坡面屋檐和垂直墙面上，土壤很难保持，绿化位置也处于植物日常管理困难的地方，可利用的植物还是以攀缘植物为主，限制很多。鹿岛为解决这些问题，开发了用人工轻质土壤制成的绿化嵌板“绿色板块”。

绿化嵌板“绿色板块”

“绿色板块”是以蛭石为主要成分制成的板状绿化基盘，还添加了缓释肥料等。是厚度5cm，荷载只有30kg/m²(湿润时)的轻质基盘。主要用于难于使用人工轻质土壤的屋顶绿化、墙面绿化。

除板状外，还有圆柱形等可自由构图的成形产品。除景天类植物外，可自由栽植攀缘植物等很多植物品种(参照表1、照片1)。

“绿色板块”的性能 表1

		绿化板块	良好的土壤
pH(H_2O)		6.1	5～8
CEC(阳性离子效果容量)		52meq/100g	20meq/100g 以上
EC(电气传导度)		0.1dS/m	0.2dS/m 以下
透水系数		6×10^{-3}m/s	1×10^{-6}m/s
有效水分		400L/m³	80L/m³
三层分布 PF1.5	固相率	15%	40%
	液相率	48%	30%
	气相率	37%	30%

照片1 “绿色板块”(栽植状况：左 基盘：右)

施工业绩

“绿色板块”有30个以上的施工业绩，其中，墙面绿化有环境博物馆(北九州市)、KDDI涉谷数字中心(东京都目黑区)等6个。

照片2 屋顶绿化的施工实例 “帝国饭店”(东京都千代田区)

照片3 屋顶绿化的施工实例“明日田村岛”(德岛县板野町)

照片4 墙面绿化的施工实例“环境博物馆”(北九州市)

*墙面绿化施工方法概要

把“绿色板块”装入铝制的框架中，用SUS网固定嵌板(基本单位：高900mm×宽3000mm×厚60mm)，然后安装到混凝土墙面。浇灌采用的是滴灌管，用时间控制器自动浇水。

绿化效果的评价、定量化

今后，对改善城市环境作贡献的绿化效果(城市景观的美化、热岛现象的缓解、对建筑物热负荷的减轻、使用吸音的噪声对策等)进行多方面评价，并尽量定量化是非常重要的，应该在数据收集方面作出努力。通过定量化，费用与效果的比值就变得明确起来，这样，构造物绿化技术的普及就有希望了。

2-4 垂吊植物攀缘系统

●牧 隆 大都绿化技术株式会社

概 要

在高密度城市地区，想找到自然基盘的新绿化空间已经有一定难度了，所以，设置屋顶绿化和人工基盘等绿化空间、扩大绿量的活动等开展得热火朝天。其中，作为人们期待的重要绿化空间之一，与屋顶和人工基盘等平行的墙面受到注目。

在现阶段，作为低成本、简单的墙面绿化方法，采用垂吊植物的墙面绿化实施了很多。但是，还存在着绿化初期不能获得绿量、长期持久的绿化养护管理难以实现、不适合没有自然基盘的墙面高处使用，以及冬天大部分叶子落去等很多问题。

本文介绍的系统就是为针对上述问题而提供快速、低成本且容易管理的墙面绿化所开发的产品。

垂吊植物的攀缘形态可分为：①附着型；②翻垂·胡须型两大类。附着型比较适于创造整体平滑的茂密景观（照片1），而且，管理容易的植物品种也比较多。相对而言，翻垂·胡须型随生长上部变得茂密，而下部容易稀疏（照片2），并且，垂吊植物之间相互缠绕、容易形成团状，所以，经常出现不太好看的下垂形象。为此，剪枝等管理也很难。

该系统的墙面绿化嵌板是用金属网和具有吸水·吸湿性特点的椰壳系列板块组合而成，以提高附着型垂吊植物的攀缘确定性和覆盖速度。所以，能够更快地呈现整体平滑的茂密景观，使低成本、管理容易的墙面绿化成为可能。

照片1 附着型墙面绿化（高速公路隔声壁 高4m、使用常春藤·薰衣草、墙面绿化嵌板）

照片2 翻垂·胡须型墙面绿化（都内步道两侧铁网、高约3m）

特 点

① 利用符合常春藤类气根吸着形态天然材料的椰壳纤维制成攀缘板块和波浪网（金属网），用这样的方法实现快速、确实的攀缘效果。攀缘板块不仅是天然材料，而且还具有长期的耐久性和不易燃性等特点。

② 由于有金属网，不致因强风和积雪使好不容易攀缘的植物掉下来。

③ 因为有天然材料的攀缘板块，从施工时开始就依靠自然风的力量，起到恢复景观的作用。

④ 系统轻质，且攀缘板块和金属网是一体的，所以，很容易施工。

⑤ 低成本。

⑥ 在人工基盘上使用时，利用有机质轻质土壤可确保快速覆盖和效果的持续。

墙面绿化嵌板的效果

附着型花叶常春藤和紫葳混栽墙面绿化嵌板的攀缘覆盖速度如图1所示，是仅用金属网栽植时的大约1.5倍（6个月后）。

而且，即使没有一般的攀缘植物材料，用容易攀缘的地锦和薜荔混栽墙面绿化嵌板的攀缘覆盖速度（如图2所示）是没有攀缘材料时的1.7倍（6个月后）。

像这样，墙面绿化嵌板可大大加快垂吊植物的攀缘覆盖速度。

而且，该试验是在爱知县一

照片3 花叶常春藤的攀缘形态（气根在攀缘板块和波浪金属网之间攀缘）

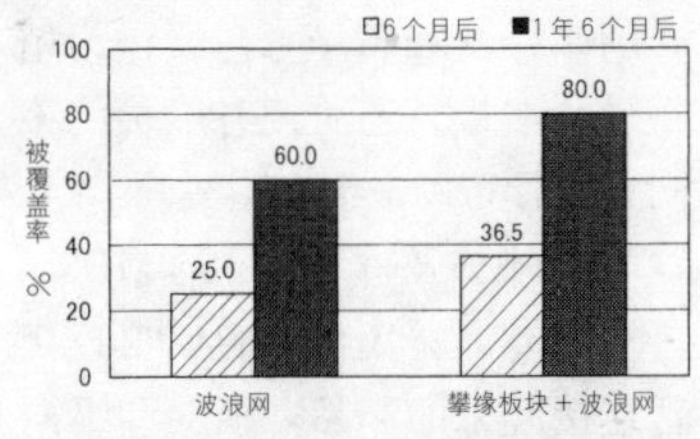

图1 墙面绿化嵌板效果1
花叶常春藤和紫葳的混栽

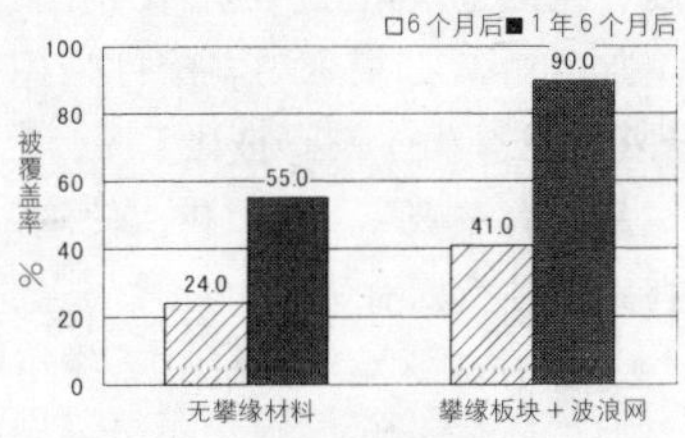

图2 墙面绿化嵌板效果2
地锦和薜荔的混栽

宫市高速公路混凝土桥墩的高3m处进行的（根据日本造园学会、造园技术报告集 2001，No.1）

施工实例

①名古屋市千种文化小剧场（名古屋市千种区）

墙面高度：约13m

墙面绿化面积：约630m²

栽植植物品种：为确保花卉和初期的绿量，采用了紫葳、西番莲、地锦与常春藤类和薜荔混栽的方法。

墙面绿化以攀缘型为主，作为其辅助效果，也种一些下垂的植物。

在栽植基盘的攀缘部分，自然基盘可栽植的地方（照片4两侧）就尽量利用，针对入口处等，在其遮蔽的部分（照片4中央白色部分）设置人工基盘，屋顶部分在围墙的内侧设置人工基盘。

人工基盘部分的栽植基盘确保深40cm、宽60cm以上，沿墙面连续施工。

土壤从快速绿化和永久性及管理方面考虑，使用有机质系列的泥炭配合土壤。关于这一点，经常用于屋顶绿化的无机质系列的土壤（珍珠岩和火山砂石等为主要成分的材料）大多保肥力小，对希望植物旺盛生长和持续生长的地方不太适合。

②六本木民间公寓(东京都港区)

对象墙面：11层公寓屋顶、用于遮挡室外机所处位置的周围

墙面高度：约6m

墙面绿化面积：约300m²

栽植植物品种：常春藤、花叶常春藤、紫葳

在该公寓的屋顶有屋顶花园。但是，在屋顶的中央部位，设有室外机放置场所，从景观角度考虑，做墙面绿化可遮挡其内部（照片5）

栽植基盘设置在下部和上部，兼顾用于攀缘和下垂。

③升降式立体停车场（东京都涉谷区）

墙面高度：4m

墙面绿化面积：约24m²

照片4 施工后约1年

栽植植物品种：常春藤、薰衣草

为保证绿化面积和景观美化而实施的墙面绿化（照片6）。

④住宅用地混凝土隔断（横浜市）

墙面高度：7m

栽植植物品种：常春藤、花叶常春藤

由于是美化屏风景观，所以，在采用垂吊植物时，即使是窄小的栽植带也能够实现高处墙面的绿化，而且，从施工时开始，与照片左边没有施工的墙面相比，景观美化效果是很好的（照片7）。

照片5 施工后2年6个月

照片6 施工后约13年

照片7 施工时

2-5 观赏墙壁-MBS(Magic Boading System、魔力攀缘系统)

●直木 哲 伊碧丹绿化技术株式会社技术开发本部

开发背景

随着城市屋顶绿化的普及，作为技术开发的下一个步骤，那就应该是墙面绿化技术的开发了。在建筑上，墙面比屋顶的面积要大得多，还包括土木、道路隔断和桥墩等。今后，绿化墙面本身将成为各种各样的城市空间分割景观。不管是常建的还是临建的，其墙面本身都是可以自成一体的，而且，其形式也要求是多种多样的。

关于植物，以往主要使用地锦类的植物，今后，应该与过去用于园林绿化的多彩植物相结合，再补充些耐阴植物等，总之，对植物品种的丰富化也提出了较高的要求。

我公司开发了可配置多种植物的墙面嵌板“休闲墙壁”和用于该嵌板的可自由拆装支撑系统“MBS（Magic Boading System、魔力攀缘系统）”。

特 点

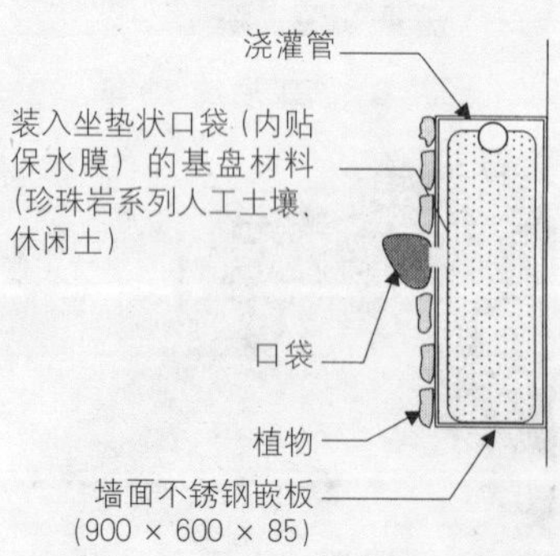

图1 观赏墙壁剖面图(一)

观赏墙壁与MBS系统特点如下所述。

① 采用嵌板型容易更换

观赏墙壁一个单位是900 × 600 × 85（高、宽、厚）的带植物嵌板，框架是不锈钢的，是用亚铅镀膜的材料，持久耐用，在防腐方面很有优势。总重量为30~40kg，容易更换。

② 循环利用材料和轻质土壤

框架中采用再生纤维制成的循环利用膜（在紫外线下可使用10年）做成口袋状，然后填充轻质土壤和特殊的立体网状板块，以防土壤移动。

③ 浇灌装置

在口袋状膜的上部内置浇灌管，起到让水循环的作用。管线是内置的，可减轻因紫外线所造成的劣质化。浇灌时用时间控制器控制浇水时间，每天可进行调整。

④ 可配置多种多样的栽植材料

内外都有100mm间隔的金属网，100mm是最适合进行栽植的间隔尺度。表面具有自然复原性，即使进行植物栽植，内部的土壤也不会漏出来。植物如另表所示，从日本产的品种到薰香植物和地被植物，可栽植各种各样的品种。而且，在一个嵌板中，还可以进行多种植物的组合，可进行几乎与平地相同的配置设计。

⑤ 可用于花卉栽植

还有在口袋状膜上安装口袋的产品类型，可栽植牵牛和宿根美女樱等花卉。

⑥ 可作为设计嵌板使用

可覆盖整体墙面，从栽植形式的多样性和布局考虑，作为植物设计嵌板，还可用各嵌板的不同和配置布局来组合图案。

⑦ 规格及拆装可能的MBS

MBS是采用特殊的UTB连接管连接起来的产品。横向和纵向的连接都可以无限延伸，而且，由于管的芯和芯是相连的，很有强度，构造也很精炼。可自由构图，增加和拆减都很容易。配件采用焊接方法，由于没有打孔工序，管本身没有被破坏，可以再次使用，在施工性方面有优势。

⑧ 用观赏墙壁和MBS系统可呈现多种多样的造型

MBS系统是在不能利用桥墩等构造物直接安装挂钩或希望与主体有一些距离时，作为支撑体使用的。而且，由于可以自由构图，可建独立的墙面体和多面构造体，然后在其面上装配观赏墙壁，也就是说，可以适合各种各样的空间进行墙面绿化。还有，不仅是观赏墙壁，还可与草花种植槽等组合立体装饰图案。

施工实例和观赏墙壁栽植试验

关于UTB，已有很多施工实例，但观赏墙壁还只是刚刚开发出来的产品，在这里，仅介绍一下它的栽植试验内容。

① MBS的施工实例

1990年国际花与绿的博览会

三德利馆大型立体装饰的骨架采用了UTB

1991年第6次国民文化节 千叶91

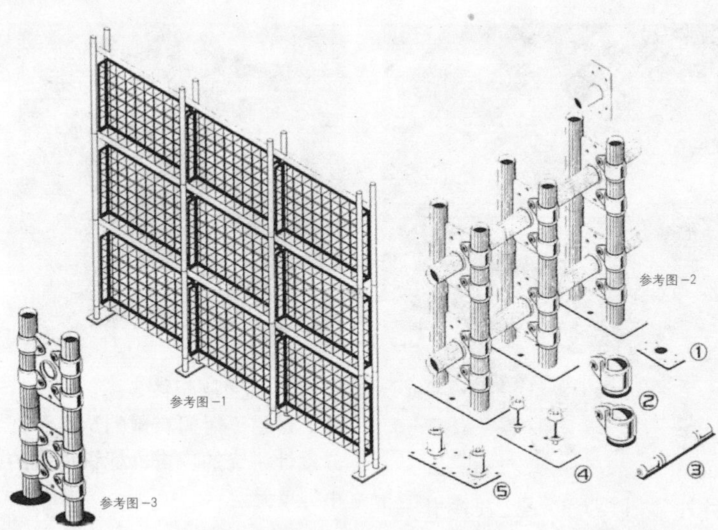

图2 观赏墙壁剖面图(二)

花的金字塔施工

1993年UTB房屋公布

成为某大火灾保险公司的保险对象

1993年全国城市绿化 茨城展览会

UTB房屋和正反两面场馆施工

1996年阪神淡路震灾时，在淡路岛江井町用UTB进行了住宅建筑的施工

1999年京成玫瑰园（温室）施工

2000年用UTB-MBS屋参与汽车工厂大型改造和扩建工程

② 观赏墙壁栽植试验

观赏墙壁由于是嵌板形式的，具有可用各种各样配置进行设计的特点，所以，我们进行了多种多样的试验。以下介绍的是试验当初的情况，到现在也才只有1年的时间，基本生长顺利。证明了多种多样植物的生长可能性。

- 试验植物品种(40种)
- 针叶树(3种)
  地柏、圆柏、日本花柏
- 小灌木（14种）
  紫花景天、栀子、金栗兰、紫金牛、马醉木、忍冬、法兰西名草、大福南天、欧石南、桑多利娜、平枝荀子、荀子、玫瑰马利。
- 宿根花卉（11种）
  台湾山菊、长春花、垂吊长春花、野芝麻、山麦冬、疏花山麦冬、松寿兰、花蔓草、贯叶连翘、松叶菊、天竺葵。
- 蕨类（3种）
  红盖鳞毛蕨、鳞毛蕨、肾蕨
- 垂吊类（7种）
  悬浮和光叶蔷薇、金心扶芳藤、美国扶芳藤、台湾络石、花叶榕、金银花、薜荔
- 竹了类（3种）
  箸竹、岗姬竹、熊竹

照片1 观赏墙壁与MBS

无论哪个品种，都生长顺利。关于其特殊管理时间，通常需要1～2个月的时间，但我们的试验结果表明，即使种植10天后让它垂直起来至今也没有发现问题。

今后的课题

在这里，我们介绍了观赏墙壁和支撑观赏墙壁的各种各样构造体。如前所述，我们还对很多植物进行了试验，但毕竟没有经过充分的时间检验。今后，通过对公共设施试验等的施工，经过观察和对比以及对出现问题的解决，争取培育出令人满意的技术成果。

2-6 墙面绿化系统

●真家道博　东邦LEO株式会社修缮事业部

不管是建筑物还是土木构造物，本文介绍的墙面绿化系统都可以用植物对大面积构造物墙面进行覆盖，实现墙面绿化。作为可对节省能源作出贡献的缓解热岛现象、防止建筑物灼伤的技术而已受到关注。最近，针对建筑物的正面，重视设计性的墙面绿化事业正在增加。

但是，用攀缘式和下垂式的一般施工方法都需要经过一段比较长的时间才能达到绿化的目的，有时还会听到“植物不长”、“马上就干死了”、“不能进行养护管理”等客户怨言。所以，墙面绿化工程应该在规划阶段就对初期效果和养护管理方法进行充分的协商，双方对什么时间达到什么效果的进度表应该有所共识。

墙面绿化比屋顶绿化具有更强“重视环境”的宣传力度。要实现墙面绿化必须具有植物与土壤的相关知识、植物生产技术、建筑施工技术、浇灌技术、养护管理技术等，需要全面的墙面绿化技术。本文主要是提出解决上述问题的新墙面绿化系统提案。

照片1　Ⅰ型/单元型。把牵引、翻装垂吊植物的1m见方不锈钢网和种植槽一体化了的低成本产品型

照片2　Ⅱ型/常设立体型。把加工的L型铝制固定材料（循环利用材料）固定到底部铁架上，植物块一层一层叠放上去，是低成本墙面绿化型

照片3　Ⅲ型/组件S型。容易拆卸，是用于时间有限的草花和部分设计讲究的广告、标识设置的小型单元型

照片4　Ⅳ型/组件型。让装有已驯化栽植块的SUS大型箱子在上下安装的轨道（槽型钢）上滑动后固定，是设计级别较高的产品型。可用于大面积的墙面绿化

建筑常建型墙面绿化系统

以经过一段比较长的时间进行墙面绿化为目的，是让直线条固定配件材料和柔软植物共存的具有高水平设计性的系统。在条件最为苛刻的垂直墙面，为能使植物能够正常生长，使用了生长基盘为不易散落的长纤维集合体和具有植物生长所需保水力的墙面绿化专用栽植块（单元型产品采用了具有很多公共项目业绩的人工土壤）。而且，由于基本没有雨水、供水等，为让所有栽植块毫无遗漏地浇上水，以使用原装滴灌管、时间控制器组成的墙面绿化专用自动浇灌装置为标准，根据需要，再加上可在中央监视器上显示供水异常的功能。在实施墙面绿化系统时，为提高植物的适应能力，也为确保竣工时绿量充分，应该事先准备充分的驯化时间。

租摆式墙面绿化施工法

不仅是外墙和外结构，对已建设施和施工现场的临时围挡、活动会场等，我们开发了没有初

照片5 A型。没有空隙、全面覆盖型。室内也可采用

照片6 B型。用加工固定框架的方法，可做成圆形和球形绿化的独立型墙面绿化模式

照片7 C型。可安装到用于建筑现场的临设驻足处。有垂直型和横滑型两种

期使用成本、短时间也能实施的墙面绿化系统，是全新概念的墙面绿化服务。

该墙面绿化租摆服务减少了阻碍实施墙面绿化重要原因的设置初期成本负担，可按季节更换栽植品种，搞活动时可交替使用各种花卉等，总之，可根据用途变化内容。通过对植物的选择，也可以在室内使用。构造简单，解体、拆除也很迅速。植物的养护管理由专家定期实施。而且，以自动浇灌装置的设置为标准，实现了管理的简单化。为让植物能够在条件苛刻的垂直面正常生长，使用了与建筑常设型相同的墙面绿化专用栽植块。

*

在城市地区，绿化比屋顶多很多面积的墙面可认为是实现“与自然共生存城市”理念的重要组成部分。

墙面绿化在使用植物这一点上，可算作是造园的手法，实际实施时，建筑要素所占比例是非常高的。但是，植物是活的东西，如不能确保维持生长的基盘，那就不能长时间保持绿化效果。今后，我们将针对城市与建筑，为实现与绿色共生存的新技术作出积极的努力。

2-7 TU型攀缘网绿化施工法

●伊东伴尾　内山绿地建设株式会社

开发背景

2001年，东京都对自然保护条例进行了修改，并实施了城市保护法修正案，之后，屋顶绿化很快受到关注。

其间，墙面绿化也成了关注对象，但主要的注意力仍放在屋顶绿化上。然而，在土地高度利用的城市，中高层建筑物很多，所以，进入人们视野的墙面要比屋顶多。绿化这些墙面对提高城市景观质量和缓和光与热的反射等效果非常大。

我公司开发的墙面绿化施工法是1985年与LS墙篱（原TOA墙篱）合作，以高速公路的隔声壁和屏风墙为目标，从开发垂吊植物的攀缘网开始，至今对很多道路采用了我们的墙面绿化施工法。

近年来，大厦等的墙面绿化受到关注，作为在狭小绿化基盘上可施工低成本墙面绿化的施工方法，在大厦的墙面中也得到了应用。

施工方法概要

产品有TU1型(下垂式)和TU2型（安装固定装置型）(图1)两种。

TU1型是在上部安装主体边缘金属固定件，并通过与此配套的卡子相互勾结而成悬挂的格子状金属网嵌板（ϕ3.2mm × 2000mm × 1000mm），一直悬挂到地表部分，然后用固定件固定。金属网的网格根据植物的缠绕情况分为100、200、250mm的3种形式。

在TU2型金属网嵌板交点部位的墙面上安装固定件，拧进T型金属配件进行固定，用这样的方法把金属网嵌板架设到上述安装件上。墙壁和嵌板可根据植物的性状离墙面50～100mm进行架设。

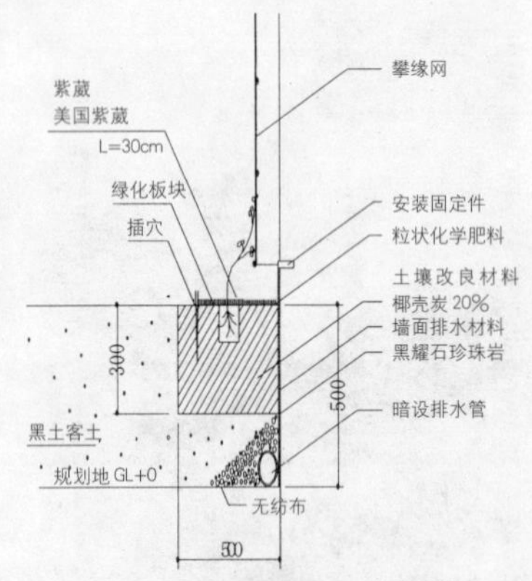

图2　土壤改良实例

植物栽植基盘具备土壤改良、排水对策、施肥、复合材料等生长环境（图2），把垂吊植物栽植到金属网的格子里。

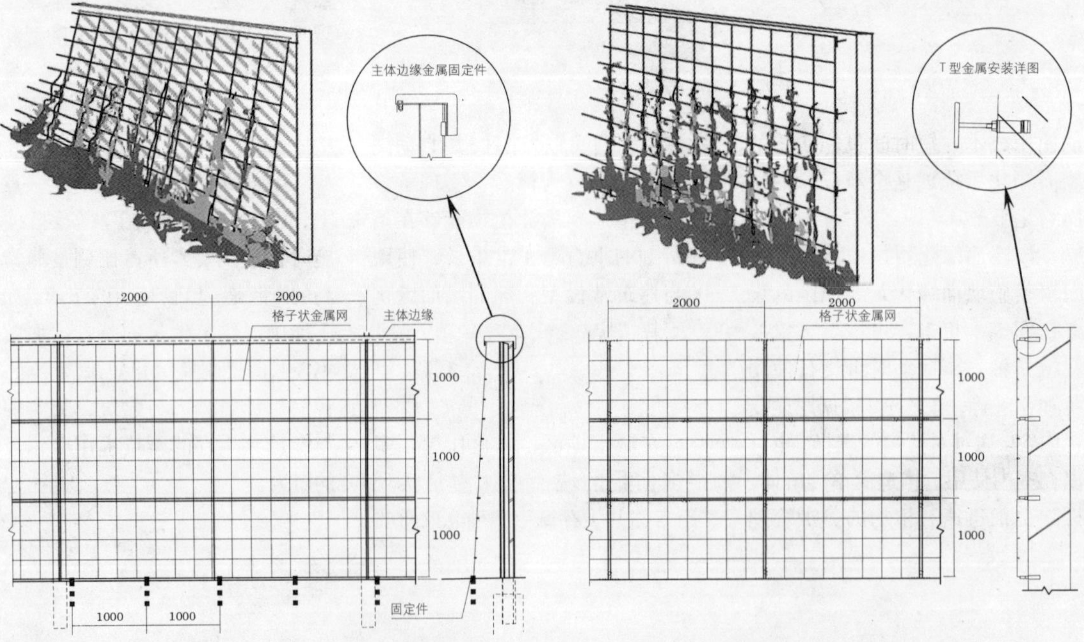

图1　TU型攀缘网绿化施工法[左：TU1型（下垂型）右：TU2型(安装固定装置型)]

垂吊植物以翻垂型为主，地锦等吸附型植物也可以利用攀缘网防止脱落。垂吊植物通常用直径10.5cm的盆进行生产，我们还生产了在大的盆里（200cm × 500cm左右）栽植2~3株、且在高度2m左右的网子上生长了1.5~2年的半成品型产品。

适合攀缘网绿化的植物举例和网格规格等(单位：mm)　表1

垂吊植物名称	常绿·落叶	生长	网格规格	标准间距
地锦	落叶	极大	100 × 100	500
花叶常春藤	常绿	大	100 × 100	200
茉莉花	常绿	大	100 × 100	200
金银花	半常绿	大	250 × 250	250
吊钟蔓草	常绿	大	100 × 100	250
南蛇藤	落叶	大	100 × 100	200
紫葳	落叶	大	250 × 250	250
藤萝	落叶	极大	250 × 250	1000
六叶野木瓜	常绿	中	100 × 100	200

产品的特点

由于有了把嵌板架设到支撑金属安装件上的施工方法，已有的隔声壁、混凝土墙、石砌墙等即可很容易地实现墙面绿化了。金属配件是经过熔融亚铅镀膜(附着量350g/m²)处理的不锈钢材料，所以，在耐腐蚀、耐气候变化方面很有优势。

此外，可以根据垂吊植物的性状选择网格大小，还可对离墙距离进行调节，所以，多种多样的植物均可使用（表1）。

垂吊植物的垂吊长度也一般是30cm以上的，还有用大盆培育的产品（150~200cm），商品名称为“绿色嵌板”，可适应各种需求。

照片2　江东区仓库墙面绿化

照片1　京叶公路隔声壁绿化

照片3　明神台住宅小区停车场墙面绿化

施工实例

京叶公路等的隔声壁（照片1）和屏风墙等，施工实例有很多。最开始，垂吊植物大多用的是地锦，是自下向上攀缘的，也有些地方补充了花叶常春藤。而且，在仓库的墙面绿化实例中（照片2）最开始用的也是地锦，为提高初期墙面绿化的绿量，我们补充了藤萝和花叶常春藤。

另一方面，作为使用绿色嵌板的墙面绿化，还有在立体停车场各层放置大型花槽，并在其外侧安装攀缘网（圆钢ϕ6mm × 200mm × 200mm）的施工实例（照片3）。

效　果

从景观角度看，比起施工之前来说，无机的构造物披上了绿装，提高了舒适感。

光和热的折射作用没有实测，但根据文献等数据，可望获得较大的效果。

2-8 墙面花坛

●岩崎和夫 三兴建装株式会社

墙面绿化的注意点

为实现空间绿化，由于容易干燥，还有重量等的限制，所以，不能使用过多的种植土。因此，保水性好的种植土、浇灌系统，以及适当的构造就变得非常重要了。

而且，根据设置场所的不同，由于墙面绿化施工多在比较高的地方进行作业，所以，必须是能够简单安装的，否则，缺乏安全性，也提高了施工成本。

在大厦进行墙面绿化时，如四个方向均可进行绿化，对植物的生长来说，朝南或东南是比较理想的。可是，朝南时，阳光照射太好了就会提高浇水的频率，所以，从浇水这一点考虑，朝东南是最为理想的。

关于墙面花坛

我公司的施工方法是为提高现场作业效率而采取了嵌板镶嵌式。

把基础和镶嵌嵌板主体安装到绿化场所，然后，把嵌板一块一块地安装上去。

主体有埋设基础型和根据具体情况安装到墙面的形式，还有从上部垂吊到地面的形式，3种形式可根据情况具体选择。

嵌板的尺寸有(1m × 1m)(1m × 50cm)(50cm × 50cm)3种，可根据现场情况选择最适宜的规格，区别使用。此外，根据设置场所和形状特点，还有嵌板部分与主体为一体的产品（如实物仿造等）。

嵌板在构造上还可应用于一般家庭的垂挂花篮。考虑嵌板材质的强度和耐得住长期使用，在铁制的柱子上用亚铅镀膜或进行纤维涂装处理。

嵌板的厚度可根据栽植植物在尺寸上进行调节，以草花、地锦类植物为主，一般为12cm。

嵌板如图1所示。

① 岩棉

用高温把玄武岩融化后制成的板状产品。在背面、下面铺设后，可减轻保水和种植土温度的上升，从而帮助植物生长。

② 种植土（混合土）

采用岩棉、草炭等混合而成的种植土，特点是自重轻，即使栽植到墙壁上，种植土也不容易散，还具有非常好的保水性能。

嵌板部分由于以长久持续使用和强度为主要目的，在主体上采用的是钢丝。

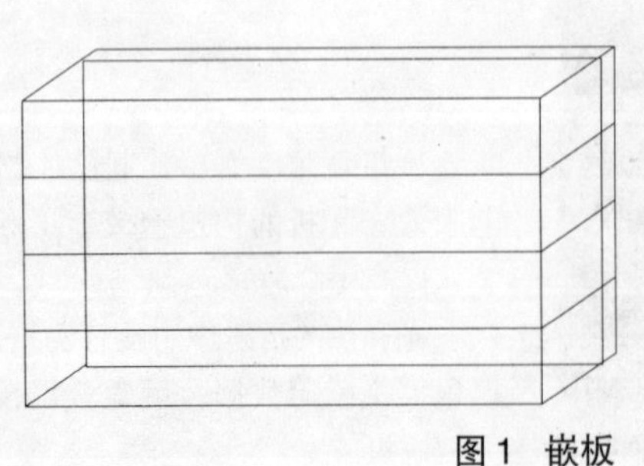

图1 嵌板

施工方法

在嵌板的下部、侧面铺设岩棉，侧面再栽植使用混合土的植物。

由于是嵌板式，栽植可在生产苗圃培育好后安装到现场，而且，通过增加株数等方法可把栽植后立即呈现漂亮效果的嵌板安装到墙面绿化主体上，然后再安装浇灌装置（滴灌系统）就算完成了。

施工实例

采用1m × 1m墙面嵌板

自立式墙面花坛

照片1 塔型

照片 2 自立式墙面花坛（上、下）

照片 3 动物实例

简易墙面嵌板

简易墙面嵌板是在树脂材料的板块（蜘蛛网状）中填入种植土（混合土），然后种植佛甲草而做成的板块。因为很轻，所以容易安装，而且还可以卷曲安装，可低成本实现墙面绿化。

照片 4 佛甲草板块

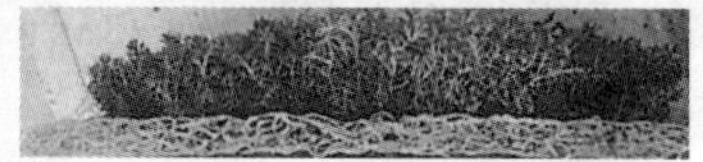

照片 5 佛甲草板块剖面

其 他

作为墙面绿化的延伸做法，还有花卉组字、墙面花坛、实物仿造（如仿造动物型）等。

仿造实物时，形状不规则，所以，不采用嵌板式，而是制成与主体成为一体的嵌板，然后在现场进行栽植。

3-1 生态策划规划技术

●今野英山　株式会社竹中工务店技术研究所

最近，以生态的思考方法为基础，回归身边自然的活动日益活跃。所谓生态，用生态学用语解释，是“生物的生息空间”的意思。也就是说，应该考虑生物生息环境的绿化建设。要进行生态建设，首先是绿地规模及适合周边环境的建设和维护管理的规划问题。

在城市中，从引进生态的意义来说，可列举出：①在离自然比较远的很多城市地区，创造人与自然接触的充满魅力的环境；②作为生物网络的组成部分，为城市的自然再生作贡献等。作为对生态的考虑，有两种类型，一是将已有的空间继续保持下去，再一个是对已经不存在的环境进行复原。在城市空间中，大多属于“复原型”。复原的生态形象是在城市化发展之前到处存在的那种杂树林和农村周边等，是在人身边经过适当管理的山村自然景象。

再创造生态的问题上，重要的是，为实现如此目标的环境，必须根据明确的设计思想进行设计。而且，在养护管理方面，与一般的栽植管理不同，很多属于利用自然的粗放管理，当然，任其自然的放置将会变得荒凉。所以，为使生态能够成为符合地域条件的环境，需包括居民的参与活动在内，从规划阶段就必须制定好独立的管理规划。

目标环境的分类与植物、生息可能的生物举例　　表 1

	分类	植物举例	生息可能生物举例
树林地区	开放型阔叶树林（干性）	麻栎、光叶榉、朴树、矮樱、枫树、华东山柳、荚蒾、细柱柳	小星头啄木鸟、栗耳短脚鹎、大山雀、丝光椋鸟、阴阳梁祝美凤蝶、红蜻蜓、鸣蝉、独角仙
	封闭型阔叶树林（干性）	栲树、栓皮栎、白新木薑子、桂皮、白蒺藜、柃木、山茶、山茱萸、高山杜鹃	小星头啄木鸟、栗耳短脚鹎、大山雀、红蜻蜓
草本地区	开放型草原（干性草地）	粟、车前草、草、常春藤、芒、农田	夜鹭、白嵴翎、阴阳梁祝美凤蝶、鳞翅目、白尾灰蜻
	开放型草原（湿性草地）	莎草、水芹、稻类植物、慈姑、黄菖蒲、博斯腾苇、宽叶香蒲	夜鹭、斑嘴鸭、白尾灰蜻、红蜻蜓、日本雨蛙、克氏螯虾、淡水观赏鱼、萤火虫
淡水地区	明亮池沼（浅水）	睡莲、阿根廷蜈蚣草、菱角	淡水观赏鱼、金鱼、鳑鲏、日本雨蛙、东京池蛙、泥鳅

生态规划的思考方法

要进行规划，首先需要掌握当地的自然特性。根据周边的绿地和过去的文献等，把握规划地应该是怎样的一种自然环境、可诱导进入的生物有哪些等是非常必要的。接下来，根据上述结论，制定作为目标的生物种类，然后进一步制定适合这些生物生息场所的环境规划。

为能以相关数据为基础对上述一系列生态规划进行合理的实施，竹中工务店吸收了生物生态和环境教育专家的方法，对各种各样的生物生息环境数据进行了整理，确立了“城市生态策划·规划辅助技术”。以该数据库为依据，在考虑周边环境的同时，对怎样才能让生物能够生息进行评估，从而使真正的生态规划进行下去。

技术概要

生态策划·规划技术是以生物生息环境数据库为基础，对生态规划及维护管理程序所制定的方案。

① 城市周边具有代表性的生物生息环境数据库

主要围绕关东地区城市周边生息的鸟类所建立的数据库，是根据生息环境特征、行动范围、忌讳事项等的专家意见归纳而成。

② 周边环境的评估

掌握规划地周边的地形、自然环境特性、人为环境特性等，对规划地所处的位置进行评估。

③ 规划地目标生物的设定

根据现场调查和文献调查，评估规划地具有怎样的引进生物可能性，从而设定规划地的目标生物。

④ 规划地所引进生物环境的设定

根据“周边环境评估”和“规划地目标生物设定”的相关信息，对规划地应引进的生态环境进行设定，并结合其环境规划地所处的位置进行评估。

⑤ 作为生物生息环境进行分类的生态环境数据库

针对每一种生物的生态环境，我们把其生态特性和维护管理上的特性归纳成数据库的形式。

⑥ 维护管理程序的方案设立

根据上述“生态环境数据库”，可按生态的维护管理规划区设立方案。

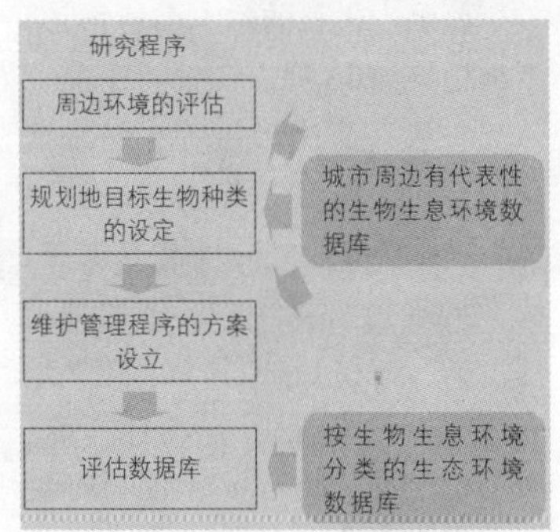

图1 生态策划·规划系统流程

小学的应用实例

该生态的构成是以再现某地区野山风景的农村环境为目标的。让水池的水循环起来，水源不足的时候，用储存校舍屋顶雨水的水罐进行补充。让学生从规划阶段开始就介入，现在，已经把这样的事情列入正式的授课内容了。

所在地：千叶县印西市

地理环境：新兴住宅中心部

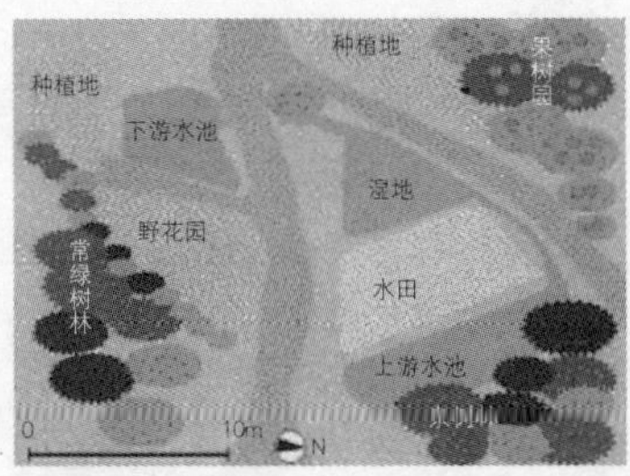

目的：建设所有住公寓学生都能够与自然接触的场所。

规模：中心庭院950m²

竣工时间：1996年5月（设计施工与维护管理的实施）

工厂绿化的应用实例

过去，在规划地内有一个自古以来就有的水池，还有被指定为濒危物种的鱼。以恢复这些鱼的生息环境为目的，设计了水池、湿地、草原、溪流、杂树林、果树园等。而且，循环的水还使用了从工厂经过处理的排出水。

名称：株式会社电装 善明制造所

所在地：爱知县西尾市

地理环境：工厂建设地

目的：作为地区复原设施对地区居民开放的绿地

规模：3000m²

竣工时间：1998年6月（设计施工）

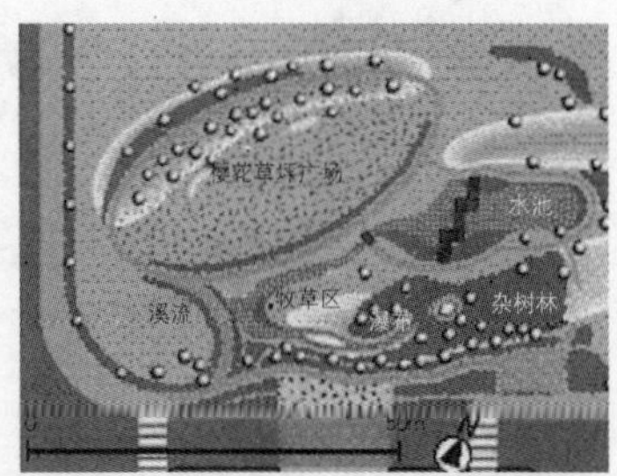

维护管理依靠居民参与

城市生态目标的原始环境在过去是保持了一种适当的自然状态，是作为农业生产和生活所必需的个人和地区共享财产，由居民自发进行维护管理的。现代的城市生态如果是再现那种原始环境，就需要用各种各样的形式让地区居民能够对生态有所理解，希望依靠人与生态的良好关系使其得到良好的循环。从孩子到老人，作为市民活动和环境教育的组成部分，是有可能实现维护管理规划的。养护管理的作业要制定基本程序，加入观察、操作、收获、植物种植等活动，可作为接触自然的娱乐场所进行经营。

3-2 屋顶生态

●橘 大介　清水建设株式会社技术研究所

开发背景

特别是在人口密集的大城市区域，各种各样的环境问题都越来越明显，屋顶绿化对抑制和缓解环境问题非常有效。在充分配置草本类和木本类、水边环境、堆肥槽和粗杂垃圾等作为生物生息空间的建筑物屋顶上的生态绿化(下称"屋顶生态")对抑制和缓解环境问题发挥了有效的作用，有望承担城市区域生态系保全和复原的一部分重任。在此，我们对发挥城市区域生物多样性保护作用的屋顶生态现实化技术进行一下介绍。并且，对采用上述技术施工屋顶生态的生物多样性保护、复原情况及其发挥的作用等进行一下汇报。

施工技术

为实现生物层丰富的屋顶生态，必须要创造多样性生物的生息环境，也必须要适用于有荷载限制的现有建筑物屋顶。以下列举的是对生物多样性保护、复原有很大效果的屋顶生态施工技术。

(1)给地形制造倾斜和大的落差，在呈现大效果景观的同时，构筑轻质、栽植自由度高的栽植基盘。

(2)从覆土种子的早期生长和对生物生息空间的设计等方面考虑，表土使用自然土。

(3)让屋顶生态具有多样水边环境和多种多样生物生息空间的功能。

(4)积极采用鸟和昆虫喜欢吃的饵食植物。

(5)在选择和采用动植物时，要考虑到遗传因子的问题。

规格概要

2001年5月，以上述技术为基础，在东京都内的清水建设株式会社屋顶进行了生态施工。施工前面积约176m²，绿化面积约154m²，水域面积约19m²。本设施全景如照片1所示。

本设施是体现了可称为日本生物多样性的丰富原始的野山形象，在有限的空间内制造高低错落差(约700mm)，从而展示了深远的感觉等，它是作为考虑景观效果的屋顶生态去规划、施工的。植物采用了30种100株符合地域特性的关东范围内生长的木本类植物，草本类植物约73种300株左右。

在创造野山形象的上游水池周边部分，配置了作为代表性树种的高约4m的光叶榉和麻栎等，从而形成杂树林。本设施的栽植基盘剖面如图1模式所示。较多地使用了轻质的最后完成材料等，由于实现了土壤的薄层化，所以，作为屋顶生态也就实现了超轻质化，大约才270kgf/m²。

效果的检验

照片1　竣工后的屋顶生态

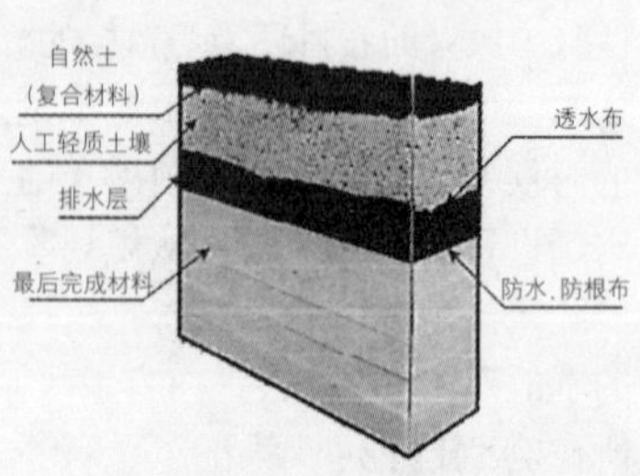

图1　植物栽植基盘模式

栽植植物和长出植物　　表1

分类	竣工时栽植品种数	第1年出现品种数	第2年出现品种数	累计品种数
草本类	73	49	47	169
木本类	30	6	10（重复品种4）	42
植物整体	103	55	57（重复品种4）	211

昆虫出现种类　　表2

分类	出现种类(第1年)/特殊事项	出现种类(第2年-累计)/特殊事项
蜻蜓属	9/乌点晏蜓幼虫	12/广腹等的飞来
直翅蝴蝶属	6	15/第1年的种类都出现，种类数增至2倍
螳螂属	1	2
甲壳虫属	8	11/油蝉的飞来
甲虫属	2	14
麟翅蝴蝶属	9	20/第1年的种类基本出现
蜉蝣属	0	1
苍蝇属	5	17
蜜蜂属	4	20
总计	44	112

照片2　繁茂的植物珍珠菜

照片3　肖剑心银斑舟蛾的飞来

生物多样性保护的相关检验除定期的生物调查外，还通过局域网获得来自互联网的生物观察、记录的数据信息。栽植植物与长出植物如表1所示。在进行生态建设时，栽植的植物共103种，对此，第1年长出的品种有55种，第2年长出的品种有57种，也就是说，第2年品种增加到了2倍以上。在这些长出的植物中，我们认为，草本类植物主要是由埋在自然土中的种子发芽而成的，木本类植物主要是靠鸟运来的种子而生成的。照片2所示为上游水池周边部分繁衍的珍珠菜。昆虫的出现种类如表2所示。第1年出现的种类有44种，第2年出现的种类增加到了2.5倍（累计），达到112种。出现昆虫的举例如照片3~4所示。其中，除蜻蜓属和蝴蝶属种类增加之外，同一种类的昆虫也有回头重复出现情况，可观察到蝴蝶等已在生态扎根。而且，自然土作为表土仅覆盖了3cm，但通过落叶和土壤有机物得到分解的现象判定蚯蚓和倍组纲无脊椎动物已出现、扎根。

照片4　广腹蜻蜓的飞来

照片5　北红尾鸲的飞来

关于飞来的鸟类，已确认了牛头伯劳、虎斑地鸫、灰喜鹊、栗耳短脚鹎、暗绿绣眼鸟等15种鸟的飞来事实（参见照片5）。我们观察到有很多鸟频繁地飞来，进行捕获饵食和喝水、沐浴等各种各样的活动。可以判断，作为鸟的短时间生息空间已得到验证。

总　结

以上，我们在介绍实现大城市区域内生物群丰富屋顶生态技术的同时，对其效果进行了验证。在用扎实理念设计、施工和管理的屋顶生态上证明了短时间内多种生物的出现、飞来和定居。今后，希望类似设施能够更多地得到建设，作为大规模绿地中的点与其周边绿地连接起来，从而构成大城市范围内的生态网络。

3-3 生态护岸

●中村胜卫　日本植生株式会社

概　要

1997年的河川法修订之后，考虑环境因素的河川相关项目逐渐多了起来。并且，在2002年的12月制定了《自然再生推进法》，越来越进入了考虑自然环境必要性的时代。

以这样的自然环境时代为背景，东急建设、日本植生、旭化成建材3个公司共同开发了生态护岸技术（链接蛇笼植生技术），该技术是一种形成自然型护岸的施工方法。

生态护岸技术是先用机器把碎石、现场出现的土、树根等填充到采用带内兜（腐蚀性纤维）网状材料护堤包连接起来的护堤链（生态护岸带），然后用吊车把护堤链铺设到河岸，针对河川水流增加时的流速，通过保证护岸稳定性使埋土种子能够在现场植生带上快速长出的施工方法（图1、图2、图3）。

特　点

① 现场植生的快速长出

作为填充材料，利用埋入土中的种子（种子包）的现场植生能够快速长出植物。而且，芦苇等的根茎也可以利用，从水边区域到地上区域的环保再生效果都很好。

生态护岸带由于是凹凸不平状态，所以，水流增加时土砂容易堆积，对漂着种子的扎根非常有效。

② 资源的有效利用

除现场产生的土之外，再生骨材也可作为填充材料利用，是循环利用性很高的施工方法。

③ 施工时不需大规模换水

缺水期等水位低时，不需进行大规模的换水工程就能进行护岸的施工。

④ 实现了工期缩短和省力化

由于生态护岸带一条是2m × 5m=10m²，形状较大，所以，可以用吊车在短时间内铺设完成。

生态护岸带施工法的作业内容由填充作业和铺设作业简单组成，主要用机械施工，所以，省人、省力是可能的。

图1　生态护岸栽植带袋体剖面图

⑤ 对山地的附着性和稳定性

柔软的高强度生态护岸种植带具有伸缩性，所以，对山地的附着性很好，依靠碎石、现场产生土等填充物的重量，不会因水流速度而发生转动、滑动现象，形成了强有力的稳固护岸。而且，还可以在上下游的边端部分翻上垂下，更进一步确保了对水流的稳定抵抗性（照片1）。

照片1　边端处理

施工步骤

① 混合碎石和现场产生土。

② 用机械把混合的碎石和现场产生土填充到生态护岸栽植带（照片2）。

③ 用吊车把填充了的生态护岸栽植带铺设到河岸（照片3）。

④ 用固定件把铺设的生态护岸栽植带固定。

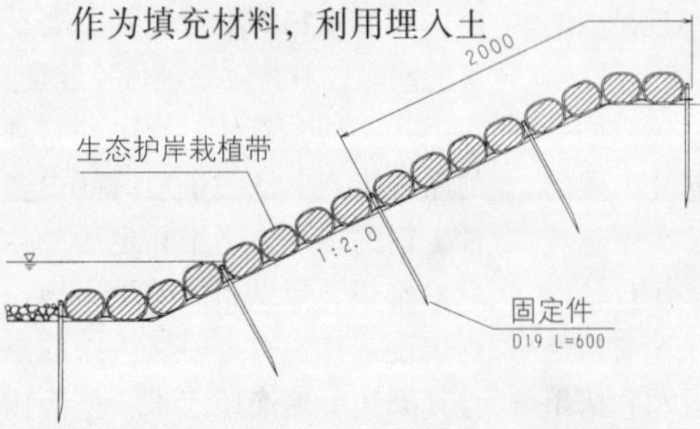

2000
生态护岸栽植带
1:2.0
固定件
D19 L=600

图2　生态护岸栽植带标准剖面图

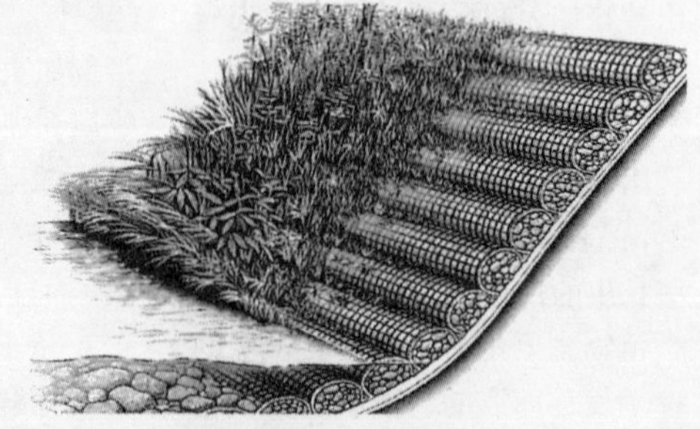

图3　生态护岸栽植带形象示意图

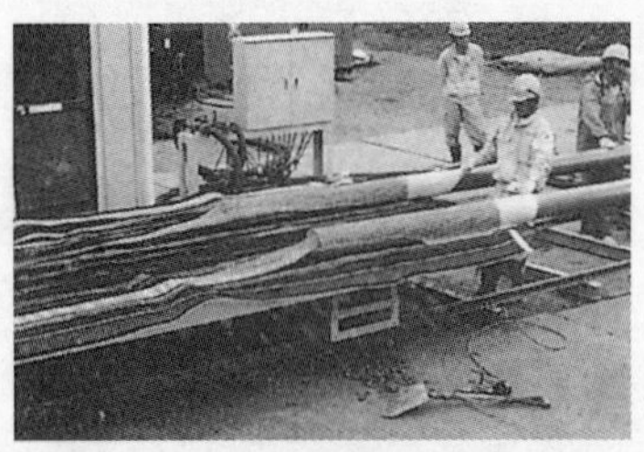
照片 2 填充状况

照片 3 铺设状况

施工实例

① 鸣濑川古馆护岸（宫城县）

1999 年 1 月施工。

施工现场是在宫城县远田郡南乡町古馆地界内，是坡度为1∶2.0～5.0的低水位护岸。

根据施工后 3 年间的植生调查，全部长出品种为55种，其中，归属种有 10 个。在长出的品种中，还发现了八角枫（濒危Ⅱ类），与自然护岸具有同样的多样性（照片 4）。

② 信浓川渡部护岸（新泻县）

1999 年 11 月施工。

照片 4 鸣濑川

施工现场为新泻县西蒲原郡分水町地界内，是坡度为1∶2.0的低水位护岸。

是在信浓川大河津分水岭处进行施工，水流速度很快，确保了自上游边端部分泻流下来流速的稳定性（照片 5）。

③ 长尾川水边规划（静冈县）

照片 5 信浓川

2002 年 1 月施工。

施工现场是静冈县静冈市北沼上地界内，是坡度为1∶2.0的低水位护岸。

护岸直接与公园相连，由于是近似湾岸的形状，所以，属于曲线施工（照片 6）。

④ 多摩川彩色泵房（东京都）

照片 6 长尾川

2003 年 2 月施工。

施工场所为东京都大田区南六乡地界内，是坡度为1∶2.0的低水位护岸。

施工现场周边住宅密集，属于当地居民与河川关系特别密切的地区。由于施工现场周围存在着芦苇的大规模群落，所以，适于采用容易恢复周边自然植生的施工方法（照片 7）。

照片 7 多摩川

效 果

① 确保生物多样性

为保护生物的多样性，必须坚持不从外部引进植物、种子等原则。

生态护岸技术所使用的现场产生土壤含有大量的埋土种子，所以，是确保多样性和现场生态再生的有效施工方法。

② 稳定的植生基盘

为让植物能够正常发育，稳定的植生基盘是非常必要的。

在河川护岸，一般来说，覆土20cm以上的情况比较多，所以，当水流增加时，连土带其上生长的植物很多就随波逐流了。

生态护岸技术是向高强度的生态护岸栽植带内填充植生基盘，所以，针对水流增加时的流速可确保护岸的稳定性，同时，植生基盘也得到了保护。

4-1 堆肥“立山由纪”

●中村富南　株式会社立山工程

概　要

近年来，在产生大量废弃物的经济社会中，再利用废弃物和减轻环境负荷的任务已迫在眉睫。2002年，根据内阁会议决定的绿色买入法基本方针，有28个品种被确定为特殊进货品种，其中就列出了利用下水污泥而制造的污泥发酵肥料（下水污泥堆肥）。至今为止，在普及下水道的同时，作为有效利用大量产生的产业废弃物下水污泥的对策，在全国的城市街区开始了参与堆肥化生产的环保活动。立山工程针对堆肥化的生产，在1986年就完成了高速堆肥化工厂的开发，推出“立山由纪”，作为以城市绿化为对象的土壤改良材，开始了销售活动。现在，已取得城市绿化技术开发机构所颁发下水污泥堆肥“立山由纪”的城市绿化技术·技术审查证明（第1号）。在国土交通省的公共新技术应用促进系统NETIS中也有所登记，当然，根据农林水产省肥料管理法，由于下水污泥堆肥与肥料相同，有登记义务，所以，也取得了登记手续，直到今天。

特　点

传统的堆肥化是通过多次“翻倒”作业补充氧气而进行的。采用这种方法时，如果氧气不够充足，活性就会衰减，所以，它是依靠“好气性”微生物的方法，需要强制性地补充氧气。我公司开发的产品所需氧分含量少，是在“通气性厌氧性”微生物可活动的环境下进行生产，不是从外部强制性地施加力量，是尽量诱发自然微生物的活动促进堆肥化。

堆肥的用户主要分为农业领域和造园·绿化领域。在农业领域，土壤中的微生物曾在某种程度上已经形成，而且，通过定期的翻耕，土壤可获得氧分供给，即使是有些未熟的产品或在好气条件下制成的堆肥也没有产生很大问题。但是，在绿化领域，由于没有像农业那样的翻耕作业，土壤中的氧分量就很少了，熟度低的堆肥就容易发生缺氧现象。而且，在客土不断减少的同时，微生物层根本没有得到发展，所以，出现了很多不得不在新土和建设残土上种植的情况。为让土壤中的物质能够得到顺利的循环，必须在改良传统的物理性和化学性的基础上，使微生物层得到改良。

依靠通气性厌氧菌的独立发酵方式进行堆肥化时，具有：①没有恶臭、粘连；②熟度高；③作业可行性、保存性好等特点。在消除传统堆肥所遇到问题方面取得了成功。在不能依靠定期耕耘来补充氧分的绿化土壤上，通气性厌氧菌也能够有效活动，从团粒构造的发展开始，发挥了各种各样的作用，在对堆肥品质有更高要求的绿化领域，作为有机质土壤改良材也得到了广泛应用。

堆肥化促进材的利用

我公司发挥长年的发酵经验，利用开发现场和公园养护管理中所产生的砍伐树木、树根、修剪枝、剪草等进行堆肥，做成绿化基盘，作为有机质土壤改良材还原绿地的方法已和国土交通省进行了共同的开发。该技术是作为堆肥化促进材，使用“堆肥素1号”（利用上述立山由纪的微生物群，并添加了持续微生物活性的辅助材料而制成），与下水污泥的堆肥化相同，是在诱发通气性厌氧菌的环境下进行堆肥的。在国土交通省的公共事业新型技术应用系统（NETIS）中已登记，作为比较大的特点，有以下几项：

① 短时间（6个月）即可完成堆肥化。

② 翻倒次数仅1～2次即可。

③ 不产生恶臭。

④ 没有污水流出。

⑤ 不需要堆肥设施。

很少的翻倒次数即可完成发酵是由于利用了通气性厌氧菌，不通过翻倒补充氧气也不会使微生物活性下降，直到堆肥完成，可在一定的环境下持续发酵分解。好气性菌和通气性厌氧菌活性的区别可从图1的温度变化读取。由于翻倒次数少，减少了传统堆肥所需的人力，这一点是一个很大的进步。由于不会产生恶臭和因恶臭而引来虫害的发生，也不会有污水流出，所以，不会引起周边环境的恶化。像照片1所示的那样，盖上苫布进行发酵，可防止堆

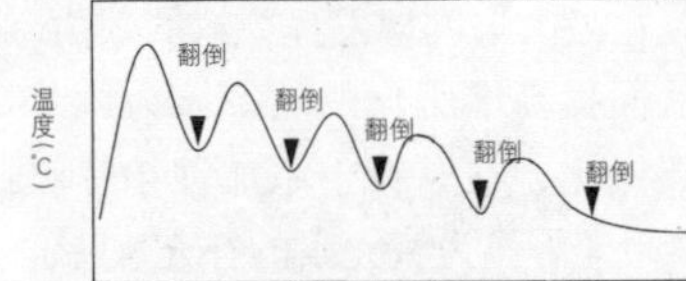

依靠好气性菌分解的温度变化

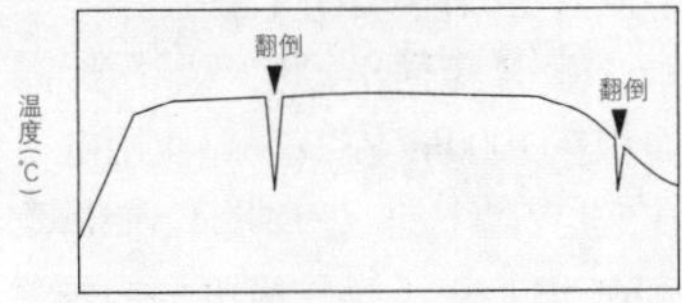

依靠通气性厌氧菌的温度变化

图1 好气性·通气性厌氧菌的温度变化

照片1 堆肥化后盖上苫布的形式

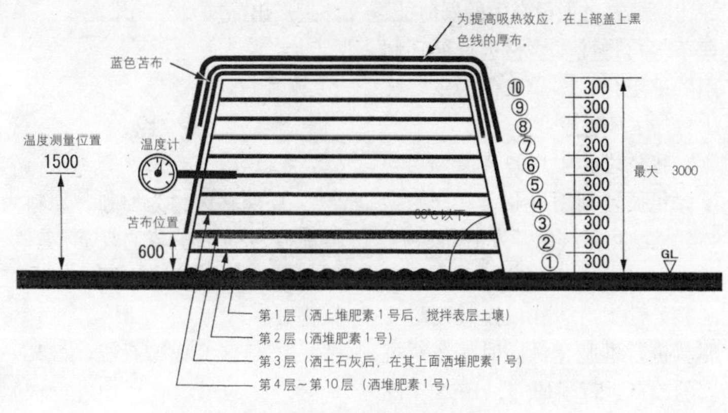

图2 堆积堆肥化细部剖面图

肥飞散、杂草种子飞来。经过水分调节的原料含水量直至堆肥完成基本不发生变化，也省去了补充水分的人力和物力，这些，都是非常可取的。

用“堆肥素1号”进行堆积堆肥化的细部剖面图如图2所示。

坡面绿化基盘的活性剂应用

依靠微生物的辅助作用，植物得到生长，依靠其生长过程中所排出的有机物，土壤的微生物环境得到保持，因此，在坡面喷播绿化上，为尽早让坡面基盘所缺乏的微生物群在基盘上循环起来，作为初期的微生物投入产品，我们还同时开发了绿化基盘活性材“绿色内存”，该产品也已在NETIS上登记。

依靠土壤中的微生物降低环境负荷技术的应用

作为利用土壤微生物降低环境负荷技术的其中一例是臭气脱臭法。一般的脱臭装置原理是在填充了脱臭材料后，让通过净化槽等排出的阿摩尼亚等臭气通过，通过填充材料上繁殖的微生物去除臭气并使其分解，或让填充材料吸收臭气，从而实现脱臭效果。在我们的工厂里，也安装了土壤脱臭装置，下水污泥发酵时排出的阿摩尼亚臭气依靠发酵下水污泥堆肥产品中的丰富微生物去除分解，从而实现脱臭效果，为脱臭发挥了重要作用。今后，作为脱臭材料，我们认为，发酵木屑堆肥等也可以利用。而且，与土壤脱臭的原理相同，大气的净化（NOx·SOx）也可以探讨。还有，作为污染土壤的净化（油脂分解等），往污染土壤中强制性地投入土壤微生物进行搅拌，依靠微生物的活性使污染物质得到分解。此外，对水质净化也有很大的利用可能性。

今后，希望进一步研究利用土壤中微生物群降低环境负荷的相关方法。

4-2 园林废材堆肥化系统

●长野秀念　名铁环境造园株式会社

概　要

由于资源的有效利用、垃圾减量、循环型社会的形成等重要性逐渐被广泛认识，在建设事业上，称作节省资源、循环利用的减少环境负荷的技术已快速地发展起来。

其中，我公司在相关的造园·绿化领域，对大量产生的修剪枝、剪草等植物性发生材进行循环利用的堆肥化，多年来作为主要技术参与了环保事业。

我公司也从1993年开始启动了绿色循环利用事业，并开始参与到堆肥化系统的开发活动之中。1995年，在名古屋市热田区建设了验证性工厂，在以园林废材为原料进行堆肥化的同时，还对机器的改良进行了研究，1998年确立该循环利用系统，同年，作为城市绿化技术开发机构的“园林废材堆肥化系统”，取得城市绿化技术·技术审查证明（第1001号）。

同年，在国土交通省的公共事业新型技术应用促进系统NETIS上进行了登记。

2002年，在爱知县先进产品制造技术研究开发费辅助金事业中，以刀刃产品耐久性提高了30%和处理能力提高30%为目标，实现了机械改良。

该系统是为在短时间内把园林养护管理中所产生的修剪枝、砍伐树木、剪草、落叶等园林废材制成良好品质的堆肥而开发的。

过去的堆肥化一般采用破碎后在室外堆放1~2年的方法，使用我们的系统只需要3~4个月的时间就能制成品质良好的堆肥。作为其制造方法，首先需要用现有的切削式破碎机把大小不一的各种各样园林废材进行初期破碎。

其次，采用压缩蓬松式2次粉碎机进行细致粉碎，并对其纤维组织进行破坏，使用带气泵的箱式发酵槽进行供气和水分调节，从而实现在短时间内发酵完毕，并生产出品质良好的堆肥。

特　点

① 园林废材为原料。原料为修剪枝、落叶、剪草的废草、剪草、枯死的植物、被风吹倒的树木等植物废弃物。

② 地区完成型系统。把某一地区产生的植物废弃物进行堆肥化或加工成碎块，然后在该地区范围内还原土壤。目标是不从其他地区运入，也不向其他地区运出的“地区内循环利用”。

③ 小型城市型工厂。植物废弃物从其性状上来说，枝杈多，运输费用所占比例很大。到大规模销纳设施的运输距离远，成本变高，所以，不能算作合理。该系统的处理规模是以运输距离在5km以内的城市周边地区为对象，设计每年处理量为2000m³。

④ 短时间内制成品质良好的堆肥。从填入发酵槽到产品完成仅需3~4个月，可制成腐熟度高的高品质堆肥。

⑤ 不需菌种。在发酵过程中把温度、水分控制到最适宜的程度，最大限度地发挥原料的效力，从而提高堆肥化的效率。为调节碳氮比，在原料中添加种粕、鸡粪、壳等作为氮元素的补充，只需5%~10%的添加物即可，特别是不需要价格昂贵的菌种。

⑥ 操作简单。生产工厂所需面积在1000m²左右，总使用电力在50kW以下，日处理量不到5t，噪声65dB以下，操作简单，是非常精练的系统。

堆肥化作业的步骤

① 原料搬入。用卡车把草坪剪草、修剪作业等产生的园林废弃物运至循环利用工厂。

② 1次破碎。把粗干和长尺寸原料粗破碎到长20cm、直径3cm以下程度。一次粉碎机根据原料的大小和设施规模选择移动式的大型粉碎机或小型粉碎机。

③ 2次粉碎。用我公司开发的压缩蓬松式粉碎机对原料进行细致粉碎（2次粉碎）。破碎物在被2次粉碎时，纤维组织受到破坏，由于同时进行了水分均一化、加温等处理，发酵即可迅速开始。

④ 助剂的添加。碳氮比以50为基本标准，添加油粕等补充氮元素的助剂。不需要价格昂贵的菌种。

⑤ 发酵、熟成。通过向箱式发酵槽内吹气调节水分含量，把温度调节到最适宜的程度，短时间即可发酵完熟。每2周，或水分量、温度明显下降时进行翻倒作业，同时进行水分的补充。像这样的

照片 1　压缩蓬松式粉碎机

照片 2　破碎物排出状况

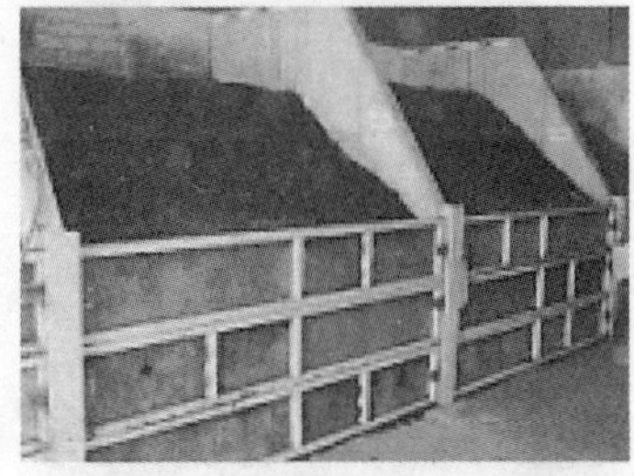
照片 3　带气泵的箱式发酵槽

照片 4　翻倒状况

照片 5　堆肥产品

操作共重复6次，在3～4个月内即可完成堆肥化。由于是好气性发酵，在夏季也可抑制恶臭和蚊子、苍蝇的出现。

使用效果

①压缩蓬松式2次破碎机和带气泵的箱式发酵槽组合使用可将堆肥化所需时间从原来的1～2年缩短到3～4个月，大幅度提高了堆肥生产的效率。

②已制成堆肥产品的品质为碳氮比达到20以下，与一般市场销售的堆肥相比具有同等或以上的水平。

③堆肥化所需费用与以往的垃圾销纳费相同，所以，每一个10万人规模的城镇街区都可以安装，为促进环境共存型的城市建设作出了贡献。

施工实例等

破碎机和带气泵的发酵槽
• 冈崎市内的新建高尔夫球场
（2001年6月）

破碎机和气泵装置
• 群马县伊势崎市（2002年2月）

堆肥设施屋顶及送风装置
• 三重县藤原町（2002年9月）

仅发酵槽的送风装置
• 三重县藤原町（2000年7月）
• 香川县国营赞歧万能公园
（2001年11月）

4-3 粉碎物搅拌分类机

●泷川正明　环境开发株式会社

概　要

粉碎物搅拌分类机是为把粉碎物与粉碎物堆肥分开而使用的装置，有关循环利用产品和不利于循环利用物品的分类作业和根据不同用途获得不同粒径产品的分类作业都可以使用该装置。

而且，对去除粉碎物堆肥制成时的夹杂物也非常有效，可以说，粉碎物搅拌分类机是木质废弃物循环利用所必不可少的设备。

关于该装置的使用，以废弃物的区内处理为前提，是移动式的，临建处理场也能够使用，小型，轻质。必须是可搬运的万能机。

我们根据这样的要求开发了本装置，现在，除产业废弃物处理外，在城市绿化的废材处理领域，大约有30台在日本城市地区运转着。

特　点

随着城市绿化的普及，产生了大量的修剪枝等废材，作为有效利用废材的对策，粉碎和堆肥已成为主流，但并没有做搅拌分类，很多地方铺设的都是粒径不同的产品，有些地方还存在着像把垃圾铺到公园里的恶劣形象。

目前，循环利用的土壤改良材料必须解决的问题是把产品的性能提高到购入商品的水平，而为提高性能，必须追加分类工序。

而且，用于分类工序的本装置在近10年间没有发生一次大的故障，非常耐用，而且还具有以下特点：

① 旋转式，不会发生堵塞(照片1)

破碎物是枝枝杈杈的，用折叠网的振动式搅拌机等容易发生刺破网子的现象，也容易引起堵塞，所以，本装置采用了堵塞少的旋转方式。

② 具备定量供料功能，分类效率高（照片2）

如果原材的供料环节迟缓，分类效率也会大幅度下降。为此，在本装置上部的底面安装了传送带，为能定量传入旋转筒下了很大功夫。

③ 具备强力清扫器，不发生堵塞（照片3）

采用特殊的齿轮构造，使胶皮辊轮能够不断地敲打旋转筒，从而，防止了水分过多的堆肥附着到网子上。

④ 用2次破碎装置散开（照片4）

照片1

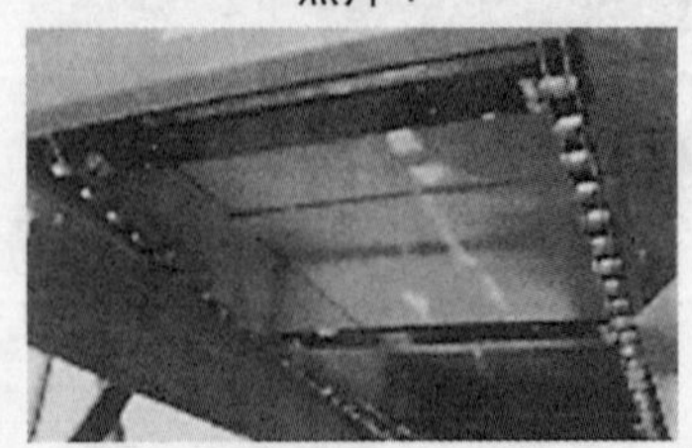
照片2

粉碎物堆肥等在发酵过程中会凝固，所以必须散开，在本装置内部安装链条锤就可以解决这个问题。

⑤ 装有刷子，不致因过湿而发生堵塞（照片5）

在旋转筒内侧装有刷子，长时间旋转时，可防止水分多的堆肥等附着到网子上。

⑥ 旋转筒更换容易

更换用的旋转筒很容易拆卸和安装，网子的规格也很丰富，所以，广泛应用性很高，用于多种用途，可提高工作效率。

照片3

照片4

照片5

用途

① 生产复合材料

在城市公园的栽植地对破碎物进行分类，它对没通过 ϕ25网目的超大复合材最为适用。在一定程度上，粒径大的耐久性强，景观上也有优势，也不容易引起火灾。

② 生产土壤改良材料

对通过了 ϕ 25 网目的小粉碎物在堆肥化工序之后进行再次搅拌分类作业，规格 15 以上的可作为铺装材料和花坛复合材料得到利用。规格 15 以下的加到粉碎物堆肥和其他材料中作为种植土还原土壤。

③ 在高度破碎处理系统上的应用

该装置具有定量供料功能，为发挥此功能，在取出一定的超大尺寸粉碎物的同时，作为高度处理机（三次处理）的破碎物投入装置，也被安装到了系统的流程之中。

应用实例

现在的粉碎物搅拌分类机，北至北海道，南到长崎县，日本国土的所有地方都在使用，主要的用户有国营和县营的运动公园，还有电力机构和民间的园林施工企业。

从处理规模上讲，粉碎物的处理量在每年最多 5000m³ 以下的公园用 1 台就可以了。

临建处理场的其中一例是用作风力选择机的，目的在于去除砂子和石块。

照片 6

表 1

粉碎物搅拌分类机主要规格	
长（mm）	3425
宽（mm）	1410
高（mm）	2095
重量（kg）	475
处理部位容量（m^3）	1.1 ~ 2.3
驱动方式	AC200V3 相 2.2kW

效果等

通过搅拌分类使粒径均一，和稳定品质基本是一样的，看到的外观形象很好看，也就容易使用。搅拌分类后的清洁粉碎物堆肥受到市民的好评，本产品在举办各种活动时颁发和定期颁发都很受欢迎，这种手法主要是国家和很多地方政府等采用。

而且，近年来，在农业和水产领域筛分的清洁粉碎物堆肥的有效性被认识，作为向近郊农家土地返还的政策，有部分地方政府也开始采用。

4-4 枝叶木根粉碎技术

●荻野淳司 阿格拉造园株式会社

从公园绿地、道路和河川的植物管理作业中，每年产生庞大的修剪枝叶等植物性废弃物。而且，这些废弃物的大部分是作为以往的“垃圾”被焚烧或者填埋。废弃物处理以及清理的相关法律修订和建设副产品循环利用宣传促进会的成立都对我们园林产业界有直接的影响。根据对社会背景的整理，我们总结出，今后的课题是关于“有机物质的环保型再利用和循环”零放射系统的建立。而且，我们认为，为让自己创造的景观空间到什么时候都能够保持良好的维护管理状态，养护管理中所产生的植物体应该由管理者自己承担循环管理的责任，这是非常重要的技术组成部分。

“绿地发生材”的循环利用

从公园绿地、行道树、河川周边地带等处所产生的修剪枝叶、剪草和建设施工所伴随发生的“绿地发生材”有

① 修剪枝叶

② 剪草

③ 砍伐树木、树根

④ 落叶

等。

为循环利用而采用的粉碎化技术自古就有了，从造纸业和废弃物处理业开始，木质材料的粉碎设备已被开发和制造，不能算作是新技术。但是，对破碎的对象物（绿地发生材）来说，因为属于绿化树木的修剪枝叶和剪草等，植物体的特性各种各样。比如，可按树种分类，按时间（季节）分类，而且，根据修剪、砍伐、剪草作业后放置的时间长短，绿地发生材的状态将完全不同。

作为园林产业界所利用的植物体，首先要进行粉碎化，同时，为能在园林舞台上得到良好的利用，粉碎物的品质必须通过充分的检测，要求有细粒粉碎物的品质管理。

以下介绍枝叶木根粉碎技术：小粒化粉碎技术（下称“本技术”）用于园林方面的再利用现场，以保证在保持产品质量方面不发生问题为目的。

地区循环型系统

为建立绿地的循环利用系统，重要的是“现场（地区）处理”。绿地发生材因为枝杈太多，所以其运输量变得非常庞大。从A地点到B地点的卡车运输行为因能源消耗及二氧化碳排出等，对环境造成的负担非常大。

实现地区循环型再利用不是大型工厂式的大规模循环再利用，重要的是在现场进行的可循环利用的小规模模式。

特 点

本技术的特点是在施工可行性、品质、经济性等方面。

① 无论是常绿树、落叶树、针叶树的哪个树种，也无论产生的枝叶形状（粗细）如何，都能够粉碎（=施工可行性）。

② 不需2次粉碎,即可直接保证目标品质(0～25mm)(=高品质)。

③ 粉碎后的粉碎物因颗粒小，所以，最终完成品的量就变小许多，该变化率高，便于运输。根据这样的结果，从粉碎化减量和可应用的粉碎物量方面考虑，量少可降低整体成本。（=经济性）。

粉碎物材料的有效应用

有效应用粉碎物材料的方法有几种。按目标分类可归纳为以下方法：

① 复合材料

把粉碎物铺设到栽植地后，具有防止土壤干燥、除霜、缓和践踏和抑制杂草的作用。铺设3年后，粉碎物可降解，并形成具有丰富腐殖作用的表层土壤（照片1、2）。

② 缓冲材料

把粉碎物铺到运动场及公园游乐设施周围的地面上等，可发挥提高安全性的缓冲材料使用（照片3）。

③ 铺装材

作为园路和广场的铺装材铺设后，与缓冲材相同，具有提高景观、步行性的效果（照片4）。

④ 土壤改良材料

通过堆肥化处理，可作为基质和花坛的土壤改良材料得到应用（照片5）。而且，可作为各种活动的奖品和对一般市民提供参与循环利用信息和启发活动的道具得到利用，这样也就起到了提高产品附加值的作用。更进一步说，通过与附近农家的合作，可望构

建循环利用的系统，以扩大堆肥的应用范围（照片6）。

实 例

（1）施工可行性

各种场所发生植物废材在现场进行粉碎化的系统得到应用的具体事例可列举以下内容：

① 把公园发生的修剪枝叶和剪草集中到同一公园的规定场所内进行粉碎化处理。粉碎后的粉碎物可在公园内使用。

② 把公园内所产生的修剪枝叶和剪草进行粉碎化初处理后集中到规定场地，进行再粉碎处理。处理后的粉碎物返还给植物废材产生的公园。

③ 公园建设施工中所发生的砍伐树木在现场进行破碎并粉碎，把粉碎物用于现场范围内。

（2）高品质

该粉碎系统包括公园绿地型、行道树型、地形绿地型等几种，适用于各种现场类型。

各种类型的系统可生产平均0～25mm粒径的粉碎物。具有粉状（25mm以下约25%以上）粒径的粉碎物在应用上具有以下优点：

- 铺设后降解快，容易土壤化。
- 可提高铺设地的景观美化效果。
- 可生产高品质的堆肥。

（3）经济性

与上述品质具有密切关系，由于粉碎物粒径小，处理后的粉碎物减量很多，与发生体积相比，变化率很高。所以，不管是在粉碎物的处理量方面还是应用粉碎物的量方面都减量了，整体降低了运转成本。

*

关于循环型社会基本法案的讨论逐渐深化，很多循环利用、废弃物相关法律已得到确立，并开始执行。在园林产业领域，地区循环型系统的构建是21世纪的当务之急，以实现零废弃物为基本原则，必须考虑确立各种各样的方法提案和环境管理系统（EMS）。

今后，在社会需要管理绿化废弃物技术的形势下，园林产业界肩负着最为重大的责任。作为园林技术人员应该重新认识“自然界没有垃圾”的理念，必须为进一步提高循环利用管理技术作出贡献。

照片1 在栽植地铺设复合材料

照片2 栽植穴中铺设复合材料

照片3 运动场游乐设施周围的缓冲材料

照片4 园路的铺装材料

照片5 向市民发放循环利用堆肥

照片6 堆肥的商品化（环保标志产品）

4-5 生物粉碎机

●赤松恒则　绿产株式会社

序　言

去年7月制定了日本生物管理规划综合战略，现在，跨越省厅范围的广域性生物管理的应用、再利用得到提倡。但是，其有效应用已落实到实际社会中，但要取得脚踏实地的进步，还存在着很多需要逾越的壁垒。特别是为能在经济基础方面得到确立，大家都期待着低成本、安全的运营方式。

系统目标

该系统是通过总结我公司30多年“生物资源循环、有效应用系统”的经验而开发出来的一系列方法和机械群的组合。

（1）特点

① 高性能：速度快，可根据用途进行粉碎，具有很高的耐久性。

② 普及性：可适合范围很广的原材料。

③ 环境舒适性：不发生噪声、恶臭等现象。

④ 安全性：对实际操作考虑了高度的安全性。

⑤ 低成本：所有处理均可用低成本进行运营。

⑥ 配套性：由应用前处理到应用的一条龙系统组成。

（2）工序

根据投入素材及使用方的目的多少有些差异，但系统基本按以下流程进行工作。

① 破碎、切断、破袋：可把砍伐树木和剪草、生活垃圾等处理成适合以后堆肥的形状。

② 化学性、物理性的调节：为实现目标的水分和C/N比（炭/氮）等调节，将多种原材料和调节附属材料均匀搅拌、调节。

③ 堆肥化：为实现恶臭发生少和发酵速度快的有氧处理，根据需要进行操作（通气、搅拌）。

④ 选择：在根据使用目的对粒径进行选种处理的同时，对残留异物进行细致的清除。

⑤ 应用：不仅是对大田等耕作地的循环利用，还为实现公园和学校运动场的低成本、短工期的草坪化开发了“e-green系统”等。

各种设备在该流程中具有一种或多种功能。

本文围绕系统的核心部分，对具有高度普及性的“生物粉碎机”进行一下介绍。

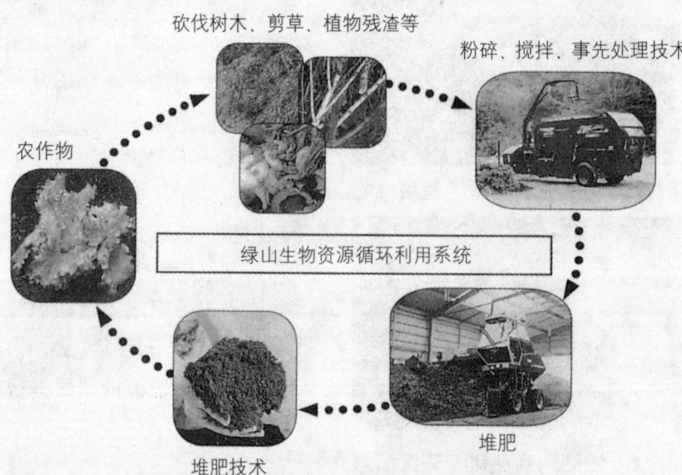

照片1　绿产生物资源循环利用系统

机械1：切断、搅拌、前处理生物粉碎机

功能：通过切断粉碎、搅拌混合进行堆肥原料的事先处理和调节。

结构：通过面向中央低速（20rpm）旋转的两个轴实现一系列的功能（参见照片2）。

照片2　双中心循环结构

通过每个轴上的切刀和搅拌器底部刀具固定件的运转添加植物残渣，对剪草、修剪枝、蔬菜垃圾等进行切断和粉碎。切刀采用特殊形状的“星型盘”，在进料和包装原料上都功能发挥良好（照片3）。

照片3

上述轴承

照片 4

同时在混合箱内使投入材料能够顺利循环，也不会因不必要的压缩而产生废液，可进行良好的搅拌、混合。

效果：木质系列废弃物从其成分组成上来说，容易分解的有机物很少，更多的是以纤维、木质素为主的难分解有机物。而且，运输来的时候一般形状过大，需要减量。

另一方面，剪草等的植物残渣中存在很多容易分解的有机物，其成分和含水比例、形状、运输状态都各种各样。

“生物粉碎机”从原材料的粉碎减量到水分的C/N比等，通过把发酵条件调节到合适的状态，可以抑制伴随处理所发生的臭气，使短时间生产高品质堆肥的事先处理成为可能。

系统组成：容量 5~30m³；

驱动形式：发动机（照片 4）

照片 5　电动式

照片 6　拖拉机 –PTO 式

照片 7　车载式

优势：

① 低噪声、振动小，可在城市内设置、使用。

② 一次可大量投入，可实现省力化。

③ 可将发酵原料调节到最适合有氧发酵的状态，使以后的处理变得容易。

④ 剪草、修剪枝叶不需要事先粉碎。

⑤ 不需要破坏食品残渣口袋、从箱子中取出等事先处理。

其他机械设备

该系统除粉碎、减量设备外，还有生产堆肥等资源的再利用设备、分类设备、肥料施用设备等，用途广泛，在实施规划方面，我们可提供咨询服务。

4-6 木岩石·木质浮床

●正野正刚　雅野有限公司

大城市中的热岛现象每年都在发展，不断恶化，对夏季的能源消耗影响很大，其解决方案迫在眉睫。目前，以社会形势为背景，国家和地方政府都已真正开始采取相应的对策。

具体而言，可列举出确保绿地、屋顶绿化、保水性铺装等各种各样的形式，其中，屋顶绿化是最为典型的。国土交通省也以文字形式介绍了许多样板事例。

关于屋顶绿化系统，本书列举了各种各样的技术产品，我在这里就省略了，这里主要介绍在屋顶绿化空间中所必须的构成休憩场所、娱乐场所的木质材料。而且，特别要强调的是，由于这些商品均使用间伐材料，所以，可称是环保型产品。

照片2　铺设木岩石而建设的河床（高知县、四万十川）

木岩石

为把已进行屋顶绿化的空间建设得更加舒适，在此，我们对“木岩石”进行一下介绍。

照片1　延伸的屋顶绿化。照片为国土交通省屋顶花园（摘自该省介绍）

主要利用杉树的间伐材料，加工成各种各样的形式，共有10个规格。尺寸为497mm × 497mm × 60mm（板材厚15mm），247mm × 497mm × 60mm（板材厚15mm）。由于太阳光反射少，可防止表面温度的上升，最适于屋顶和屋檐下、阳台和出入口广场铺设。而且，作为特殊规格，还有具备防滑功能的产品类型。

特　点

① 是自然材料，容易与景观融合。

② 具有很高的透水性能。

③ 柔和的步道感觉。不容易疲劳，对脚腕压力小。

④ 有木质的香味，具有使心情平和的作用。

NMK-500（正方形）
使用板材
[497 × 497 × 60（板材厚 15）mm]

NML-500（砖形）
使用板材
[497 × 497 × 60（板材厚 15）mm]

NMR-500（任意形）
使用板材
[497 × 497 × 60（板材厚 15）mm]

NMI-500（八拼形）
使用板材
[497 × 497 × 60（板材厚 15）mm]

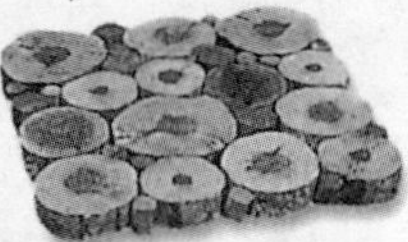
NMM-500（圆形）
使用年轮木
[497 × 497 × 60（板材厚 15）mm]

NMK-250（正方形）
使用板材
[247 × 497 × 60（板材厚 15）mm]

NML-250（砖形）
使用板材
[247 × 497 × 60（板材厚 15）mm]

NMR-250（任意形）
使用板材
[247 × 497 × 60（板材厚 15）mm]

NMI-250（八拼形）
使用板材
[247 × 497 × 60（板材厚 15）mm]

NMM-250（圆形）
使用年轮木
[247 × 497 × 60（板材厚 15）mm]

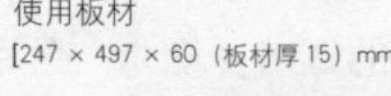
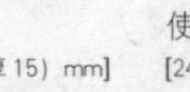
照片 3　木岩石种类

⑤是套装形式，可缩短工期。

⑥协调的外观。

⑦减少施工成本。

⑧容易维护。

⑨不会出现局部不平的现象。

已有高知县四万十川河床、新庄市车站（梦幻交流广场）、大阪市（大阪体育馆）、日光市（日光街道游步道）等很多施工实例。

照片 4　水质净化型木质浮床（喷泉式）（山形县形町县民高尔夫球场）

木质浮床

以下介绍同样利用间伐材料的水质净化系统。作为公园水池和高尔夫球场水池污染对策而设置的系统，在治理水华方面发挥了很大作用。

装置是在 1 个边长 1800mm、高 90cm 的四角形浮床中填满木炭。木炭也是有效利用间伐材料而制成的，不过，进行特殊加工很重要。在木炭特有的多孔组织中附着了多种多样的细菌，就有绝好的接触氧化组织。而且，在以抽气为目的的浮床中心位置安装喷头让水喷出来，制造喷泉效果。在山形县的 T 高尔夫球场安装的浮床兼有景观美化效果，受到打球访客的好评，同时，对周边环境的影响也很大。

特　点

① 只要让浮床漂到河上就行了，在施工可行性方面有优势。

② 利用间伐材料制成，可降低成本。

③ 通过填充特殊加工的炭，可提高耐久性和净化效果。

④ 通过喷头抽气看上去像喷泉，具有很好的景观美化作用。

⑤适合所有设计规格。

5-1 水分调节型土壤系统

●浅利浩司　日本体育设施株式会社

概　要

随着日本足球赛的开幕，必须使用“天然草坪区域的草坪床”（栽植草坪的土壤）的时代结束了，现在，相反“运动场草坪的草坪床用砂子”成为一种常识。

栽植观赏草坪时，可以说，作为草坪床，田间土比砂子更好，但是，作为足球场和学校的操场等运动场表面使用时，由于践踏会使土壤板结，导致出现通气不好、排水不畅等问题，从而使草坪的生长状态逐渐衰退。

另一方面，用砂土施工草坪场地时，砂子的特性决定了不容易发生上述通气不良、排水不畅等问题。而且，砂子构造的天然草坪场地在下雨后也不会发生泥泞现象，由于不积水，可以和不下雨时有同样的运动感觉，这对运动者和观客来说都是非常重要的。

不过，另一方面，从培育草坪的管理现场也传来了“排水量和管理次数增加”的意见。为解决砂性构造所发生的类似问题，日本体育设施株式会社开发了本文介绍的“水分调节型土壤系统”。

本技术是用砂层和碎石层组成的草坪床垫层及在侧面使用防水层封闭的方法，让草坪场地具有存水功能，通过调节连接到草坪床底部透水管末端上的水位调节阀水位，使土壤内的含水量得到适当的调节（图1、照片1）。

日本体育设施自1994年以来，对仙台体育馆、清水市国家培训中心等日本国内的很多天然草坪运动场提供了上述系统，2000年，通过在建设大臣认证机关的财团法人城市绿化技术开发机构取得了“带水位调节机制的存水型草坪床构造”的技术审查证明书。

照片1　防水层施工状况

特　点

该技术的特点是构造简单，也不需要机械设备，还有效利用了过去培育草坪时不利用而被扔掉的雨水，也就是说，草坪所需的大部分水分可利用自然降雨，这一点非常重要。

在本文所介绍的草坪床上，超过砂土保水力的雨水一旦被储存到草坪床的底部，随着土壤的水分消耗，作为毛管水对草坪供水，再一次使存水水位下降。这样的循环在每次降雨时都会发生，可在比较长的时间内保持适当的含水量，所以，可大大减少浇水量和浇水次数。

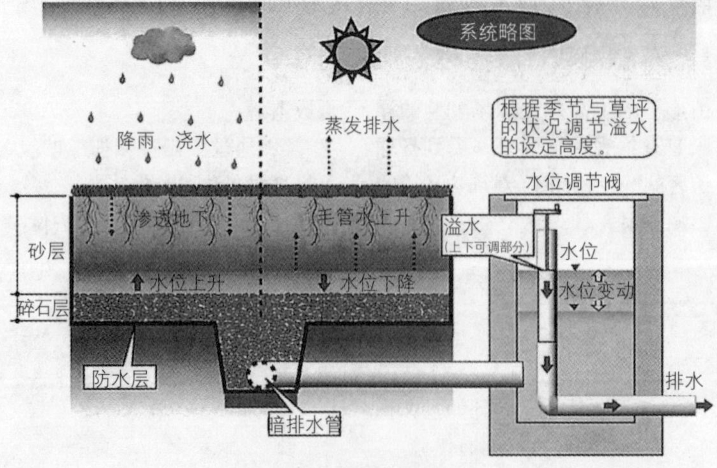

图1　系统概要

效　果

图2为采用本文介绍技术做成的试验区（=存水区）和一般砂性构造做成的试验区所进行的土壤水分含量比较。

两试验区均采用同样的砂和碎石做成，是放置在同一条件下的，但可看出，存水区经过长时间仍能保持适当的含水量（pF值=1.5左右）。而且，采用本文介绍技术还能够减少用于提高保水力土壤改良材料的用量。在不存水的时候，比起一般的砂性结构来说，可作为透水性更好的草坪床使用。

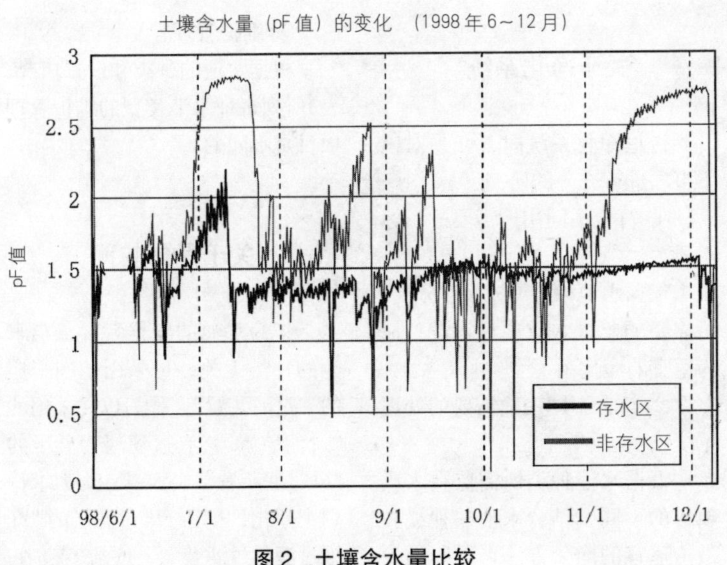

图2 土壤含水量比较

由于不需要机械设备，系统的维修管理和操作简便是本技术的特长，其运用方法也基本靠“多雨季节打开调节阀”、“干燥季节提高水位的设定”就足够了。而且，防水层将建设基盘和大田隔开，防止农药等对土壤的污染，也不受来自基盘的不利影响。

存储水是通过天然草场砂层的过滤水，具有本构造的雨水储留功能可在发生灾害时作为储存杂用水的地下储留槽应用。碎石层具有1个足球场地约400t的雨水储留能力。而且，该构造场地由于不会将降雨直接排出到场外，可以说下大雨时还具有控制雨水流出场地外的功能。

实施实例

水分调节型系统自1994年以来，从市民使用的体育场到日本棒球国家队使用的比赛场，在全国大约20个天然草坪球类运动场都被采用了。主要施工业绩有仙台体育馆（宫城县）、清水市国家培训中心（静冈县）、占小牧市绿之丘公园球场（北海道）、藤枝综合运动公园球场（静冈县）等，为建设高质量草坪运动场和减少管理作出了贡献（参考照片2～6）。

照片2 仙台体育馆

照片3 足寄町里见之丘足球场

照片4 藤枝市综合运动公园足球场

照片5 幕别町陆上竞技场

照片6 栗山町富士体育广场

6-1 高速过滤处理系统

●山下　修　株式会社　石恒工程事业部技术本部

近年来，以提高生活环境质量为目的，人们开始积极地投入由水池组成的公园建设，作为地区居民的休憩场所。因为水池的水给环境带来了滋润和宁静，如果不能保持规定的水质，宁静就将转化为不愉快。

本文介绍的就是关于水池用水的水质保持最新净化技术及其监视系统。

净化系统的必要性

过去，储存在水池中的水，即使受到了来自枯叶和鱼类粪便等污浊物质的污染，依靠内在的微生物也能够实现自行净化的效果。

但是，最近几年，包含很多有机物质的雨水流入和护岸建设原因所导致的自身净化能力低下表现得非常明显，设置人工净化装置成了不可缺少的事情。

根据水池种类而制定的监视项目　表1

项　目	观赏水池	亲水水池	景观美化水池
SS（浊度）	◎	◎	◎
透视度	○	○	○
BOD	○		△
COD	△	◎	△
pH	◎		
大肠菌群数		◎	○
DO	◎		
氮、磷	△		○
NH_4	○		△

◎：使用频率高的项目
○：使用的项目
△：很少使用的项目
观赏水池：主要饲养锦鲤等观赏鱼，以观鱼为目的的水池。
亲水水池：人可进入水池戏水的水池。
景观美化水池：包括水池整体都用于景观的欣赏。

关于净化系统

讨论净化系统时，必须对以下事项进行充分的研究：

① 符合不同用途需要的目标水质

根据水池种类（按用途分类）所需要的监视水质项目，设置最为适宜的净化系统。

② 符合不同用途需要的处理系统

根据水池种类所需监视水质项目的不同，结合水池的种类和最为适宜的净化方法，可归纳为表2所列情况。

③ 维护管理容易

根据水池的种类和设置情况，表3所列每种水池类型的维护管理项目是不同的。

关于净化装置

作为水池的净化装置，与水池的种类无关，可采用范围很广的“过滤装置”。作为以往采用的“过滤装置”，有过滤层为砂子的“砂过滤装置”，近年来，为力求特别小型化，采用纤维过滤层的“纤维过滤材过滤装置”逐渐多起来。

近年来，关于受到注目的“纤

符合水池种类要求的最适宜净化方法　表2

水池种类		最适宜净化系统组成				
区　分	生物有无	净化方法		消毒方法		
		过滤处理	生物处理	次亚盐	紫外线	臭氧
观赏水池	有	◎	○	×	◎	△
亲水水池	无	◎	△	◎	×	△
景观美化水池	有	◎	○	×	◎	△
	无	◎	△	◎	×	△

◎：最适宜处理方法
○：可使用的处理方法
△：不经济的处理方法
×：不能使用的处理方法

根据水池种类而制定的维护管理项目　表3

水池种类		管理项目			
区　分	生物有无	装置监视项目		水质监视项目	
		移动状况	药剂储留	SS・pH等	氯浓度
观赏水池	有	○	○	○	×
亲水水池	无	○	○	○	○
景观美化水池	有	○	○	△	×
	无	○	○	△	△

○：需要管理的项目
△：最好实施管理的项目
×：不需管理的项目
特别是作为人们戏水场所的亲水水池，确实需要对大肠杆菌采取措施，而且，还需要对残存氯的浓度进行管理。

维过滤材过滤装置”的概要记述如下：

（1）纤维过滤材过滤装置的特点

① 设备费便宜

因采用空隙率高的纤维材料，可比以往的“砂过滤装置”具有5～7倍的超高速过滤处理能力，装置体积变小，设备费也有所减少。

② 电费便宜

因采用空隙率高的纤维材料，装置内的压力损失小，即便是泵的动力小，也能够处理，减少了电费。

③ 可实现质量稳定的净化

过滤材净化采用了机械搅拌方式，在进行混有土砂和青苔等的水池净化时，的确可再生滤材，能够长期发挥稳定的过滤功能。

（2）纤维过滤材的过滤装置的构造

在内部装有机械搅拌装置，如图1所示构造。

（3）纤维过滤材过滤装置的实例

公园水池净化采用纤维过滤材过滤装置的业绩如照片1和照片2所示。

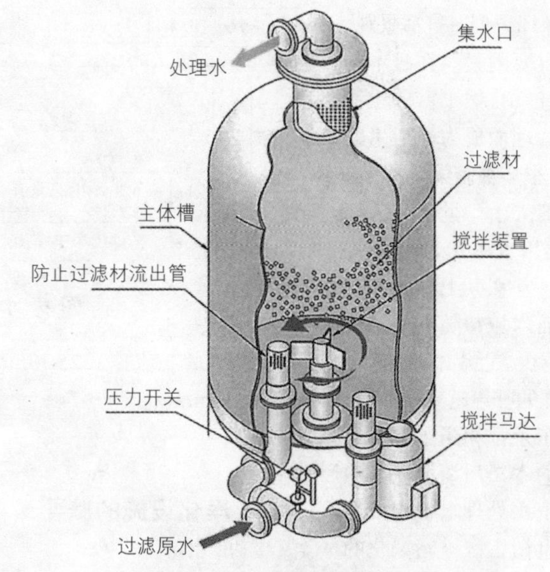

图1 纤维过滤材过滤装置的构造

照片1 用过滤装置净化处理后的公园水池状况

照片2 纤维过滤材过滤装置的设置状况 处理量：140m³/h

关于监视系统

由于设置了水池净化装置，就必然有其维护管理的需要。关于其管理，大家越来越提出了安全、确实、低成本、日常管理简单的要求。

近年来，为满足上述要求，我们考虑了各种各样的手段，其中，被采用的大多为以下方法：

① 远距离监视系统

把各感应装置观测到的数据通过电话线等传输到常设监视器上，可以随时对故障和水质异常等采取处理措施。

② 远距离操作系统

把电脑和通信组合起来，不仅可以实现远距离监视，还能够进行远距离操作，可马上采取处理措施。而且，进行远距离操作还可以变更操作条件。

*

我们认为，在现在的时代，可以说，水池的水质净化不仅是为给地区居民提供宁静的环境，更重要的是为保护人类的生命，今后，我们可以想像，净化技术和监视技术的完善的需求将越来越大。

6-2 通过下水处理水的再利用实现水景观及水环境的保护、修缮、创造

●高田芳昭 水道机工株式会社

水是伴随绿色创造舒适景观、丰富环境的重要因素。在日本的城市地区，过去自然丰富的小河川因下水未治理而成为不卫生的恶臭发源地，很多被暗渠化了，水边也就随之消失了。世田谷区的北泽川、乌山川也在20世纪60年代被暗渠化，并在其上面施工了绿色道路，而水域却随消失的景观变得越来越少。近年来，地区居民对水边恢复的呼声越来越强烈，而且，作为东京都相当于上述河川下游部分的木黑川清流恢复项目，以实施下水处理水引水规划为契机，在世田古区被暗渠化的河川上游恢复和创造了双重河川的溪流水路，正在进行现时保护。作为该溪流的水源，通过与东京都的协议，实现了对先前东京都引水的下水处理水再利用。

水边的概要

针对从暗渠化的北泽川、乌山川上游流过、有沉淀、落差等的溪流再现成为图2所示双重河川。在其溪流周边种植各种植物。

① 整体水系流程：该水域整体流程如图1所示。

② 总长：2.5km(北泽川1.8km＋乌山川0.7km)。

③ 幅宽、水深：1～3m、2～15cm。

④ 溪流底部、侧面：底部铺设50 cm左右的石子，周边为土壤，考虑到生态问题，种植了多种植物，发挥生物多样性的作用，优化景观，丰富生态环境。

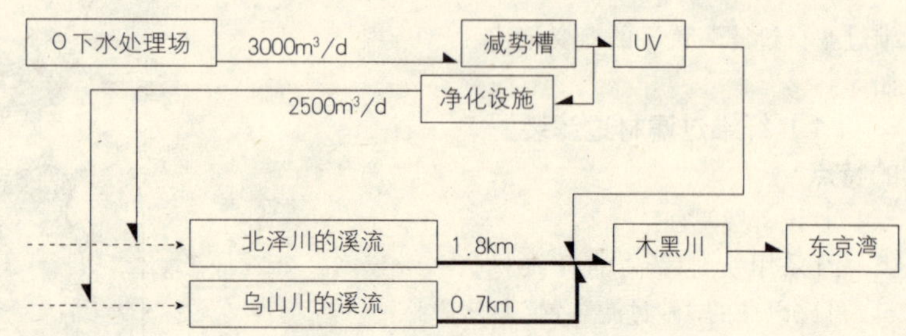

图1 水边整体的水系流程

⑤水量、流速：2500m³/d、0.3～0.6m/s。

净化设施的概要

该溪流用水是把O下水处理场二次处理水进行高度过滤处理之后的水，而且，还选择的是为符合溪流目标水质而进行的超高度处理。

① 目标水质：符合国土交通省所规定下水处理水的亲水用水利用的水质标准（参见表1）。

② 净化方式：凝聚过滤＋臭氧处理。

③ 净化处理流程：如图2所示。

净化方式、设施的特性

如表1所述，接水的O处理场高度处理水在T-P1mg/L、SS1mg/L以下和BOD8mg/L以下为好，作为该溪流，T-P1mg/L左右时，在阳光照射的水边，藻类植物有异常繁殖的可能，而且，有轻度下水臭、色度25度、大肠菌群数20000MPN/100mL以下等水质的改善。

凝聚过滤＋臭氧：满足目标水质是最基本的，小雨、水栖昆虫、植物等得到繁殖，而且，设定为即使人接触也不会有危险的卫生水质。所以，虽然有凝聚沉淀＋过滤＋臭氧或活性炭＋臭氧法等，根据场地

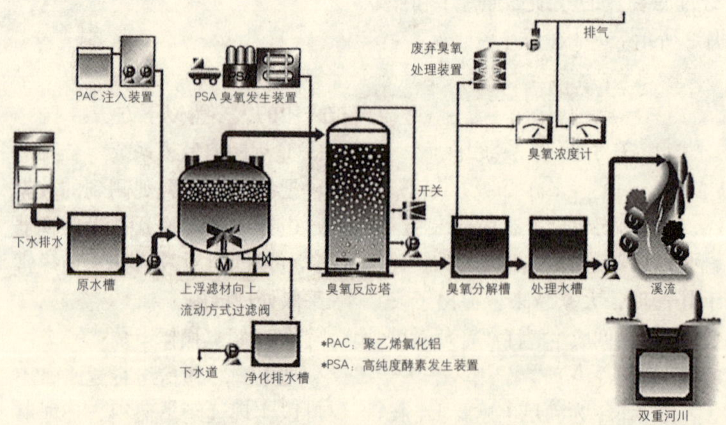

图2 净化设施处理流程

面积、设备费、管理费、管理性等，选择了凝聚直接过滤＋臭氧法。而且，氯消毒不适合。

表1记述的是规划及第1年各月设施运营状态下的水质情况。

规划水质及实施结果　　表1

项目＼区分	原水 规划	原水 实施	处理水 规划	处理水 实施
水温（℃）		19.6 (14.5～27.1)	—	19.8 (14.0～27.0)
pH（-）		6.95 (6.6～7.4)	5.8～8.6	6.65 (6.1～7.2)
BOD（mg/L）	8	1.4以下 (1.0＞～2.4)	3以下	1.2以下 (1.0＞～1.6)
COD(mg/L)		7.2 (3.9～8.9)	—	4.8 (1.4～6.9)
SS(mg/L)	1	1.1以下 (1.0＜～2.7)	3以下	2.2以下 (1.0＞～6.0)
T-P(mg/L)	0.9	1.09 (0.86～1.45)	0.5以下	0.5以下 (0.27～1.24)
大肠菌群数（MPN/100mL）	20.000	131以下 (未检出～374)	50以下	除1月外未检出 (未检出～17)
臭氧（-）	轻度下水臭	轻度下水臭	原水未满	无臭
色度（度）	25	23(20～35)	10以下	5以下

运营条件

1)处理水量 1715m³/d（乌山川未送水） 2）PAC注入量 30mg/L（规划40mg/L）
3)臭氧注入量 4.5mg/L（规划6mg/L） 4）洗净排水量 48m³/d（规划50m³/d以下）

该项目实施的作用

在世田谷区，恢复溪流取得了以下各种效果：

①景观的美化、环境的优化

•绿色走廊植物的品种从20～30种增加了10倍，达到300余种。

•水中的泥鳅、淡水观赏鱼、平颌蜡、锦鲤、金鱼等鱼类和蟹、水马等，通过繁殖也增加了许多。

•蜻蜓、蝴蝶和各种昆虫和小鸟也越来越多。野鸭也已繁殖。

•生态环境已使物种变得非常丰富。

②通过居民对水路及其周边环境的清理和植物品种的保护等，加强了政府与老百姓的协作关系，培养了人们对设施、景观、环境等的热爱之情，提高了环境保护意识。

③实现了对地区居民，特别是孩子们的环境教育作用。让小学生们对水边的一部分作为水蚤的生息场所去管理，或作为净化槽探险队参观该净化设施，并做成教材。

④让该净化槽的水处理槽能够有100m³以上的富裕，可作为非常灾害时期的防火用水和各种用途用水得到应用，也可用于日常的公共厕所冲水用水，还可用于花坛的浇水用水。

⑤该净化槽设施埋设在公园的地下，地上可用于建设管理楼、公共厕所和门球场。此外，溪流对缓解热岛效应也能够起到一定的作用。

但是，我们认为还存在着以下问题：

•从构造上说，该溪流对幼儿和儿童们的确安全性很高，但与旧河川比较起来，河川的宽度、深度、水量等缩小了，不能体现有气势的感觉。

•如来自O处理场的水停止输送了，或净化槽发生了故障，检修不得不让溪流暂时停止流动，这对生存在溪流中的鱼类等生命就造成了威胁。现在，我们已在各处设置深穴，为鱼类提供了逃难处。但是，长时间的溪流停止还是不能应对。

今后，运营管理费不用说是要支出的，而且，随着设施的老朽化，会不断出现修缮费的支出，所以，维护运营将越来越困难。当然，应该研究和开发最适合运营管理的模式，还应考虑景观税和环境税等，对水源和净化方法也应继续研究。

〈参考文献〉

1）用凝固过滤·臭氧恢复溪流（世田谷区亲水事业），佐贺井明英，资源环境对策，Vol.32 No.8(1996)。

2）使用下水处理水的亲水建设——可接触的水边、北泽川绿色走廊，高木雄二·小岛浩一，绿化读本 资源环境对策，2000年11月临时增刊

3）通过引进设备“水变环境得到恢复”——世田谷区的溪流用水净化设施，世田谷区北泽综合支所，高田昌男，《月刊地球环境对策》8月号（1998年）

4）2000年度河川建设基金资助事业报告书，日本臭氧协会
3.3 世田谷亲水水质调查

5）2001年度河川建设基金资助事业报告书，日本臭氧协会
3.3 世田谷亲水水质调查

6-3 NH 式水质净化系统

●濑户昌之　东京农工大学环境资源科学科环境微生物学教授

为抑制城市的热岛现象，城市环境中的绿地和水边的作用变得越来越重要。

尤其是城市公园中人工水池等身边的亲水区域，是作为城市的舒适环境（宽裕与舒适）满足在城市生活的人们的需求。

人们期待的亲水区域是什么样的?

那就是一种水很清澈、存在多种多样的水生生物，且对人们来说是安全的水域。

虽然这么说，很多水池的水还是非常浑浊，是不清澈的，很难说算是亲水区域。

另一方面，池水透明的水池也有几个，这些水池的水大多是通过氯处理杀死了生物的死水，不是存在多种多样水生生物的活水。

NH 式水质净化系统是什么

池水的混浊大多因植物浮游生物的繁殖而形成。为此，要让水池的水不再浑浊而保持清澈，只需抑制植物浮游生物的繁殖即可解决。降低水中所含磷和氮等的营养盐类浓度即可控制植物浮游生物的繁殖。但是，彻底去除磷和氮是非常困难的。所以，池水的净化也就非常困难。

NH 式水质净化系统是把水中的磷和氮分别降低到0.02ppm(mg/L)和0.4ppm(mg/L)水平的无浑浊净水水池等的封闭水域水质净化法。

池水与所含磷·氮浓度的关系

我们对关东地区数十处水池的池水与磷·氮浓度及透视度关系进行了调查。

如图1所示，磷浓度在0.01mg/L以下池水即使氮浓度高也是清澈的。而且，氮浓度在0.02mg/L以下池水即使磷浓度高也是清澈的。

还有，磷浓度达到0.02mg/L以下时，且氮浓度同时达到0.4mg/L以下时，透视度则在50cm以上。

进而言之，如果各浓度升高了，透视度大多会降到50cm以下。

而且，即使各浓度在0.02或0.4mg/L以上，也有一些透视度在50cm以上的水池。其原因可以想到有氯消毒、繁琐的换水、靠遮荫造成日照不充足等。

用以上方法抑制浮游生物的繁殖，为保持池水的清澈，磷或氮的各自含量降至0.01mg/L以下和0.2mg/L就可以了。但是，要想降低到上述浓度是非常困难的。

所以，我们考虑了把磷的浓度降至0.02mg/L以下、氮降至

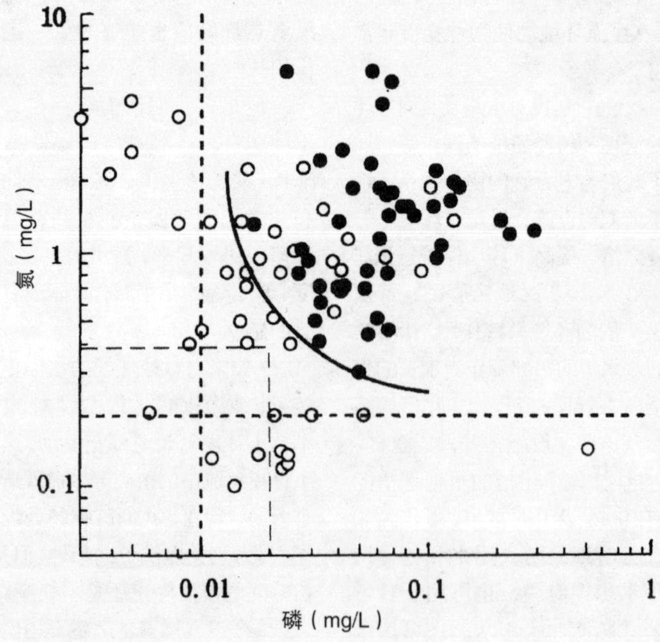

图1　关东的池水透视度和磷、氮浓度（木村、濑户 1998）
透视度在50cm以上的清水（○）
透视度在50cm以下的浑水（●）

0.4mg/L以下、透视度保持50cm以上的标准。

化学原理

NH式水质净化系统如图2所示，是混凝土与吸磷材组合而成的水质净化方法。

通过把水中磷和氮的浓度分别降至0.02mg/L和0. 4mg/L的水平，可保持池水透视度在50cm以上。

水中有机物和磷化合物依靠附着在池壁的微生物膜分别被水（H_2O）、二氧化碳（CO_2）和磷酸（PO_4^{3-}）分解。

磷酸被吸磷材料吸收从水中去除。而且，氮通过硝酸（HO_3^-）在池壁内的厌氧区脱氮，然后作为氮气（N_2）从水中离去（糟信等，1998年；中川等，2000年）。

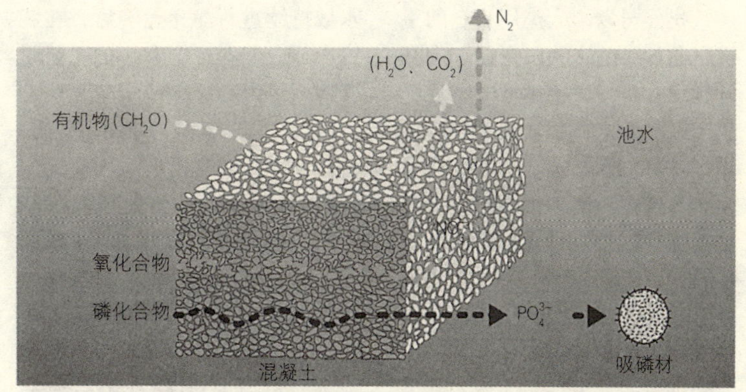

图2 NH式水质净化系统的化学原理

NH式水质净化系统的特征

① 去除作为水质污染原因物质的磷和氮。

② 由于不使用氯和固化沉淀剂等，是环保的。

③ 由于是“活水”，可作为亲水用水或灾害时用水使用。

④ 根据现场需要，可进行各种各样的施工；有没有电，是否设置循环设备都适用。

⑤ 净化效果好，而且成本低。初期施工费和维护成本都较低。

⑥ 净化材料（用于净化的混凝土）使使用越多性能越加提高（图3）。

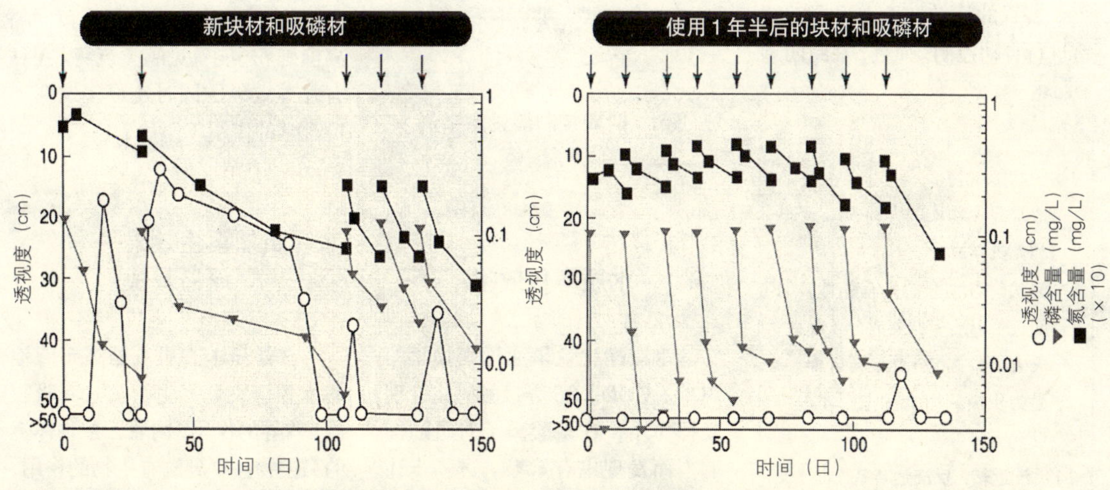

图3 NH式水质净化系统的净化能力是时间越久性能越好

用↓（箭头）向水中投入，使磷和氮的含量分别成为0.1mg/L和2.0mg/L。投入后，透视度下降，但很快就变得透明了。此时，再次投入并测定性能。

6-4 浮岛装置

●高桥房雄·关 雅彦·小笠原寿子 株式会社高特

我公司以“人类用自己的手把自己污染的水回归自然”为开发理念，开发了使用雅克特滤材的用于封闭水域的数种系统，已经过了15年的岁月。

各系统均使用雅克特滤材和潜水泵，但雅克特滤材是多种多样的，而且，作为实现强力生物膜的接触氧化滤材具有很高的性能。在基本不出污泥方面，具有实现了零排泄的特点，非常符合开发要求。

以下，对“浮岛装置”AM型产品进行介绍。

构造与运转管理

AM型产品的水中部分是内置了雅克特滤材的接触氧化室和潜水泵，水上部分是安装气泵的生物膜系统，整个装置用木筏浮到水面。

装置的运转在地上设置控制室进行自动控制。而且，在封闭型水域持续进行净化运转后，在装置内部会积存带有黏性的泥状附着物[1]。持续进行净化运转6个月以后，有时装置会被堵塞而关闭。为此，必须每天进行一次反洗运转[2]，以恢复装置功能。

反洗的方法是从装置外部通过用于反洗的潜水泵向装置内部注入池水，这样装置内部的泥状附着物就会排出到装置外部。该切换运转是用内置的时间控制器进行控制的。而且，反洗时，可将泥水状的污泥有效地抽出来。

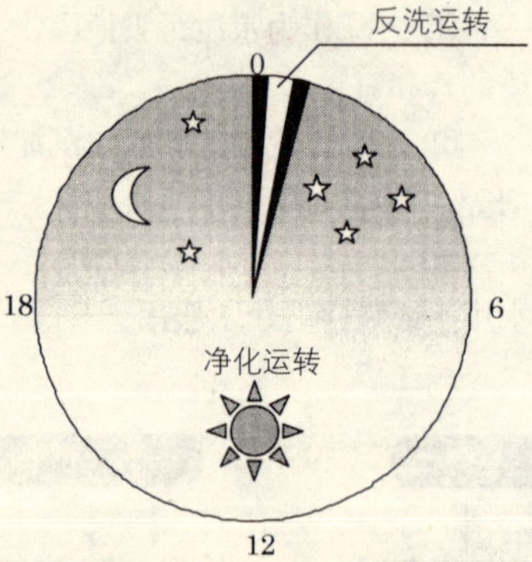

图1 时间控制器设定举例

1）泥状附着物
池水混浊物质的大约50%是砂和无机质成分。
泥状附着物开始具有黏性，时间长了以后，营养成分（黏性）失去了，就被排到装置外面。
是为积极利用上述作用才进行反洗运转。

2）反洗运转：反洗运转基本是1天1次，在夜间进行。反洗运转时，净化运转停止。

水质净化效果

水质净化效果通过生物膜的BOD、COD、SS等接触氧化处理发挥作用，在磷酸离子对磷的抑制方面发现也有效果。进一步让水域内的水循环起来，谨防停滞，让水域成为有氧的，这样可更加促进水域的净化作用。

AM型产品是抽取表面水（约10cm）的构造，是从表层部分开始进行净化的构造。特别在夏天，池水停滞，表面容易出现水华状态，AM型产品采用了在这个季节容易发挥水域净化作用的设计，效果非常好。

而且，使用气泵在过滤器周围通过空气循环促进有氧状态下的接触氧化作用。其结果是使生物膜中分解蛋白质的细菌活性化得到确认。

处理水通过喷泉的喷头向水面喷出，提高处理水的有氧性可使水池整体的有氧化得到促进。

环境教学作用

由于是AM型浮岛构造，在装置整体的上部可栽植水生植物，和喷泉一起有提高亲水性的作用。水上有各种各样的虫子飞来。而且，在水中部分，成为了小鱼的隔离渔礁。还能看见鸥类筑窝。在具有疗养效果的同时还可望发挥环境教学的作用（照片1）。

自然再生效果——浮岛栽植

在浮岛上，可栽植适于湿地的水生植物。水生植物具有吸收氮、磷等的作用，附着在植物体上的微生物具有分解有机物的作用，这样，即可提高水质净化能力。生长的植物通过叶和茎的枯萎腐烂会引起氮和磷的再次溶出，所以，

照片1 2003年6月26日～10月31日，受群马县土木部河川课的委托，进行了“治理水华”和水质净化试验。我公司的“浮岛装置”非常活跃。

必须进行修剪管理。此外，栽植了植物的浮岛成为了鸟、鱼、昆虫等多种生物的生存场所、隐居场所、产卵场所等。

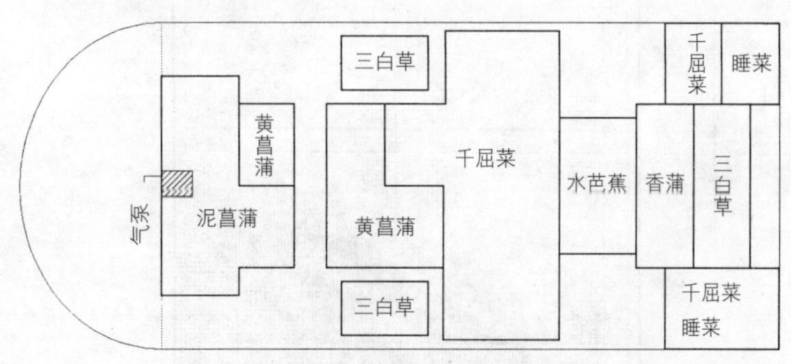

图2 栽植配置图

结束语

至今，在很多封闭型水域安装了净化设备。其大部分都属于巨大的混凝土构造物，也就是说，基本是以生活排水处理净化槽为基础而改造的水域模式，处理水的水质可获得饮料供水的水质。

使水域浑浊感增加的藻类繁殖与净化水平高的水质和投入的资本无关，于是，我们开始思考如何开发以人为本的水质净化装置。根据这样的思考，针对封闭性水域净化的方法论之一，我们提出了“浮岛装置”的技术方案。

6-5 生态学的植生浮岛“生态花园”

●伊原知子 泽尼亚海洋咨询株式会社

概 要

该设施的“生态花园”是以提高水域景观效果和创造生物生息环境等为目标的植生浮岛。随着地球上形成最为多样、丰富生态的进程，站在环保的立场，在恢复水域的同时，我们的目标在于通过护堤及水面绿化的水域景观建设和植物栽植等所发挥的水质净化作用创造舒适的水域环境（参照照片1）。

作为水生植物生长基盘的植物栽植基质材料，采用了100%循环利用有机纤维的天然椰壳纤维，形成了多孔质的构造。而且，在现场只需把测量点放上线即可简单地完成施工。即使有些部分发生破损，仅更换某个单元就可以了，所以，维修非常容易。1个单元是2m×2m，只需组合安装各个单元(图1)，就能自由地进行平面设计。

功 能

照片1 业绩照片

本文介绍的装置具有以下功能，对环保作出了很大贡献：

• 水域的景观美化。

• 创造了野鸟和昆虫等生物的生息空间，创造了鱼类的产卵床。

• 依靠水生植物和附着微生物净化水质。

• 用太阳光的遮荫抑制植物浮游生物的繁殖。

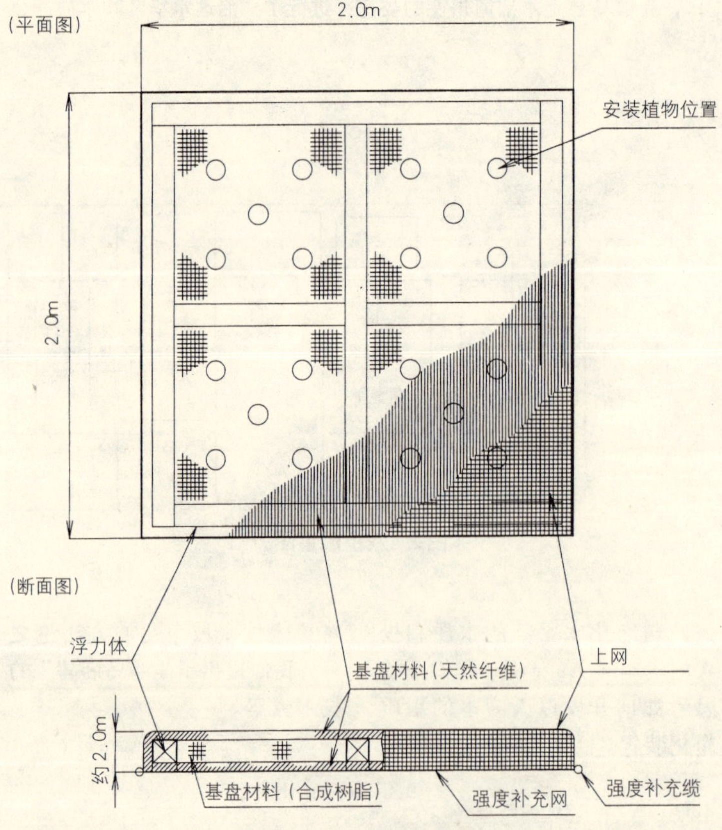

图1 生态花园标准图

水质净化作用

在该装置的各种功能中，为用事实证明水质净化的效果，我们在实际的田间通过隔离水槽进行了实验。在浮岛上栽植的和没有栽植的各选1个，对比用的空水槽1个，针对这3个持续进行的水质调查，可获得类似图3的结果，特别确认了在水质恶化的夏天所起到的作用。

特 点

① 不破坏自然的施工方法

由于是浮体式构造，所以在现场只要投设特殊的测量仪器就可以了，不用钉桩、埋设、临设等土木

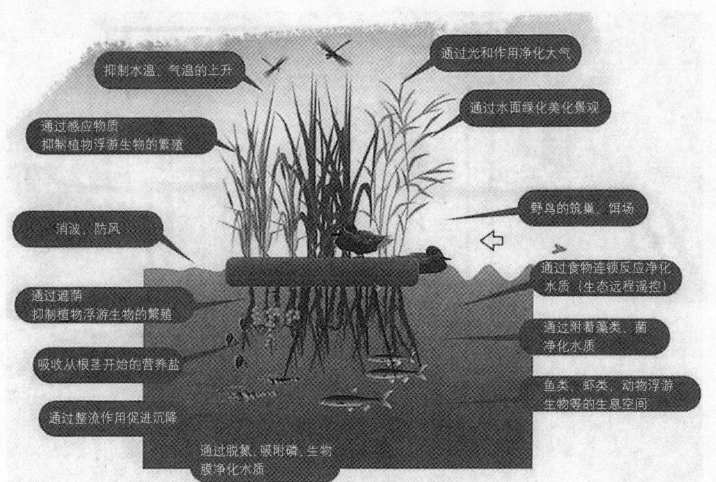

图2 生态花园的功能

照片3 覆盖椰壳纤维的玉米穗

照片4 冬羽的浮巢

照片2 试验状况

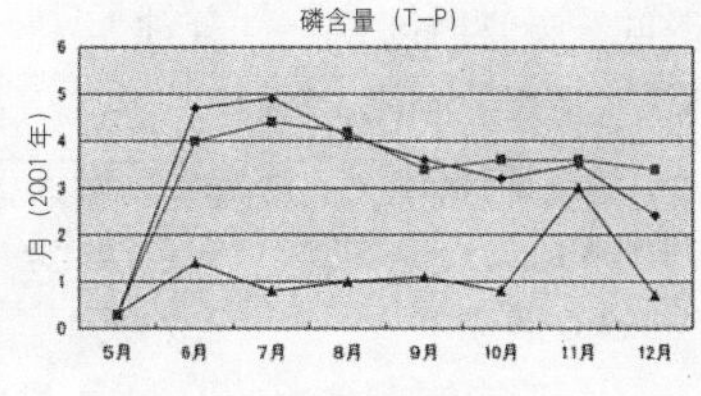

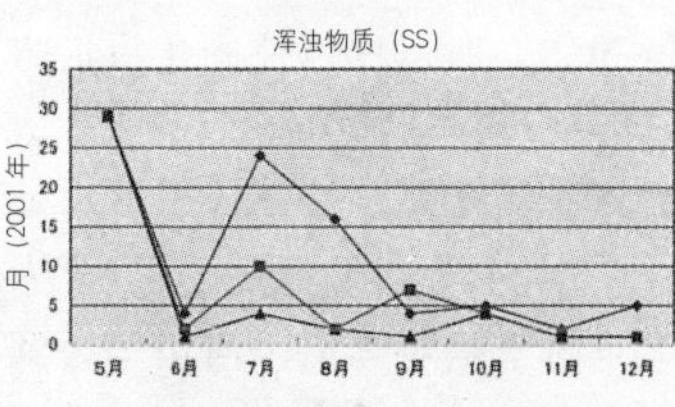

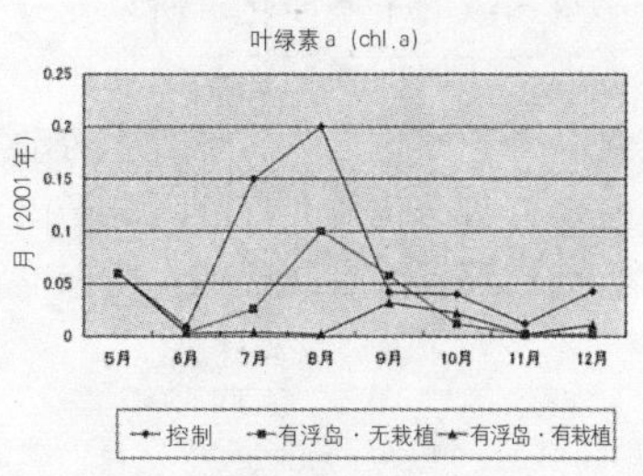

图3 主要水质指标的变化

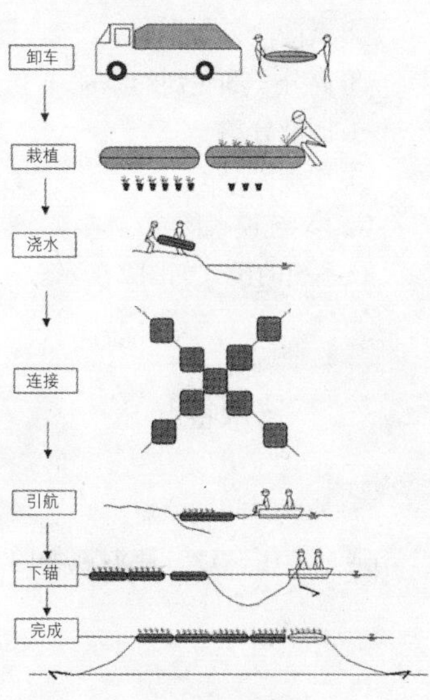

图4 施工流程图

施工，是不破坏自然的施工方法。

② 天然有机纤维和树脂纤维的双重构造

植物栽植基盘材料为有机纤维，有利于植物成活的椰壳纤维和强度大·有耐久性的树枝纤维组成。上述厚度和密度的平衡关系可促进植物生长和确保主体强度·耐久性。

③ 多孔质构造

小鱼等藏身、筑巢和植物根部延伸等都需要无数的孔和充分的空隙，该装置具有最适合生物的多孔质构造（参见照片3、4）。

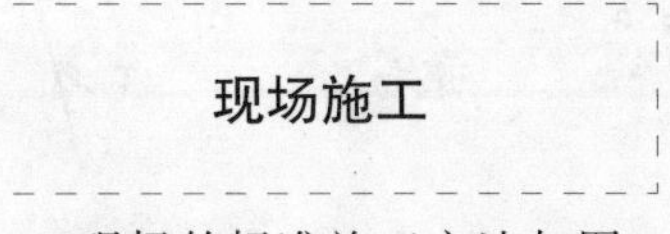

现场施工

现场的标准施工方法如图4所示。即使在人力无法施工的现场条件下，也可以使用重型机械等进行设置。

6-6 高速水质净化系统

●和多信昭　财团法人土木研究中心　研究开发一部部长

概　要

近年来，对水环境的关注越来越高涨，在河川和湖沼等封闭性水域，对更进一步改善水质提出了要求。本文介绍的系统是对浮游的混浊物质采取比以往更加高速和能够进行固液分离的水质净化方式，是低成本、大量净化的水质净化技术。而且，根据环境条件和用途，可分为陆上工厂处理方法和船上工厂处理方法。

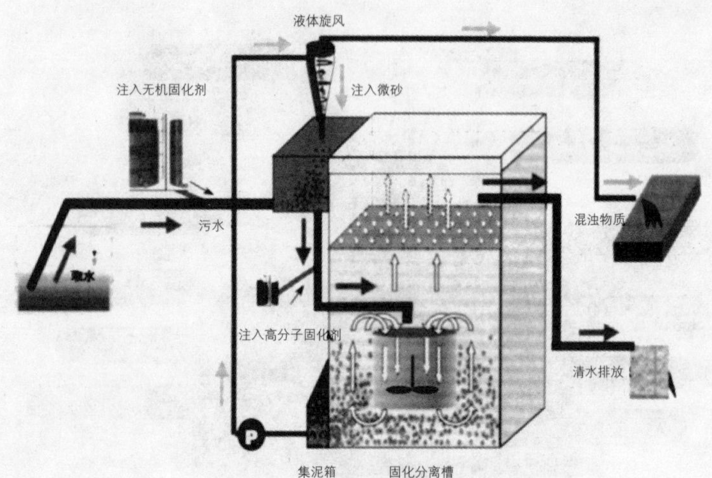

图2　系统概要

原　理

（1）净化的原理（图1）

① 无机固化剂的添加

② 微砂注入

③ 高分子固化剂的添加

④ 固液分离

⑤ 用旋风分离

（2）系统模式图

该系统的模式如图2所示。

技术特点

① 处理时间的缩短

通过利用微砂，使混浊物的沉降速度极为加快，可缩短处理时间（处理时间：3～4分钟）。

② 大量净化

处理时间缩短了，使连续处理污浊水成为可能，所以可大量净化。

③ 低成本

由于能够在极短的时间内进行净化，所以比以往固化沉淀方式的处理设备做到了小型化，大大降低了成本。

④ 对环境的考虑

由于是对湖沼、河川等公共用水水域的水质净化，所以充分考虑了环保因素。该系统使用的是高分子固化剂，属于后生劳动省水道水净化所允许的高分子固化剂。其允许量及处理水质标准均在相关规定范围内。

净化试验实例

（1）霞之浦的净化试验

作为国土交通省关东地区建设局霞之浦引水施工办事处的霞之浦引水项目的一环，使用在高浜入制造的净化能力为150m³/h的装置，于2001年，以霞之浦湖水为原水，进行了本系统的净化实验。

在任何季节都取得了良好的净化效果。[照片1是高速处理净化装置（150m³/h），照片2是原水（霞之浦湖水）与处理水的外观比较。]

（2）上野不忍池的净化实验

2001年8月～9月，在东京上野的不忍池，进行了安装隔离水界环流方式的净化实验。

净化对象的水槽内水量约20m³，比较少，所以，使用小型净化装置（1～3 m³/h），进行了2m³/h（实验1）和3m³/h（实验2）的两

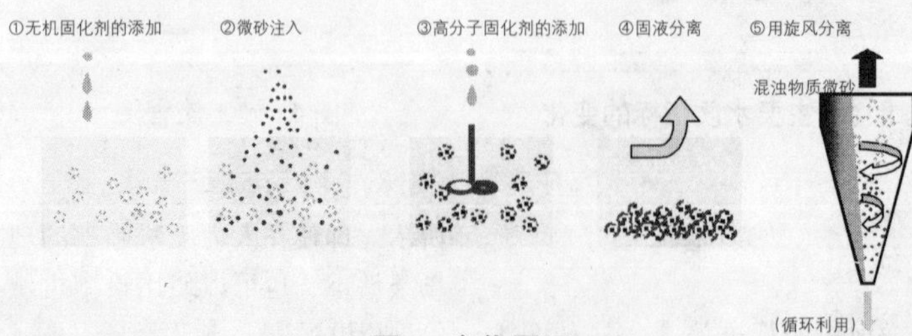

图1　净化原理

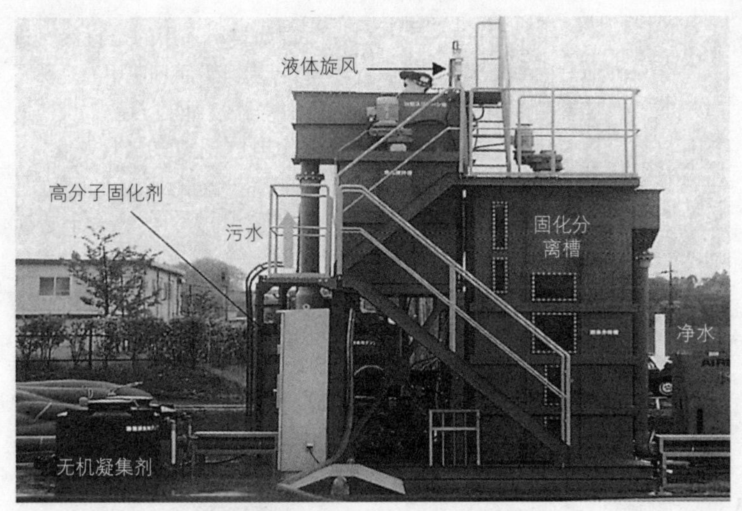

照片1　高速水质净化装置（150m³/h）

此外，如表1所示，由于总磷含量（营养盐类）和叶绿素a（植物浮游生物）以较高的比例被除去，隔离水界的水质在净化结束后2个月仍然可以满足目标水质的要求。

开发研究参加公司

株式会社大本组、株木建设株式会社、五洋建设株式会社、东亚建设工业株式会社、东洋建设株式会社、株式会社西原环境技术、株式会社本间组、林海建设株式会社、若筑建设株式会社

照片2　原水（霞之浦湖水）与处理水的外观

种试验。试验结果如表1所示。

该实验的目标水质为SS 15mg/L，透视度25cm，用实验1运转净水装置直到满足目标水质。

其结果是，24小时运转净水装置后，由于满足了目标水质的要求，净化总水量达到了48m³，是对象水量的2.5倍。

用实验2继续以改善SS到5mg/L的程度为目标运行了净水装置。其结果是，经过16小时的装置运转就达到了目标水质，用与实验1程度相同的净化总水量实现了目标水质。试验结果如表2所示。

上野不忍池净化实验　　表1

项目		实验1（处理流量2m³/h时）			实验2（处理流量3m³/h时）		
		实验前	实验后	除去率	实验前	实验后	除去率
ss	mg/L	64.0	14.7	77%	52.0	6.0	88%
混浊度	度	41.5	12.8	69%	38.0	4.0	89%
pH		8.1	7.0	—	8.5	7.0	—
叶绿素a	mg/m³	340	62	82%	310	14	95%
COD	mg/L	27	8.1	70%	24.0	4.6	81%
氮含量	mg/L	6.95	1.97	72%	4.40	0.67	85%
磷含量	mg/L	0.333	0.059	82%	0.280	0.031	89%
透视度	cm	9.5	31.0	—	10.0	80.0	—

实验2（处理流量3m³/h时）混浊度随时间所发生的变化　　表2

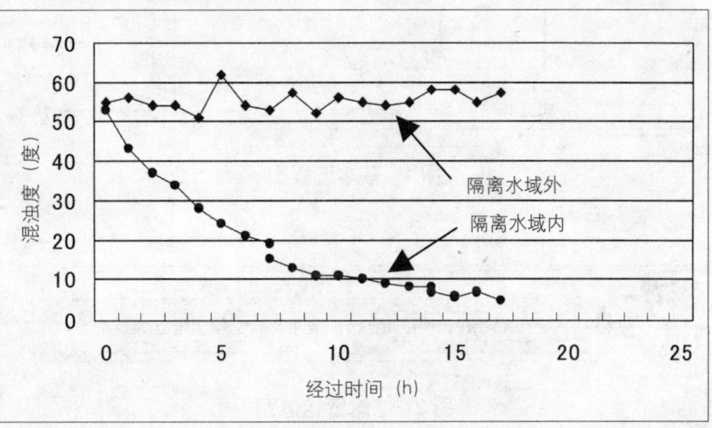

6-7 开放型强制生物过滤装置

●中泽　刚　荏原实业株式会社水环境部

概　要

近年来，环境建设的主要方向是舒适化程度，全国的亲水公园、溪流、庭院和公园的水池净化项目增加了很多，人们需求的热点在于是否为地区居民提供了休憩场所的“舒适性、滋润度、安定感”。

特别在鱼类生存的庭院水池、观赏水池、生态水池等的封闭性水域，出现了由富营养化而引起的“水华”现象和恶臭的扩散现象、透视度降低等水质污染问题。

水质净化方法大致可分为物理化学处理法和生物处理法两大类。

关于有代表性的物理化学处理法，包括砂过滤装置，但不能分解封闭型水域内所发生以鱼类排泄物和动植物浮游生物为起因的有机物。

另一方面是生物处理法，通过过滤材料里繁殖的有氧微生物对有机物进行氧化分解，再通过生物膜对细微的浮游物质进行补充过滤。这算是最接近自然净化功能的过滤方法了。

作为生物处理法的“开放型强制生物过滤装置”适用于封闭性水域的净化，是对自然环境非常好的净化系统。

特　点

（1）突出的净化效果

池水依靠过滤槽上部的专用集水盘均匀地通过过滤材料，过滤材料中自然产生的有氧微生物开始对有机物进行分解过滤。

过滤材料采用的是自然石过滤材料（沸石），而且使用的是沸石种类中离子交换能力最强的大产地绿沸石，具有化学的吸收效果，对氨性氮素等可进行吸收处理。

过滤材料为3～5mm，其表面积为多孔质，据说，1m³该过滤材的表面积与10m³碎石过滤材基本相同。

此外，专用集水盘对过滤水通过时的过滤材施加压力，使其均等分散化，使水能够高速、均匀地通过过滤材料。

通过这样的方法，为整体有氧微生物提供了大量的氧分，使生物过滤的效果能够进一步提高。通过在环境中重复这样的处理，池水得到净化（参照图2、3）。

（2）不破坏景观

作为过滤槽的设置方法，有地上型、埋设型、池内型几种，对所有设置条件均可适用。根据水池的形状和原水的水质等，系统

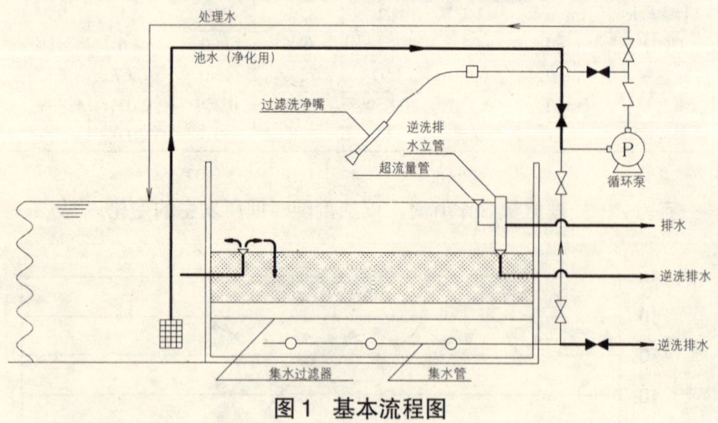

图1　基本流程图

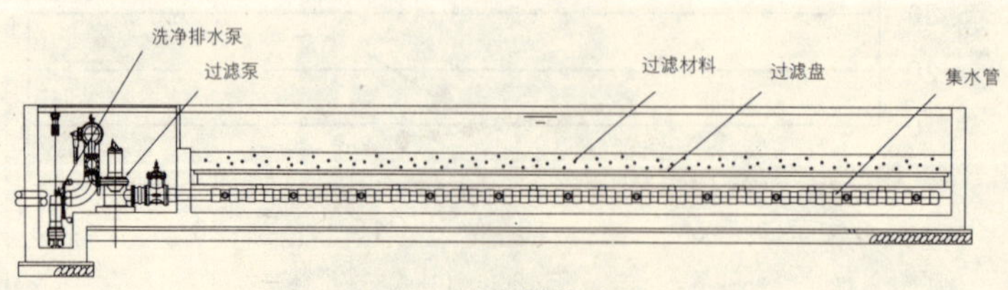

图2　过滤槽构造图

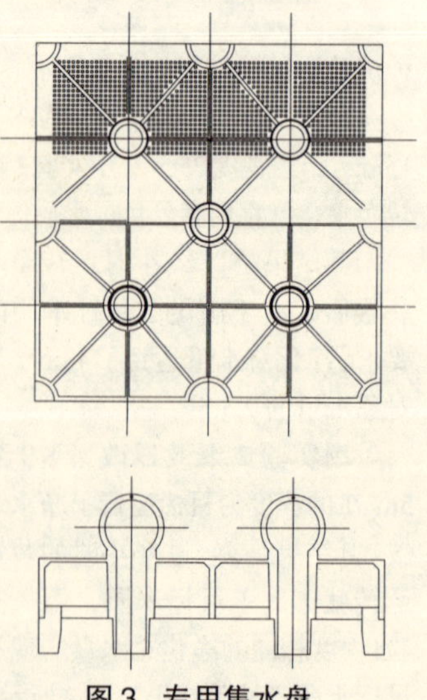

图3　专用集水盘

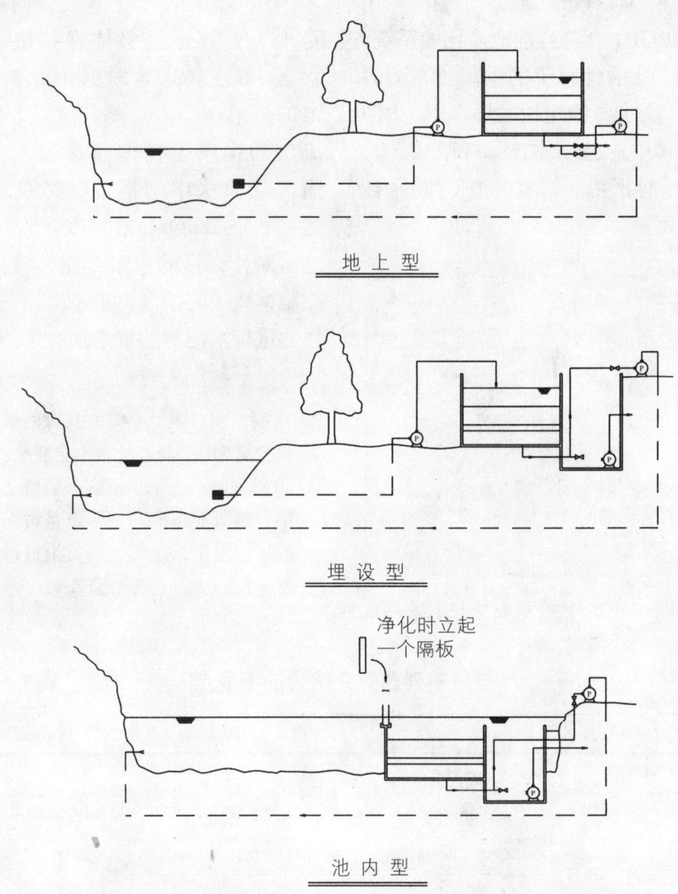

图4　有地上型（上）、埋设型（中）、池内型（下）

照片1　地上型过滤槽举例

进行探测，可在不破坏公园和庭院景观的前提下进行装置的安装（参照图4）。

（3）初期成本低

没有预先处理设备，用泵和自然流下的方法把水直接引到过滤槽的池水中。

过滤槽是用混凝土做的，构造简单，施工容易，工程费价格低。

（4）保养维修和维护管理方便

机械设备主要是泵，是只包括输送水和抬高水的简单系统。

循环过滤是24小时自动运转的，所以，在控制盘上可确认机器的运转情况，容易进行日常的保养维修。

在维护管理方面，每年平均进行4～5次的过滤材料净化。只要通过专用喷头向过滤槽内喷射洗净水（使用池水），即可简单地进行净化，效果很好，费用也低。

业　绩

该生物过滤装置在13年间积累了103个业绩。净化对象水池的保水量从20m³～8000m³，范围广泛，是适用于庭院水池、景观美化水池、生态水池、雨水调节水池等各种各样环境的过滤系统。

作为其中之一的处理实例，池水保持量800m³（地上型过滤槽），如照片1所示。

6-8 铜离子杀菌、杀藻装置 ORIGO-E

●香取良一　株式会社堂科学

近年来，在喷泉、瀑布、水池、溪流等水景上，经常可看到组合使用石材、金属、玻璃等材料而巧妙设计的现代空间。这样的空间只为表现一种“富裕”的感觉，其主要角色的水却非常容易污染。比如，可发生过滤机的堵塞、喷嘴的堵塞、水色的变化等多种多样的故障，其中，水色的变化对景观效果破坏性很大，自古以来都是让人头疼的问题。

在此介绍的ORIGO系统不使用药品，也不需要使用者进行维护，设备安装所需空间很小，是至今还没有的水景设施的水质净化系统。

概　要

ORIGO杀菌装置是利用铜离子所具有的强力杀菌作用（ORGIO*）进行水池净化的系统。

让活性化了的铜离子在瞬时间定量地、稳定地发挥作用，致使池水中的微生物，如绿眼虫、衣藻、钟形虫、粘液菌等（图1）被杀死。

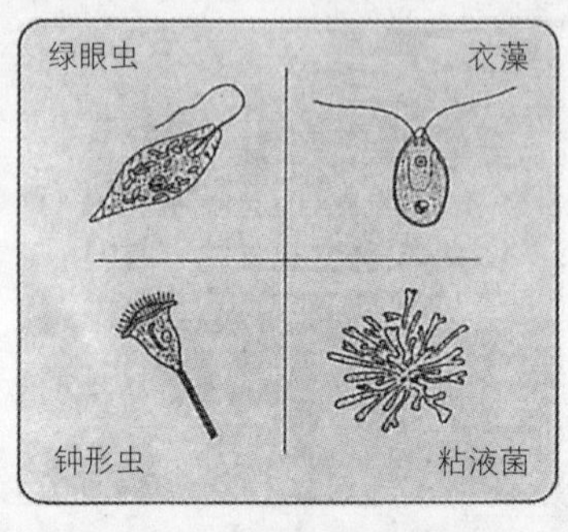

图1　在水中经常看到的微生物

具体而言，是让本装置内的若干个金属铜的极体保持绝缘状态，在主体通水时，给极体一定的低电压，让电离分解。此时流出的铜离子在循环水中被传输，让池水中的铜离子浓度到达0.1～0.2mg/L的程度。

对什么样的水量都能够自由控制铜离子的浓度，可有效、有选择地进行水池等的水杀菌、杀藻。

* 黄铜、铜、银、金等所具有的微量金属作用。铜壶的水不会变质，10日元硬币（铜）不容易繁殖杂菌，厕所的球形门把手也是黄铜的比较卫生，金属微量流出进行离子化，从而实现杀菌效果。

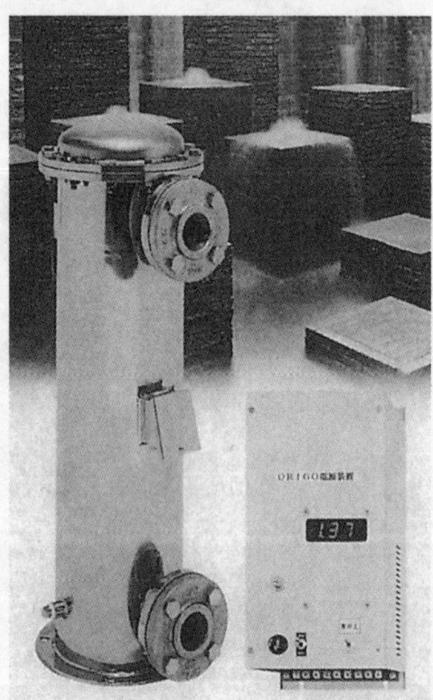

照片1　ORIGO-E型[主要装置（左）和电源装置（右）]

与氯系列药剂杀菌力的不同点　　表1

生　物		铜（ppm）	氯（Cl_2）（ppm）
铁细菌	Crenothrix	0.07～0.10	0.50
兰藻类	Anabaena	0.02～0.10	0.50～1.00
	Oscillatoria	0.04～0.10	1.10
硅藻类	Achnanthes	0.10	2.00～3.00
	Asterianella	0.02～0.04	0.50
	Fragilaria	0.05	2.00
绿藻类	Cosmarium	0.40～0.60	1.50～2.00
	Palmella	0.10～0.20	2.50～3.00
	Spirogyra	0.02～0.04	0.70～1.50
黄藻类	Uroglenopsis	0.01～0.04	0.30～1.00
涡鞭藻类	Ceratium	0.07	0.30～1.00
甲壳类	Daphnia	0.40	1.00～3.00

大肠菌除去率　　表2

铜含量比例(mg/L)	0.16	0.22	0.24	0.41	0.70
15分钟后的大肠菌除去率(%)	83.5	77.1	89.5	99.1	100
30分钟后的大肠菌除去率(%)	90.3	94.5	99.4	99.9	100

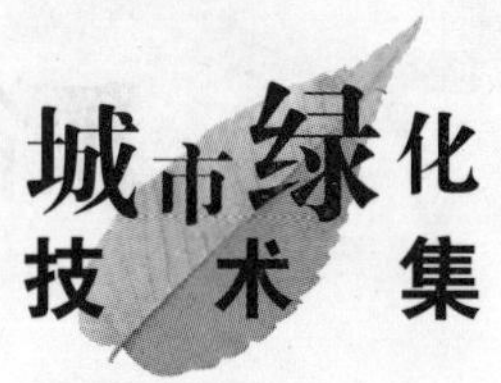

效果

该装置由于具有极强的杀菌、杀藻作用，可防止设施受到污染。而且，金属离子中具有凝聚力，即使通过了过滤机的微粒物质也很容易被捕捉，所以，透明度就随之增加了。在亲水公园等孩子游玩的场所，由于藻类等而造成地滑的现象没有了，大肠菌受到抑制，因微生物而产生的泡沫也没有了，非常安全。**

与氯系列药品相比，在使用石材和金属、玻璃的水景设施上不会发生变色问题，也没有对配管和泵等机器设备的腐蚀。

** 没有安全性的问题。铜与铁和钙等一样，是人体所需要的金属。在所有的食物中都有，我们每天都在摄取。可添加到育儿用的奶粉中，一般在母乳中的含量为0.45mg/L的程度。铜锈的绿青也没有毒性。

实 例

从国会议事堂正面的喷泉开始，到江户川区花园、同虹的广场、葛饰区小菅东体育公园、首都高速市川服务区、新宿三井大厦等，全国500处的公园和商业设施已采用。

特 点

① 极微量就可获得强力的杀菌、杀藻效果（0.1～0.3ppm、饮料水的标准为1.0ppm以下）。

② 大大减少了清扫的次数。

③ 可保证儿童的玩水安全。

④ 抑制大肠菌等。

⑤ 铜离子所具有的凝聚力增强了过滤机的效果和水的透明度。

⑥ 没有氯臭。

⑦ 不需要所有者进行管理。

⑧ 安装面积极小。

⑨ 在什么地方都能安装。

而且，还准备了作为新产品的“过滤ORIGO”（全自动快速过滤机＋铜离子杀菌装置）。

照片2　国会议事堂正面的喷泉已采用

7-1 预备试验、池水标准色

●冈内完治　株式会社共立理化学研究所

对人类来说，众所周知，水不单纯是为了人能够活着。人只要看到美丽的水，就能感觉到滋润和安宁。为此，很多庭院、公园都做了水池，但为保持美丽的水，水质管理是不可缺少的。本文介绍的是谁都能做的水质分析法，以及只凭眼睛看到的水色就能大致判断水质的“池水标准色”。

水池的水质管理

只要做了水池，就会有护岸管理不善、垃圾乱扔等破坏景观的问题，从而水质受到污染，水池也就白做了。可是，水质污染到底指的是什么呢？化学性的水质好坏一般不能用眼睛判断，但结果是表现为浑浊和颜色的变化。典型的可以列举水华现象。水质测定解决不了已经发生的问题，但对今后的预测来说，水质测定数据具有非常重要的意义。

水质的简单分析

我们认为，水质分析是难度很高的。专家们使用昂贵的设备才能拿出分析值。的确，有时要求的精度很高。但不一定对所有水质都需要高精度的设备分析，有时，概略值就能掌握整体情况，大多数时候需要在现场马上就能取得数值。在这种时候，水的简易分析很有用。

作为简易分析的特点，可列举操作简单、安全、可当场取得结果、有再现性、低成本等。有代表性的是预备测试，在此我们做一下简单说明。

池水的简易分析项目

管理封闭性水池的水质时，我们认为，以下项目非常有效：

（1）氮含量（在此，指的是氨、亚硝酸、硝酸中的氮含量）

① 氨中的氮：生活排水、排泄物等因微生物或水中的氧分等被分解，最开始就变成了这氨中的氮。

② 亚硝酸中的氮：氨中的氮被氧化后而生成。由于是还原性物质，所以会吸收水中的氧分而阻碍生物的生长，导致缺氧。不久，就变成了硝酸中的氮。

③ 硝酸中的氮：在氮稳定下来的状态下，逐渐被植物吸收，然后，植物成长。同时，水质也得到净化。但是，一般的水池大多属于氮含量过高的情况，硝酸中的氮浓度不会出现接近0的状态。即使硝酸中的氮还有所存在，如果氨中的氮、亚硝酸中的氮含量少的话，环境污染也就少了。

（2）磷酸体中的磷：磷与氮一样，都是植物生长的限制因素。[1] 自然水中大多是氮含量过高的，家庭排水、生物的腐烂、鸟类的排泄物等流入使磷增加，直接影响到水华等现象的发生。

（3）pH值：只看测定结果很难判断水质的好坏。但是，一般来说，藻类繁殖的水池依靠白天的光合作用使水中的pH值升高，夜里又下降，一天中的变化很大。pH值碱性过高对生物有毒性，要充分注意。

（4）COD＝化学性的氧消耗量：不是特定物质的浓度，表示的是一般水中所存在的有机物量。COD高说明污染物质多，同时，有可能氧分不足。是表示整体污染情况指数的重要测定项目。

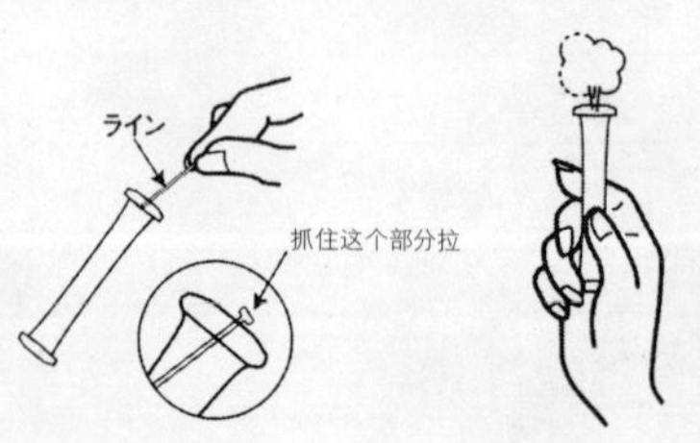

①把试管前端的线拉掉

②让试管开口朝上，用手指用力握住试管的下半部，赶走其中的空气

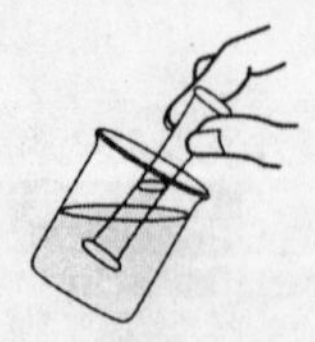

③ 保持②的状态，把试管开口部放入检测水中，松开握紧的手指，吸入一半的水

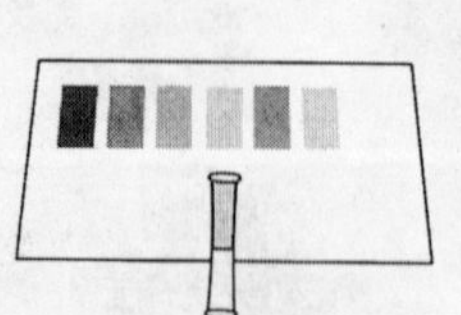

④ 轻轻地摇5～6次，在指定时间后，如图所示，放在标准色上进行颜色比较

预备试验是株式会社共立理化学研究所的注册商标

图1　预备试验的使用方法

在水华现象严重的地方，找到对策很难。即使物理性取出，也不可能彻底。藻类的繁殖以光为营养，还有碳酸气体。遮挡光和碳酸气体在费用方面是不可能的。所以，营养源、特别是磷的控制非常重要。

图2　池水颜色标准色

池水颜色的标准色

记录在景观中所看到的水色是非常困难的。收集到容器中则变成无色透明液体。作为看水的工具，有世界通用的佛莱乌乐水色测量仪，是以深水、着色按北欧色标为前提制造的，不适用于日本的公园小水池等。

"池水色标准色"的印刷是按世界通用彩色印刷方式。色彩的三原色是在黄色100%的网版上横轴为蓝色、纵轴为粉红色进行配色，用%表示配色程度。使用该标准色，很多公园内的水池颜色都能符合。[2]但是，根据当时的天气等条件而在看上去的效果上有所差异，判断有难度。另外是用这种方法对池水颜色进行记录，只能记录下是带着绿的茶色、在绿中掺入了茶色的感觉。虽然只是概略纪录，但因为数值化了，所以还是方便了许多。

"池水颜色"的含义只是单纯的颜色记录，比如是公园的池水颜色，可按像以下介绍的方法推测水质。

当池水为"60～0"(黄绿色)时[3]

① 主要浮游植物有

属于蓝藻类(氰基菌)的水华类(微囊菌、丝状鱼腥蓝细菌等)。

② 水池的特点

富营养化在发展，给水鸟和鱼类的食饵多，水的滞留时间比较长，水深1m以上的比较宽阔的水池居多，日照条件好。

③ 仅水面的黄绿色

绿藻的丛粒藻浮起。

标准色之外不需要工具，也不需要花时间。通过公园管理者、附近居民的坚持记录，可看到池中微生物的历史，是重要的数据。作用很大。

*

公园水池的管理大多数还是处于任凭自然的状态。比如，也许有人认为测定水质没有意义。但是，当异常发生时，可与过去的水质数据进行比较，也能够很快地分析出异常的原因，从而可采取有效的对策。管理负责人可能比较忙，所以，推荐使用简单的分析方法对整体水质有一个大致的把握。

(参考)

1) 半谷高久、小仓纪雄著《第3版 水质调查法》

2) 东京都立大学理学部 渡边泰德教授确认指导

3) 株式会社共立理化学研究所发行《池水颜色标准色》(自《解说书》)

7-2 塑料储存槽

●三好福次郎　株式会社林物产

概　要

在“让雨水成为丰富绿色地下水”理念下，我们开发了以抑制雨水流出、还原地下水及雨水有效利用为目的的地下式储存槽。

过去，一般是用混凝土的槽或把雨水储存到碎石的空隙。

塑料储存槽很轻，耐久性强，采用堆放的方法可节省储存空间，而且，在其外面用透水材料包起来可做渗水槽，用防水材料包起来就形成了储存槽。

塑料储存槽的形状如照片 1 所示。

作为塑料储存材料的先锋，塑料储存槽于 1997 年在雨水储存渗透技术协会的认证制度下，获得了第 1 号认证。

塑料储存槽的典型设计如图 1 所示。

特　点

由于是把轻质的塑料材料粘合在一起而做成的储存槽，所以，具有以下特点：

① 即使在不结实的地基上，不做地基改造即可施工。

② 施工时不需要重型机械，所以，没有噪声，在学校周边也可以施工。

③ 储存率高，所以，安装储存槽所需面积小，挖掘量也少。

④ 组装简单，工期短，不需要特殊的技能。（储存型储存槽的防水加工除外）

⑤ 由于具有工期缩短、挖掘量减少、储存槽安装面缩小等特点，所以，效率高，经济性强。

照片 2　地下施工举例

⑥ 在塑料储存槽中，特别是 720 型开口部较大，容易进行储存槽内部的检修，对储存大量雨水也适用。

⑦ 原料为聚苯乙烯，所以，储存槽废弃时可再生使用。

⑧ 可长时间保持强度。

用途及安装场所

以抑制雨水流出为目的的临

型号	规格
360–1 型 	360–1N 
720–3A 型 	720–3B 型 

照片 1

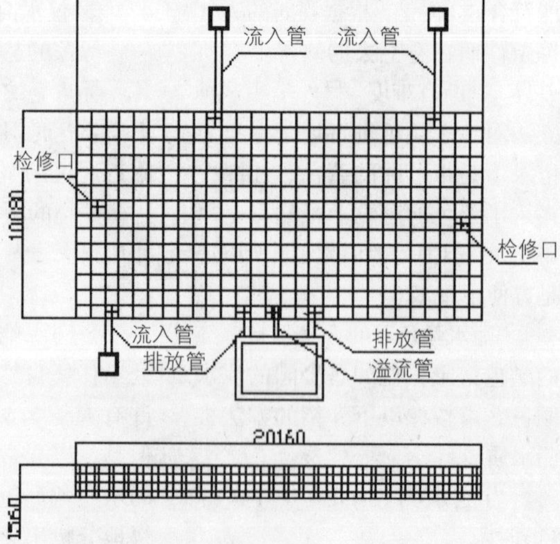

图 1

照片3

时储存槽、渗透槽是利用雨水的储存槽，包括防火用水的应急用储存槽、生态用储存槽等，用途非常广泛。

具有承受T-25荷载的特点，所以，可在停车场的地下、汽车通过频率高的步道地下、公园的地下等使用。

由于具有可在狭小地带铺设的特点，所以，可在建筑物之间、住宅区的儿童公园地下埋设。（参照照片3）

施工业绩

储存槽的业绩规模从1个1m³到数千平方米不等。

作为用途范围，从住宅建设到地区开发、公共事业所伴随的雨水排出、抑制槽，很多场所都能够使用。

塑料储存槽的特点得到肯定，从北海道到冲绳，在全国范围内积累了业绩，到2003年3月的施工业绩已有760个，累计储存量已达到84000m³。

三鹰水源的森林

在三鹰市上连雀有一个不到2000m²大小的城市公园，与仙川相连。

伴随20世纪50年代的城市化快速发展，作为河水泛滥对策所进行的改造是把钢板护岸的谷地变成了平时没有水流的地方，导致景观恶化。

1998年11月设置了500m³的渗透槽，储存雨水，并让它慢慢地渗透、排放，让森林正好成为河川的水源，并再现了溪流。

8-1 通过三维GIS对行道树进行高质量管理

●尾崎友美　株式会社 LD 集团

系统开发背景

(1)行道树培育社会资本

道路和建筑物等主要社会资本在竣工后，为保证其功能需要进行维护和管理。为能进一步让更多居民享有绿地，行道树是逐渐培育起来的宝贵社会资本储备。在全国行道树株数逐渐增加（1992年478万株→2002年675万株：国土交通省国土技术政策综合研究所调查）的形势下，人们开始对绿荫的面积和作为美化景观的绿地提出了要求。

在“小泉内阁邮件杂志（第80号：2003年1月30日发行）”中，早稻田大学的城市再生战略组长伊藤滋教授提出了“建设绿荫道路”的呼吁，反响很大。以此为契机，国土交通省决定实施“绿荫道路项目”，并制定了试点地区。

(2)过去的行道树管理

培育美丽行道树的时机到了，政府也为此而正在作出努力。长大的行道树根把铺装材料拱起来了，下水管也因此而堵塞。

由于管理人员技术水平有差异，所以，至今为止的行道树与其他社会资产一样，都是用台账进行管理的。在这些台账里，行道树的位置用点明确表示，还记录了树种、栽植时间、修剪履历等信息。但是，尽管是生物，但对土壤、日照等生长环境和树木长势、根部伸展等生理信息没有记录。

然而，对逐渐自由长大的行道树来说，根部也和其地上部分一样成比例生长。今后，为保持道路的安全性，在培育高档行道树时，根系的控制也应该得到必要的管理。

(3)高档行道树的管理

在行道树逐渐长大时，我们认为，地上部分和地下部分都各自会成为物理性的障碍。对地上部分来说，长大的枝叶会对信号装置和电线有所干扰。根据道路巡视和沿线居民的报告，的确可以事先防止事故的发生，但如能针对各树种树冠的成长特性进行管理，提前采取措施是可能的。

关于地下部分，至今为止，对根部受到的伤害，如果不挖出来看一看是不能进行状态判断和采取处理措施的。但是，由于估计到地下部分的根系成长与地上部分一样，所以，如果能够确定干涉根系成长地下埋设物的位置，可以提前采取铺设防根布和切根等措施。

因此，为培育高档行道树，需要进行高水平的行道树管理。作为高水平行道树管理的对策，现在，我们根据正在销售的设施管理系统“三维CAD与GIS结合的道路设施信息系统‘地下透明君’（采用1998～1999年度经济产业省“下一代GIS模式项目”开发），作为其新功能，研究了“行道树管理支援系统”。

以下，对其内容进行介绍。

系统的特点、作用

(1)基础系统的特点

作为基础系统的“地下透明君”是把项目整体循环积累的信息在GIS（地理信息系统）上进行一元化管理，从而得到有效利用。

比如，把建筑物、桥梁等基础和屏障等各种构造物、寿命、测量图等CAD数据进行三维的视觉化，试图与协议资料、审批文件、管理履历等同时在地图上进行链接。通过这样的系统，管理者、设计者、施工者等很多项目相关人员都能够通过网络共享最新的信息。

而且，从任意视觉化坐标、位置看的鸟瞰图和剖面图都能够自动制作，针对居民的说明会可很快地制作出深入浅出的资料。

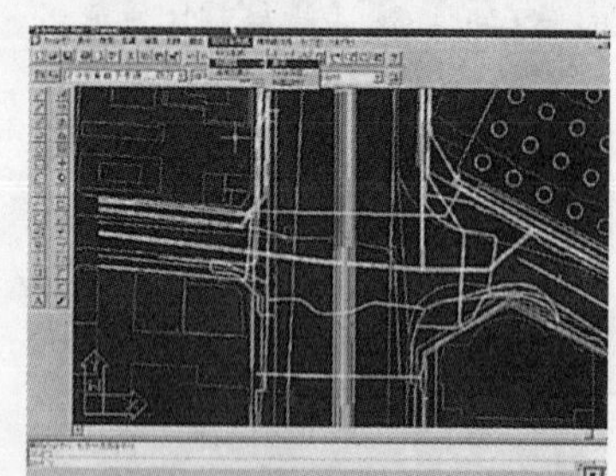

图1　二维的CAD图面显示

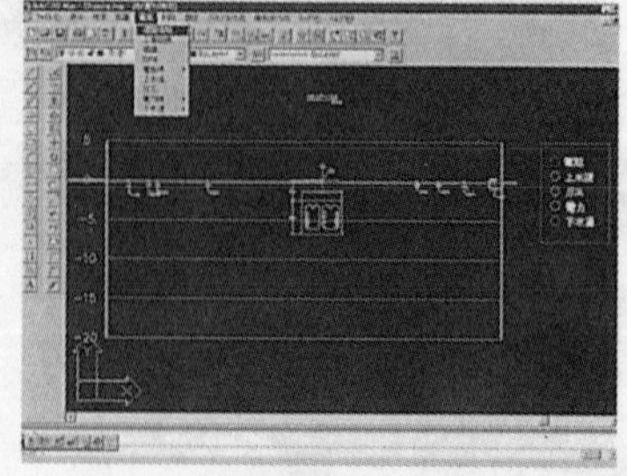

图2　任意剖面图的自动制作

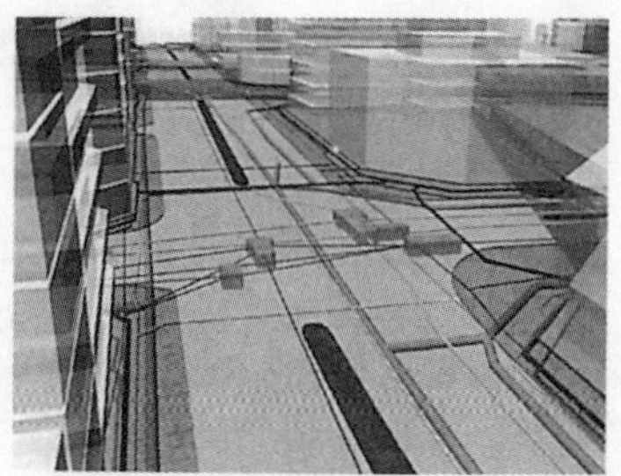
图3 寿命的三维显示

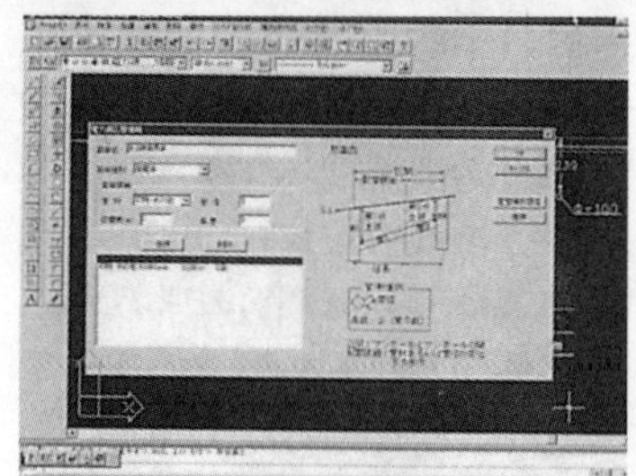
图4 管理履历的数据库

图5 刚栽植之后的形象

图6 栽植后经过20年的形象

（2）行道树管理支援系统

行道树管理支援系统是“地下透明君“的追加软件功能，但行道树管理支援部分可单独使用。在该系统上，针对行道树，如果能够按树种特性及每棵树的生长环境进行管理，即可呈现地上部分（树干、树枝）和地下部分（树根）的成长演示。针对演示结果，再给予建筑物界限和地下埋设物位置等的判断材料，就可以挑出需要实施管理的行道树。根据挑出的结果，用表格计算软件进行统计和在CAD平面图上进行不同颜色的显示。

作为系统的背景，我们正在讨论能否对各树木根的形态和成长规律性进行简单化处理，然后实现一种管理模式。而且，作为成长演示的个性条件，我们设定了以下的生长环境（栽植后的外部原因）：

- 栽植时的树龄
- 栽植后的修剪频率及其强度
- 土壤的物理性、化学性
- 日照、降雨量等气象条件

图5、图6的形象画面是把樱花种植在中央隔离带的情况。我们设想在根钵下面埋设有电缆沟，显示了从其铺设位置向地上看视角的三维显示效果。

（3）采用系统的作用

通过使用行道树管理支援系统，高质量的行道树管理成为可能，主要可起到以下作用：

① 如果针对每一棵行道树进行管理，树木的健康成长即可得到保证。而且，该系统还可应用于公园树木的管理。

② 行道树管理规划的提案和预算措施的讨论可根据定量的判断材料实施。

③ 针对行道树引起的麻烦，可事先采取对策，这是与降低维护管理费用成本紧密相关的。

④ 通过使用深入浅出的三维显示功能，在项目相关人员间开会和召开居民说明会时，很容易取得大家对行道树的理解。

⑤ 由于起到上述作用而得到更多居民的认同，美丽的行道树培育成为可能，这将创造出比以往更为丰富的道路空间。

今后的展望

根据2002年的调查，全国的行道树大约有500种，在整个数量的675万株中，34%主要是银杏、樱花类、榉树、楝木、唐枫等5个树种（国土交通省国土技术政策综合研究所调查）。

行道树管理支援系统为多数管理者所利用，根据树种分类的特性，高质量的行道树管理成为可能，而且，系统包含的树种也在逐渐增加。

此外，为优化行道树的生长环境，我们正在讨论追加土壤的水分管理功能。埋设对栽植穴内土壤水分量进行感知的感应器，所获数据在信息系统上取得，这样就可以对照栽植行道树的特性。根据其结果，用自动浇灌装置进行必要水量的浇灌（或用洒水车），这不仅可以优化生长环境，还可以减少浇灌费用。

8-2 交流工具

●川合史朗　株式会社创建　地域环境部

近年来，通过开办直接发挥参与者主观能动性的工作站等，地区居民与行政在不断“对话”和“互动”的同时，参与公共事业也成为时代的潮流。但是，为能实现更好的对话和互动，在地区居民与行政之间，“信赖的联络建设”是不可缺少的。

“广报”、“广听”是什么意思

为能推动地区居民与行政这两个不同的利害关系主体的参与，使各自能自由发表意见，互相能够洗耳恭听是非常重要的。在这个关系上，“广听”是指行政在充分掌握地区居民所提意见和愿望内容的同时，能够反映到更好的财政运营行为上。

通过坚持不断的广报、广听，地区居民与行政之间建立起“同伴意识”，这将联系到对“公”的责任和自觉意识[“个体（地区居民）”的市民意识]的培养。

新的交流方式

以前，开展了报纸、电视等大众媒体、宣传杂志、网页、邮件杂志、工作站的各种会议、研讨会和活动等各种方法和采用各种媒体的广报、广听活动。

特别是以很快速度逐渐普及的互联网，一把抓的大众媒体所独享的“信息发行权”已广泛开放到一般的每一个人，在这一点上，互联网具有“信息主权者革命”主要角色的地位，逐渐成为开辟交流方式新天地的工具。

还有，近年来发生的“宽频化”的浪潮，互联网已成为市民与行政的“主要交流平台”。

行政需要的多样化

人们各自为取得更好的交流而完善必备的各种环境，为此，行政方面为能完全灵活运用新的交流方式就显得有些人力资源不足。

为能应对近年来复杂的各种行政需要，所有关于政策、政策实施、公共事业的职责说明需要跟上，而且，从市民=顾客的理念出发，人们需要的是具有“顾客满足度”的高质量行政服务，以后，行政人员肩负的责任将比从前更为重要。

的确，如果能够有效地利用IT（信息技术），广报、广听活动的效率是可以提高的，以“细致”、“亲切”、“迅速”为原则的与市民的交流让有限的行政人员去维持的确有很大困难。

“广答”难

那么，行政人员实际进行交流时面对的现实课题是什么呢？

在过去的广报、广听活动中，对每一个市民提出的“为什么”、“怎样”等个别问题不能说肯定作了有意义的准确“答复”。

其背景是，除上述人力资源不足等理由之外，问题的内容超过了与市民直接面对的最前线现场和现任科、主管人员的判断范围，而且，来自市民方面的发问更多是涉及“生活环境”和“地区环境”等需要行政管理体制上上下下统一讨论的问题，很难马上答复。

而且，有时需要在综合考察首长和当地议员等的意向，国家、县、市街区间的上下关系等各种因素的基础上进行判断，在斟酌庞大组织机构行政官府和地方自治体、意向的基础上，作为现场的一个负责人也不是马上能够给予答复的。

为做好“广答”而努力

针对上述情况，带着过去用各种各样方法开展广报、广听活动的“答复”概念，为进一步取得更好的效果，我们增加了“表现技术（后叙）”，希望从交流战略的角度拿出相应的提案。

从关于上述一系列问题的综合角度开展交流活动后，的确取得了一定的效果。

要想增加“答复”的内容，那必须首先做到细致、礼貌，这样，市民与行政之间才能形成真正的合作关系。

那么，需要高度智慧的“答复”怎样才能实现呢？

为此，我们通过长年与市民的交流活动，各方面负责人都积累了经验，再加上“默契”已转化为一种成型的“模式”，记录各负责人在各种各样现场实际答复的

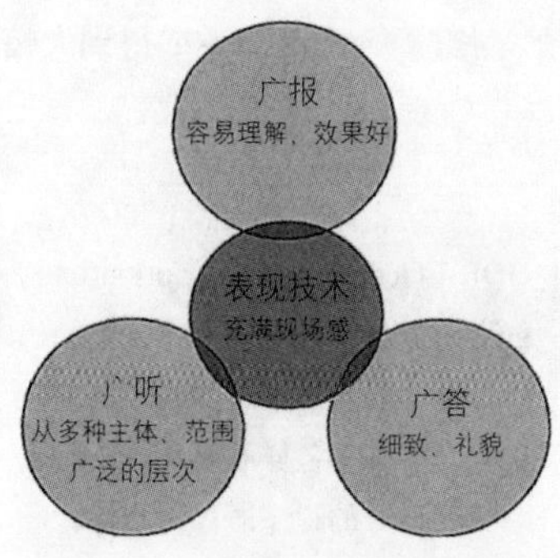

图1 交流技术的整体形象

内容，按项目种类归纳，从进展情况的角度整理，制作了"答复实例集"，这算是迈出了第一步。总之，制作了一部装满答复所需智慧的"答卷"，只要适当地灵活应用就可以了。

还建立了采用IT使答复实例集便于检索、管理的"智慧管理系统"，再通过与GIS（地理信息系统）的结合，即可成为站在答复立场的负责人的强大武器。而且，为能取得市民的深入理解，相关实例的介绍等也可灵活应用。

比如，先进的建设项目实例，包括行政诉讼方面的法律见解、地区资源、危险场所的位置等，按各种领域分类建有数据库，与高度的检索系统相结合，可以在范围广泛的答复场景下有效应用。

表现技术的积极应用

最后，我们针对提高广报、广听、广答的"表现技术"进行一下介绍。

表现技术的核心是可视化技术，代表性的有手绘效果图、鸟瞰图、模型、CG（计算机图表）、CG动画、GIS、VR（模拟仿真）等。近年来，通过高功能计算机和高功能软件的普及等，把模拟仿真技术作为交流工具应用的机会增加了。而且，把各种各样的专用机器安装在身上，还开发了有实际走在街上感觉的模拟体验技术。

上述技术在绿地基本规划方面，除了可以呈现"绿化重点地区综合建设"的效果和风景区、山景的绿色保护效果外，在工作站的工作中，参与者可模拟体验树种和树高变化对街景产生的影响，在讨论协调地区环境的更好绿化方案时，各种各样的情况环节都可以应用。

此外，针对公园内的过密栽植间伐作业，从美化景观、确保安全、生态学的健全性等角度，向市民等解释其必要性时，也是非常有用的工具。

一方面，利用宽频的"IT现场直播系统"可从远距离参加各种会议。比如，全国的非营利组织和有识之士可在瞬时间集中丰富多彩的意见和提案。

在不远的将来，像这样的集中手段谁都能用了，那么，市民与行政的交流的深入化就将成为可能。

"电波传心"的创设

在交流相关业务不断增加的形势下，我公司创设了"电波传心"栏目。在这个栏目中，根据地区的个性与项目的特点，提供适合各领域广报、广听、广答表现技术的便利工具，同时，我们的目的还在于通过有效利用宽频，高效率地处理伴随行政事务的各种行为活动。

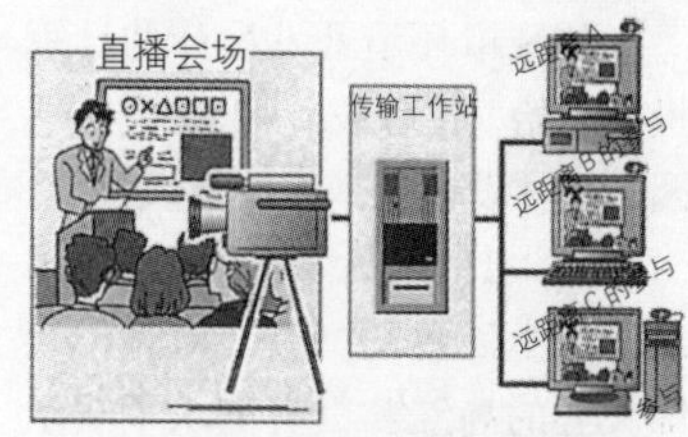

图2 IT现场直播系统形象

我们将利用超时代的新技术提供准确的解决方案，通过准确应对各种各样交流需求的活动，为实现市民与行政互动的"美丽国家"而作出贡献。

8-3 造园 CAD

●村上德子　株式会社 RIK

从城市环境开发设计的计算机化开始，近年来，一般住宅的造园、园林设计已基本计算机化了。

作为其背景，我们可以列举出一般生活者的庭院、对宣传装饰关心的高涨和具有高水平演示能力软件的开发、以运行软件为目的的低价高性能电脑的普及等。

概要、特点

为造园、外结构设计所开发的“RIKCAD21”可在一个软件上完成从详细设计到丰富演示的功能[3D 地域环境鸟瞰图（从照片的真实性到手绘风格、手绘着色等）、动画、模拟仿真]，是把各种各样表现集中为基本功能的 CAD 系统。

而且，通过把模糊要素追加到用于过去精密设计的 CAD 系统，使设计者的感觉能够直接表现出来。

连接装置简单化和可用直觉输入的制图功能让设计者的技术能够更加忠实地体现，自由曲线的输入功能和自动勾线功能使设计者从复杂的操作中解放出来。编辑功能也非常好，在保持已制作图面各要素的同时，可用 2D、3D 看效果的方法直接编辑（变形、修改），使操作效率得到大幅度提高。

> GDL（Geometric Description Language=几何学的记述语言）是在一个作品中具有二维、三维、文字、图像信息等各种各样的要素，可设定参数变形等的程序语言。用GDL编辑的数据容量小（约 10 ~ 100KB），在互联网上可轻松传输。
>
> 用 GDL 记述的数据把过去需要捕取数十种模式数据的操作集中在一个程序上，大大缩减了数据编辑的相关成本。

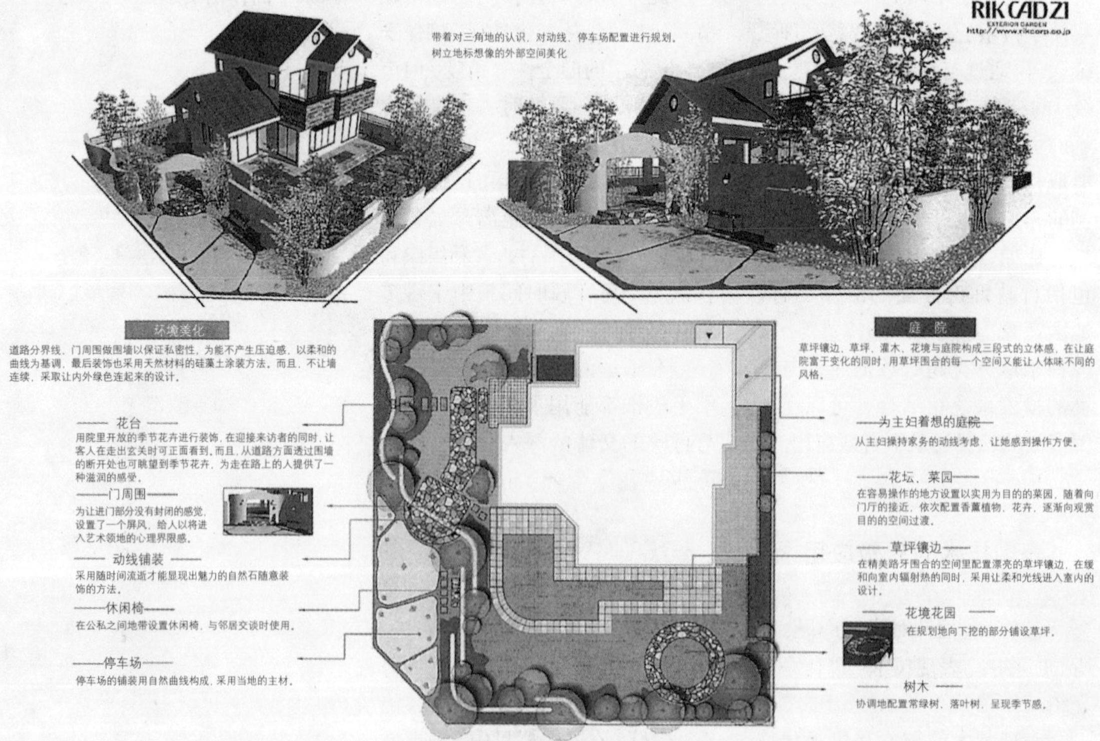

图 1　演示效果图例

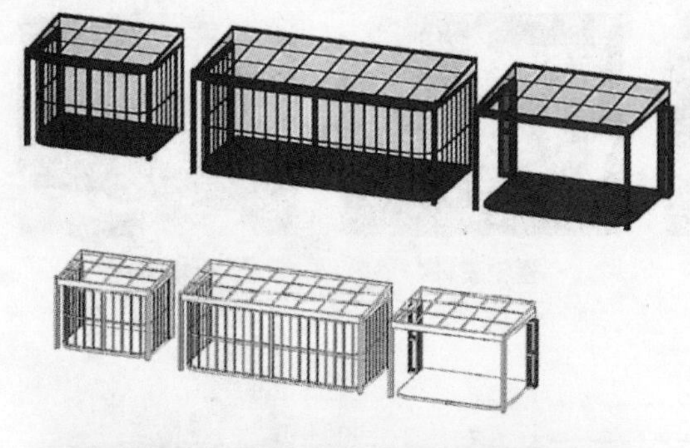

图2

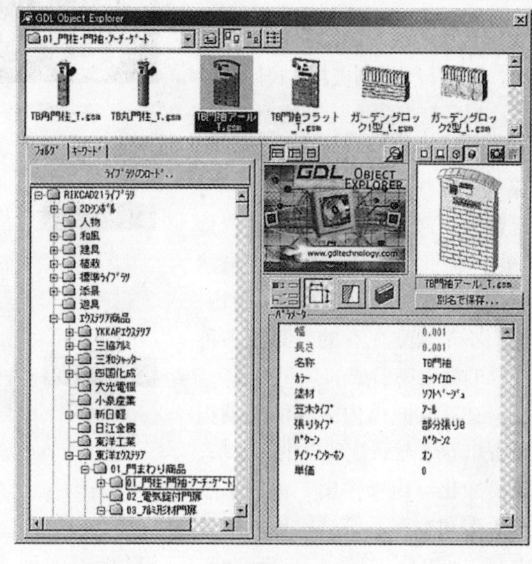

图3

丰富提取的栽植数据（树木、草花、灌木等）和添景模块、环境装饰材料、住宅装饰材料等用GDL语言编辑而成。

“RIKCAD21”是在一个规划数据（图数据）中，收容了施工详图、演示效果图、预算信息、动画，在数据管理上大幅度提高了效率。

用参数编程的GDL模块可从RIK网站（www.rikcad.co.jp）下载。

• 使用“GDL Object Explorer”可将GDL模块转换为CAD、CG格式（3D_DXF、3DS、OPT、VRML、lp等文件格式），从而为更多的CAD用户提供有效数据。

活　动

我公司以“为居住空间、街道、地区送去柔和的风”为活动理念，创设了NPG法人“绿色的风”。

满足个人需要的庭院信息在市场上有很多，但目前针对居住空间公共部分的造园信息还不多。然而，其实公私界限部分（公私之间地带）从公共方面考虑是形成街景的组成部分，从私人方面考虑是居住者的脸面，是表现对街景有善意考虑的部分。

“绿色的风”必须不断提高生活者对这个重要部分的认识，在美化街景、促进绿化的同时，时刻带着街景、城市、乃至地球环境去行动。在各地都积极举办了门前装饰和庭院设计的讲座，大家可通过网站http://www.I-gardenmall.com进一步了解我们的活动。

9 人工土壤

9-1 生物膜

●佐藤俊明 日本自然之岩株式会社

开发背景

随着近年来的大规模城市建设，自然环境受到破坏，我们的生活环境已被混凝土构造物所覆盖。本来，自然界的形成物是被眼睛看不到的“生物膜（Biofilm）”所覆盖的。这个词汇用日语说就是“微生物共同体”的意思，在自然界存在的物质表面附着着微生物，它们不是独立生存的，是由多种多样的微生物形成的共同体。

在其共同体内活跃的运动担负着培养生态系统和再生、保护、环境净化等积极作用。为能不断对生态和生态系统进行保护，微生物之间的活动是不可缺少的。但是，在表面光滑的混凝土和金属质地构造物表面不容易附着微生物，所以，生物膜就难以形成。

为此，笔者们以“环境土木的革新”为主题，开始开发覆盖土木构造物和促进生物膜育成的“生态系统育成型景观修复材料”。

产品概要

生物膜是在薄型基质表面做多孔质材料溶岩的景观修复材料。产品大致分为两大类，在平滑表面的构造物上做硬型（H型）的和在有不平表面构造物上做弹性（F型）的。H型以超薄型水泥板为基质材料，根据表面形成溶岩状态的不同，分为HS、HK、HY三种，F型有以玻璃纤维为基质材料的FS型、以碳酸纤维为基质材料的FK型、FY型三种。见图1。

生物膜 HS

生物膜 HK

生物膜 HY

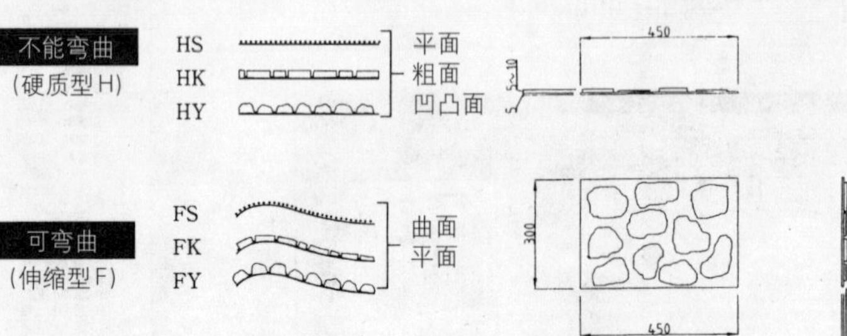

图 1

特 点

① 由于生物膜表面做的溶岩是多孔质构造，在吸收和排放湿气方面很有优势，容易附着微生物和苔藓类等。随着时间的流逝，可为自然环境的保护和景观维护作出贡献。

② 由于轻质、薄型，而且还能弯曲施工，可让铁、铝等各种构造物表面成为不断绝生态系的多孔质环境。

③ 施工是采取不破坏现有构造物的表面覆盖方法，拆卸施工不出废材，不需要重型机械，可在短时间内完成施工。而且，由于是超轻质的，可减轻卡车运送的负担，在保护周边自然生态环境的同时，大幅度削减了整体的施工费用。

施工效果

① 景观修复效果：与混凝土墙面不同，即使在刚施工完成后，天然溶岩的质地也有放置了很久的感觉。历经时间的变迁，粉尘、水垢等污物也不显眼。逐渐被绿化，并与周围逐渐协调。

②生态环境的保护、恢复：利用溶岩凹凸和多孔质构造的生物膜在吸收和排放湿气上很有优势，为小动物提供了一种移动路径和休息空间、生息空间。倾斜90℃时，小动物利用溶岩的凹凸可在墙面上行走。而且，在水边和半荫的环境条件下，慢慢地在凹进去的部分会存留土和尘埃，这样苔藓和草花就会扎根。

③ 水质净化：溶岩的多孔质构造吸附水中的微小有机物和分解这些有机物的微生物。其他还有吸声效果、防止光反射效果、去

除乱写乱画痕迹等作用。

用途

①水路、河川护岸和道路围挡等的土木构造物（照片1、2）。

②室内外建筑物的外墙，大规模设施的外结构（照片3）。

③混凝土再生产品（照片4）。

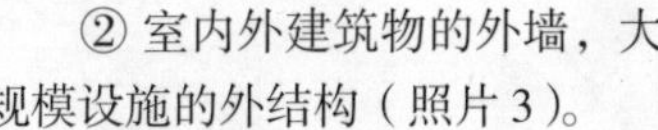

针对城市空间的提案

在城市空间里，连接混凝土加固的护岸和道路沿线的墙篱、电线杆等是阻碍美好景观形成的主要因素，这一点从很久以前就被提出来了。笔者针对这个问题，对已经建好的无机质构造物表面用多孔质环境改造，通过逐渐适当绿化，希望能够让混凝土系列化的城市空间能够重新形成充满滋润的景观和自然环境。

战后的城市开发是把人口快速向城市地区集中和保证居住空间作为最优先解决的问题而开展的，而21世纪的城市环境就不仅是保证居住环境意义上的居住空间了，必须要把众人生活的街道整体建设考虑进去。在人们每天的生活中，即使对三面护岸和城市所有地方都是混凝土墙壁产生了压迫感和封闭感，可更多的人还是要生活在这样的城市环境之中。

继续在城市建设和城市规划、建筑和土木行业工作的人为解决上述问题表现出了积极的实战精神，笔者为创造人人感到舒适的城市环境而写此提案，是站在他们的立场上考虑问题的。使用生物膜把城市环境绿化进行下去的提案是自然之岩经过20多年才开发出来的，如果读者能够当作笔者关于“从水边到城市、从城市到居住空间”的景观修复理论去理解，那就非常荣幸了。

用生物膜覆盖城市河川（施工前）

（施工后）

照片1

照片2　混凝土表面经用生物膜覆盖后，变成了适应生态环境的墙面，被植物包围的环境形成了，在培育生态环境的同时，二氧化碳的吸收和热反射被控制，可防止热岛效应。

照片3

照片4

9-2 极 石

●林 晴美 山川产业株式会社

概 要

极石指的是带有几微毫细小气孔的陶制多孔材料（照片1）。

近年来，废弃物处理问题越来越严峻。山川产业从循环利用的角度重新对平时进行填埋处理的硅砂制造环节所产生黏土矿物质进行了研究，作为有效的利用方法，我们独自开发了栽植用的土壤改良材料（图1）。

把黏土矿物质、硅藻土、灰尘混合起来，在加工成颗粒后进行干燥处理，用高温烧制。然后，就进行分级，并制造出S-1（直径1mm）、S-2（直径2mm）、S-5（直径5mm）的产品。

2000年，取得了城市绿化技术开发机构颁发的陶制多孔质体（极石 S-2）技术鉴定证明。

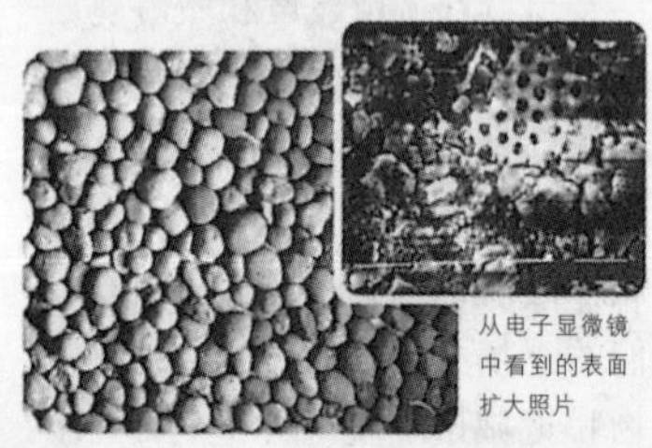

照片1 极石扩大照片

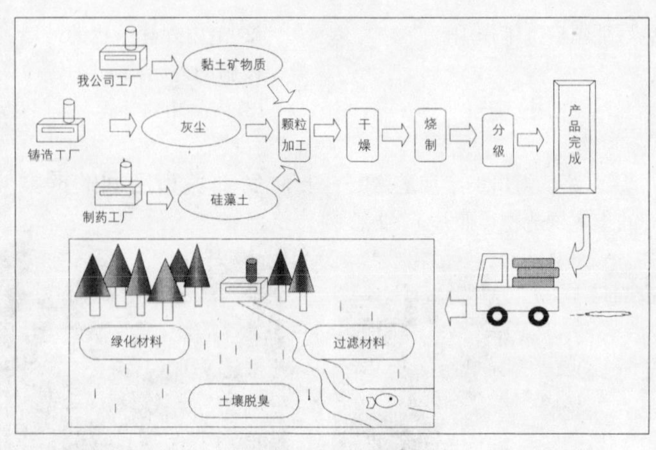

图1 程序示意图

特 点

作为极石的特点，大致可分为以下4个方面：

① 安全性

循环利用材料从废材利用的角度说，是具有安全性的产品。极石作为循环利用废材是以黏土矿物质、铸造物灰尘和再生硅藻土等为原料而有效利用资源的产品，由于经过了高温烧制，所以，产品已不含危险性。这一点在溶岩试验中也得到了证明。

而且，由于经过了高温处理，是不含种子和杂菌等一切物质的无菌材料。

② 高强度

该材料是以黏土矿物质为主要成分的陶制产品，强度很高。在经过度的践踏下也不会损坏，效果可维持（图2）。

③ 透水性、通气性

由于是多孔质材料，所以具有通气性、透水性、适度的保水性。把这个材料搅拌到土壤后，可提高土壤的物理性（图3）。

④ 施工效率

极石的粗相对密度为1.0，容易与土壤混合。即使下雨也不会轻易流失。而且，不易飞溅，这一点与提高施工效率密切相关。

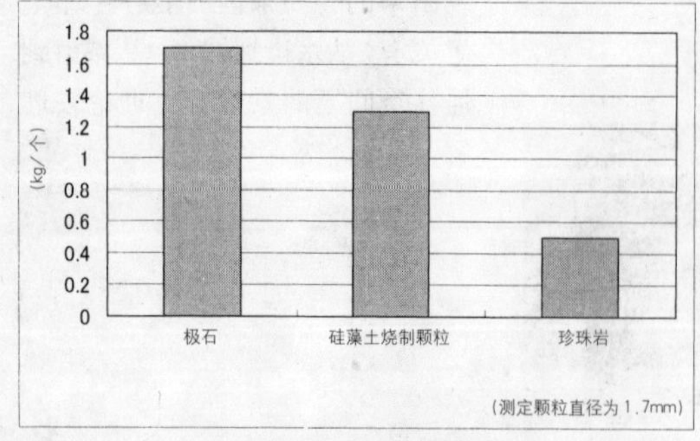

图2 用木屋硬度测量仪所测量毁坏时的承重值

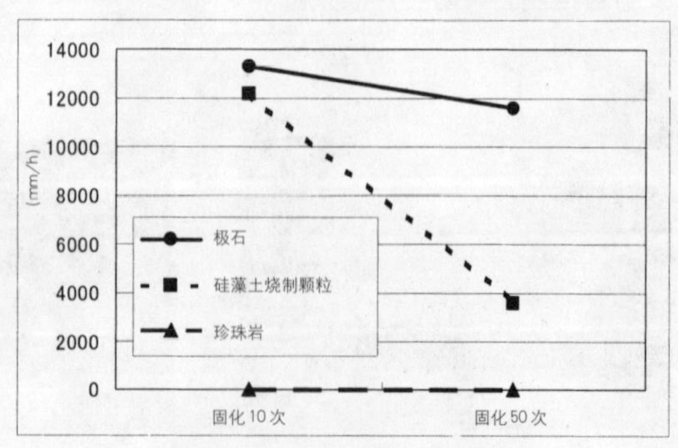

图3 固化后的透水性比较

实　例

（1）土壤改良材料的实例

上述特点已经过评估，极石作为栽植土壤的改良材料已在日本的高尔夫球场、草坪运动场、公园的草坪广场和栽植施工等数百个以上的场所使用。屋顶绿化中因人工土壤和排水不好而引起的烂根树木的复壮工程等也广泛采用了。

进行绿化时，大致可分为使用客土和回填现场发生土两种。

照片2　幼儿园的庭院绿化

足球场和高尔夫球场等要求高品质的绿地，由于铺装构造是非常重要的，所以，对客土需要进行土壤改良。即使在这种情况下，极石也能使土壤物理性提高，对高强度过渡践踏等非常有耐性。

关于城市的绿地化，建设残土废弃问题的出现受到关注。最近，在要求逐渐高涨的校园庭院绿化中，现场发生土的处理也成为了课题之一。使用客土施工法时，建设残土的发生量与重新填入的新土量相同。有效利用现状土，减轻环境、经济的负荷受到关注。

现场发生土作为栽植土壤，大多属于劣质土壤。一般来说，在校园庭院都采取的是灰土铺装，已完全板结、硬化。为让这样的土壤成为可用于栽植的土，土壤改良是不可缺少的。极石从其特性来看，板结、硬化土壤的物理性改良是可能的。

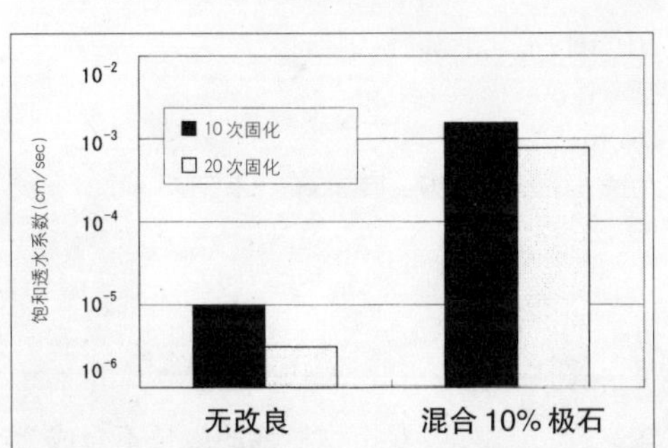

图4　混合极石后的透水性比较

我们对不适于栽植的黏质土（关东细砂）中混合10%极石的土壤与没有改良的土壤分别进行了固化后对透水性进行了比较，结果如图4所示。一般的透水性在10^{-4}cm/s以上的算是比较合适，正好是混合10%极石的物理性改良结果。

而且，即使增加固化的次数，透水性也基本没有降低。也就是说，即使有过度的践踏，土壤也不会发生板结、固化，可以长期保持土壤的改良效果。

如果再和有机肥料和补充化学性的材料结合起来，那将实现更好的改良效果。

（2）土壤改良材料之外的应用实例

极石的气孔率为30%～40%，气孔的大小只有几个微毫。所以，对微生物的寄居非常有利，实际上，通过生物过滤可用于水处理、土壤脱臭层、微生物菌剂等很多方面。

今后的发展

1998年度，我们以极石为原料，在神户市所发生下水污泥焚烧灰的再利用产品化项目中取得了成功。殊不知，产品中约40%使用的就是焚烧灰。

上述产品已取得神户市含焚烧灰产品的认证，主要用于公园的栽植施工、屋顶绿化、幼儿园的园林庭院草坪化等（照片2）。

现在，我们正在进行对再利用下水污泥焚烧灰和再利用其他废弃物的地区循环型社会和城市建设可作出重大贡献的陶制产品开发及应用研究。

9-3 天然有机绿化基质材料“白泥炭”

●江端俊博　东武绿地建设株式会社

概　要

在北欧的部分地区，人们把泥炭土层按一定形状切下，并依靠日照干燥后粉碎成各种大小而制成了很多产品。

6年前，搞到了还没有腐蚀化的表层泥炭（白泥炭），从可作为有机绿化基质材料使用的观点出发，用白泥炭对300种以上植物的生长状况、保水性能、透水性能、物理特性及耐久性进行了确认。无论在哪方面，都能满足作为基质材料的性能要求。向市场提供材料是从2年前开始的。

现在，已用于屋顶绿化、墙面绿化、水边的栽植、坡面绿化等多种领域。

照片1　白泥炭　130mm × 130mm × 380mm 内外。照片下边是白泥炭原型，上边是开了用于栽植盆栽植物孔的产品

白泥炭的基本性能　　表1

项　目		单　位	测定值	适用值
pH(H_2O) (℃)			4.4(21)	5.0 ~ 7.5
阳性离子交换容量（CEC）		cmolc/kg	147.1	6 以上
饱和透水系数		10^{-2}m/s	1.0 × 10^{-2}	10^{-3} 以上
有效水分	pF1.5	10L/m³	36.4	-
	pF3.0		20.2	
	pF3.8		14.7	
	pF1.5 ~ pF3.8	L/m³	217	100 ~ 200（标准） 200 以上大
干燥相对密度		Mg/m³	0.10	
湿润相对密度		Mg/m³	0.80	1.0 以下（轻质）

单位以SI单位为标准表示法

单位换算公式为 10^{-2}m/s= cm/s、10L/ m³=%、Mg/ m³= g/cm³

pH（H_2O）测定的渗出比用重量体积比 1：100 测定

pF1.5 ~ pF3.8=(pF1.5- pF3.8) × 10

适用值：以《环境共生时代的城市绿化技术屋顶、墙面绿化技术手册》的人工土壤性能为标准

特　点

① 保水力强

130mm × 130mm × 380mm大小的一块白泥炭可吸收5L水。

② 透水性好

具有超过饱和状态后可合理排水的性质。

③ 容易加工

用刀、锯就可以切断，用钻开孔也非常容易。

④ 施工可行性高

一块白泥炭是可便携的大小和重量（干燥时700g/块），垒积、运输、搬运、施工等都很容易操作。

⑤ 可在水中使用

纤维的连接可通过自然堆积而形成，所以，放入水中也不会散开。

⑥ 不会因践踏而发生板结

对植物根部的生长不会成为障碍，可在铺设的草坪上行走。

施工实例

照片2~照片6为施工实例的一部分。

照片2 墨田区办公楼屋顶绿化模式展示

照片3 二子玉川桥脚下垂直墙面绿化

照片4 东京都农林水产财团办公楼墙面绿化

照片5 间知斜面栽植

照片6 水生植物的生长试验

总 结

白泥炭具有集土壤、排水层、保水层为一体的功能。

施工实例中所见屋顶绿化、墙面绿化、水中的使用等实现了各种特殊绿化空间。

国土交通省的道路墙面绿化试验施工也选择了该产品。

10-1 生物防根布

●株式会社日草绿地

概 要

行道树的根向四周伸展，使步道铺装隆起，树根进入地下排水管引起堵塞……在住宅区和道路、公园、高尔夫球场等意外地发现了很多因植物根部而导致的构造物障碍。为解决这样的问题，如不牺牲绿地和构造物，就需要提前预防，这就要用新开发的植物根茎调节材料“生物防根布”。

生物防根布是让含有控制植物根部生长成分的物质渗透并固化到具有透水性、通气性、可自由裁断、弯曲的无纺布上而制成的产品，把这种材料埋设到地下后，经过数十年即可形成阻碍植物根部侵入的防根层。

已经在美国作为城市规划、造园规划的新技术创造了很多业绩。

特 点

① 对栽植没有伤害

慢慢翻新的“细小物质”与土壤粒子结合而形成防止根部侵入的防护层。该防护层对植物没有枯杀作用，抑制根部和地下茎的伸展，起到使根向其他方向延伸的作用。

② 只要施工一次，数十年都有效

通过特殊聚合体的组合，让“有效成分”经过数十年非常微量地一点一点翻新，从而让有效成分在保持一定浓度的条件下长时间发挥有效作用。

③ 对环境非常好

对“细小物质”的环境、动物、有用植物的安全性已得到世界的公认，在日本也已在农林水产省登记而被广泛使用。关于对地下水的安全性，已取得美国环保局（EPA）的确认。

④ 对无纺布材料也有效

用于施工层的聚苯乙烯无纺布叫作地理组织层，具有耐久性、对高荷载的地基支撑力，排水、透水性能良好，广泛用于土木施工。

施工方法

① 垂直施工法

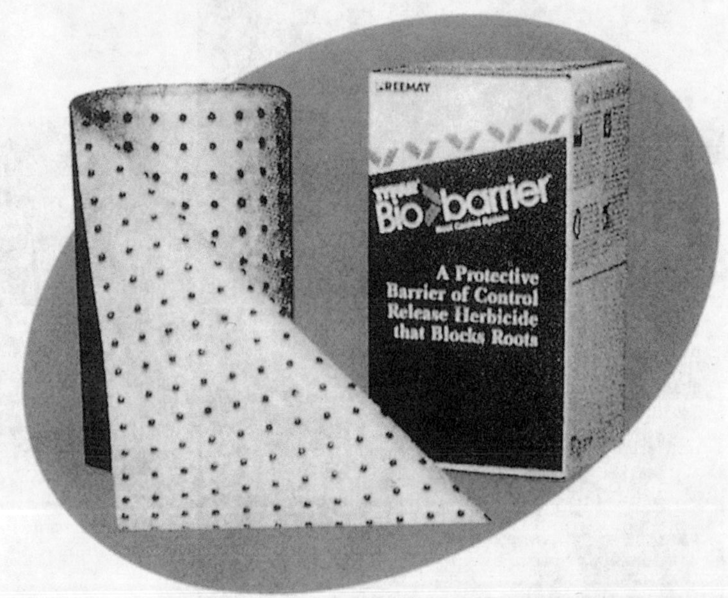

照片 1

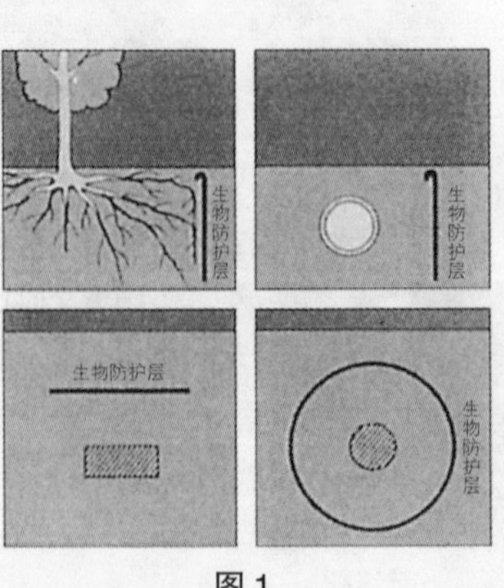

图 1

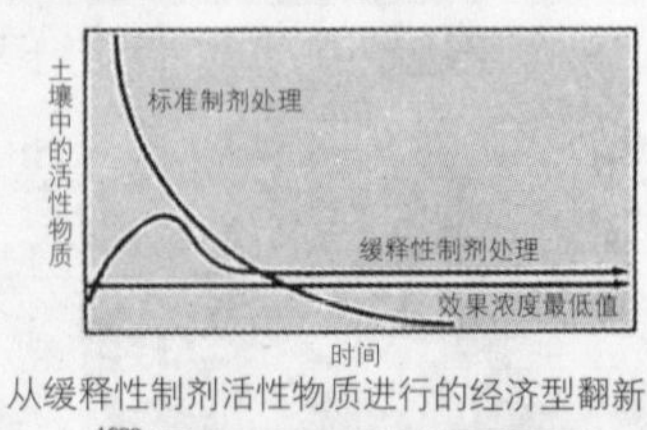

从缓释性制剂活性物质进行的经济型翻新

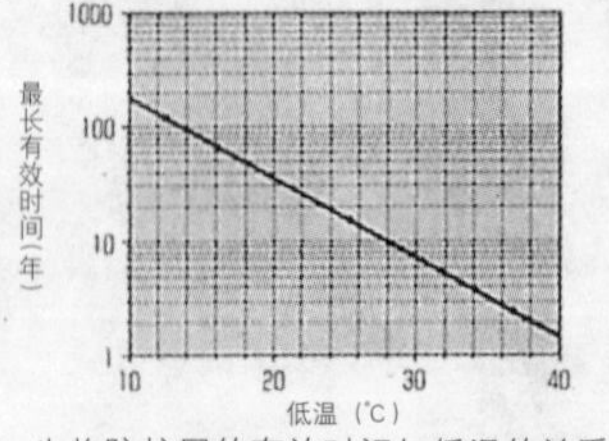

生物防护层的有效时间与低温的关系

图 2

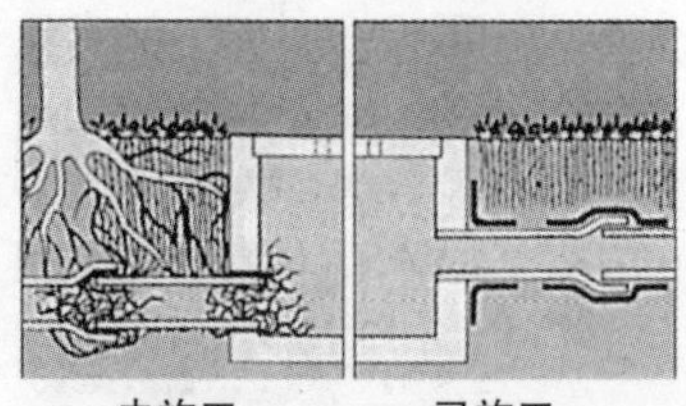

未施工　　已施工

图3　排水管连接部的保护

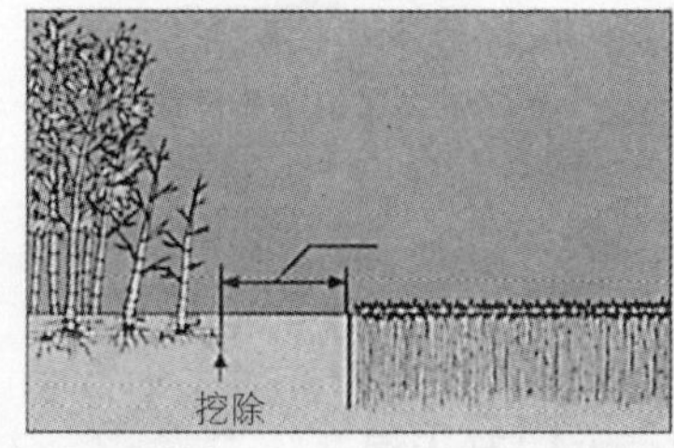

已施工

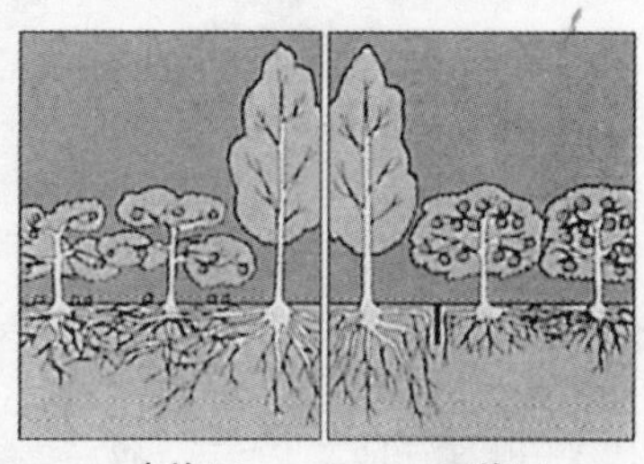

未施工　　已施工

图5　劣势树种的育成保护

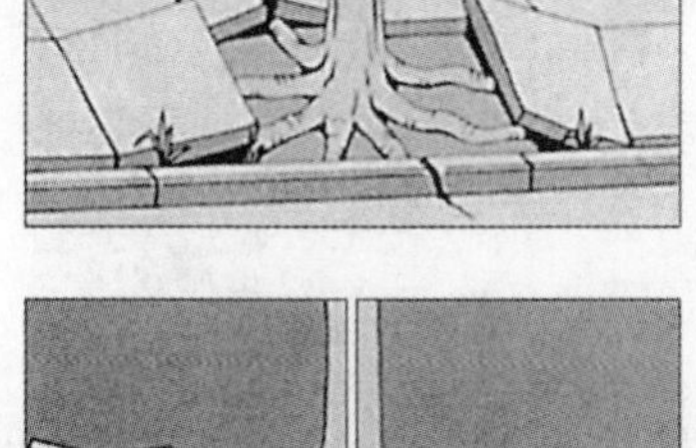

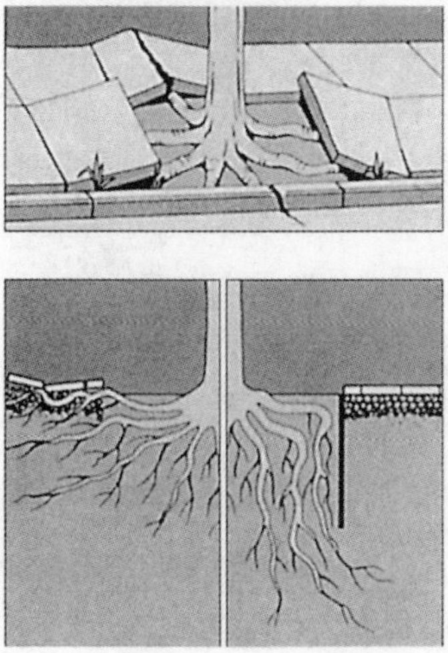

未施工　　已施工

图4　道路铺装面的保护

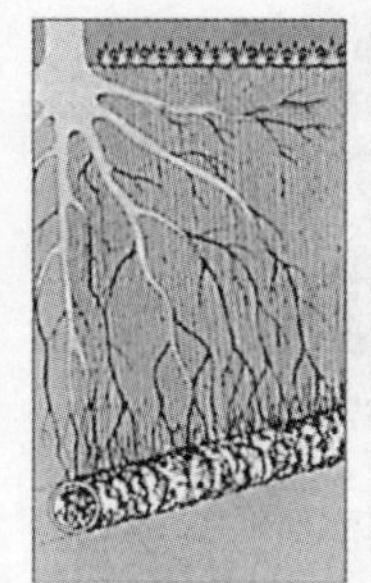

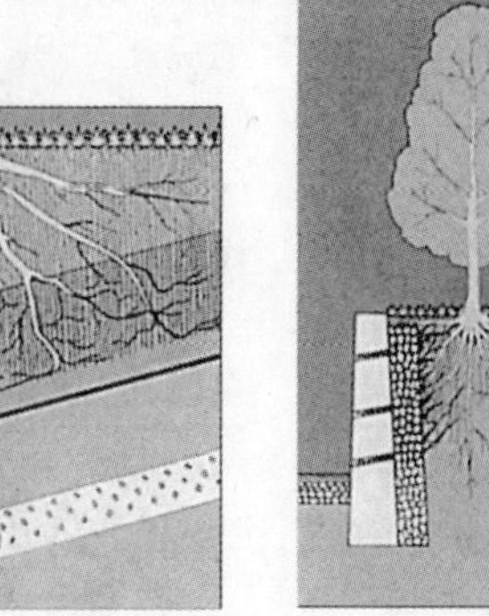

未施工　　已施工

图6　排水设备的保护

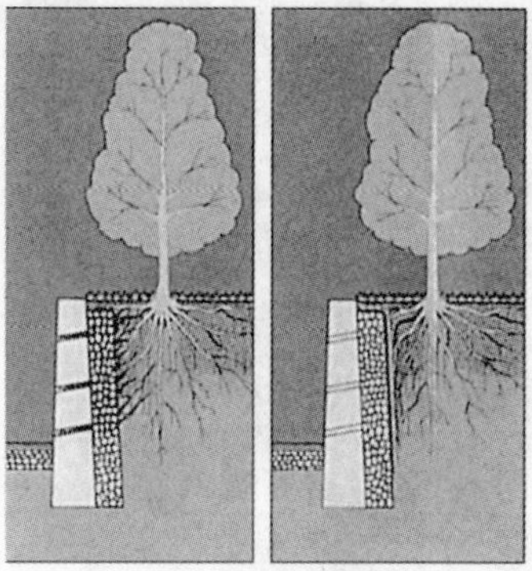

未施工　　已施工

图7　基础墙壁的保护

抑制向横向侵入的根茎。在栽植树木与防护层之间，为让根茎能够生长，留有一定间距（竹子类生长迅速，所以从地下茎的先端留了1m以上的距离）。而且，在保护埋设物和防护层之间，为让“细小物质”能够与土壤结合而生成处理层，还留有一定的处理层。

② 水平铺设法

抑制垂直侵入的根茎。与埋设物之间留有一定间距。

③ 围合铺设法

抑制从四周侵入的根茎。在围合埋设物和防护层之间留有一定间距。

11-1 环保·超级地下支撑材料“强力支柱”

●熊原 淳 东邦LEO株式会社

地下支撑的历史

说到城市绿化的场面，很自然地就要采用地下支撑。该地下支撑是为满足在人工公园中再现树木原本美丽的要求，于1987年开发出来的。

在保留过去所采用支柱支撑功能的同时，让地上的支柱看不见。把支柱埋到地下的创想当时还没有，是在实验过程中，为往栽植孔底部安装地下固定件，用绳子把根钵强力捆扎时，发现了“地下支撑”的方法。

其后，为改善施工方法和提高支撑强度、减少维护管理的作业内容、降低成本等，经过反复追加改良部分，从开发到现在已经过16年，从树木成长后可自然还原土壤的“环保绳产品”，一直不断进化到现在标准安装了用弹弓原理而产生强大支撑力“强力支撑材”的环保超级支撑材料“强力支柱”（下称“强力支柱”）。

“强力支柱”的特点

（1）环保绳

树木是在生长的，伴随自身的成长，使树体不断长大。其间，如果把支撑树体的地下支柱缠干绳放置不管，有可能会阻碍树木的成长。紧密附着树干型的缠干绳就不用说了，即使间隔（制造空间）缠绕，也会在不久之后导致阻碍生长的结果。

为此，采用过去的地下支撑系统时，随着树木的成长，需要切断和去除被树干磨断的绳子。针对这种情况开发了“环保绳”。

环保带是把具有足够强度的天然材料绳加工成可因水、温度、微生物等影响在一定时间内分解的产品。经过若干年而发生龟裂，使水可以进入，这样，内部的材料会马上失去强度，就此，其功能即告结束。“强力支柱”是以改善勒脖子现象为目的而开发的，均装有按时限分解的“环保绳”。

（2）强力支撑网

树木在受到风压时，如果开始倾斜得快，那么其后的倾斜就会很快变大。但是，即使倾斜了一点，如能马上扶正，那将能够以非常强的保持力支撑树木。为此，我们新开发了利用弹弓原理产生强力支撑力度的“强力支撑网”，所有“强力支柱”中都有安装。

树木倾斜的力度传输到“强力支撑网”的弓的部分，弓在绳子强力勒紧时以很强的力量压住根钵的上部而发挥作用。即使因浇水下沉等而使根钵下降，弓也为不留空隙而起作用，其力量总是

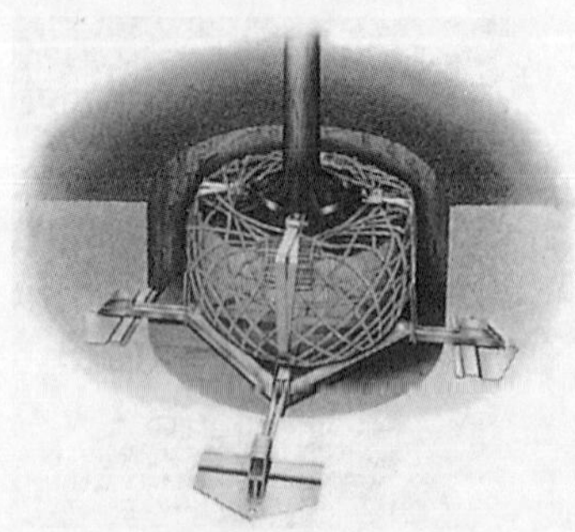

图1 强力支柱

照片1 采用地下支撑使树木原本的雄姿完全呈现

照片2 开始断开的环保绳

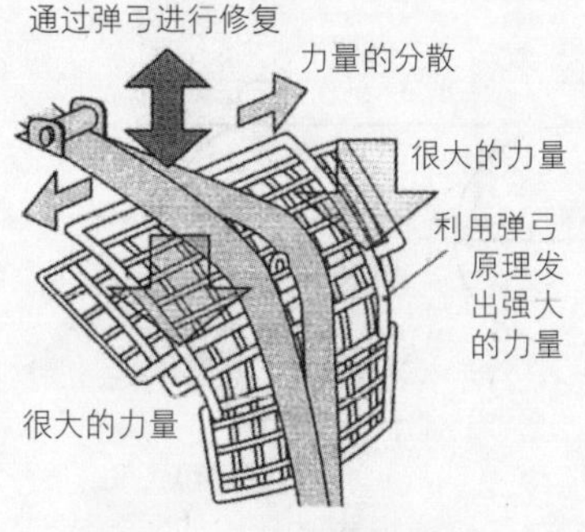

图2 强力支撑网的构造

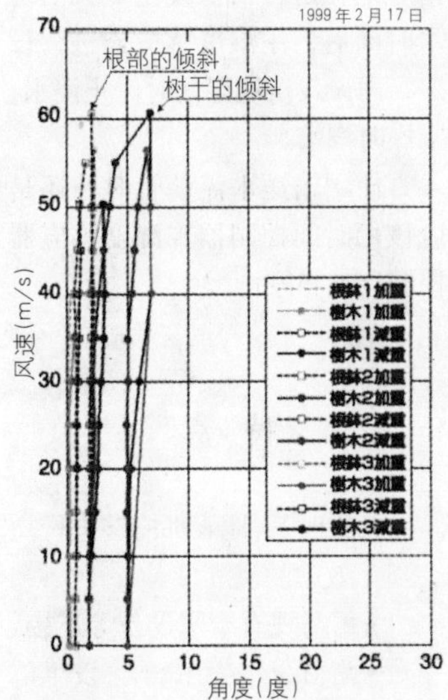

图3 支柱的强度测定试验

强劲地压住根钵的。

前面有已施工“强力支柱”的榉树倾斜和根钵倾斜变化的图表。即使风速为“60m/s，基本看不到有倾斜。

(3)提高安全性

地下支柱从其特性来说，更多用于城市地区人口集中的地区。因为，树倒在当今有可能导致重大灾害，所以，保证安全是必须要优先考虑的问题。

“强力支柱”是在栽植穴侧壁安装固定件(支撑板)方式的地下支撑。不只是利用栽植穴中被输送的土壤进行土压，加上还没有散的栽植穴周边内部摩擦的高度压力，达到可抵抗风速60m/s强度的目的。

从重视施工可行性的观点来看，还存在放置型的地下支柱。但是，只需摆放的支柱猛地看上去施工非常轻松，但为确保安全的强度，必须挖规定要求以上的树穴。这样，一方面需要大量劳力，同时，现在有的种植穴周边被铺装了，在这样的情况下就不能挖坑了，也就不能放置了。为不出现这样的情况，针对地下支柱的选择，需要对施工可行性和安装条件考虑周全。

①强力支撑

国土交通省规格的栽植穴径只能适合可自由扩大缩小的横向敲击方式。而且，打开支撑板后，可利用尚未崩塌土壤内部摩擦角所产生的抵抗荷载。

②只需放置型支柱

只需放置型支柱要具有与横向敲击方式相同的强度，必须挖规定要求以上的坑。而且，还需要很大的抵抗板。内部摩擦角所产生荷载抵抗也不能利用。

(4)针对建筑基本法的修改

“强力支柱”是按照建设省(现国土交通省)与2000年6月公布的新建筑基本法执行令、建设省告示的要求，根据基本风速和地表摩擦力度划分而开发的。

(5)丰富的功能

利用过去的金属型支撑产品，降低了通用部件和运输的成本，而且，还针对树木的尺寸进行了细化分类，实现了没有浪费的低价格产品开发。

城市环境改善所不可缺少的是绿地的存在。今后，我们东邦LEO在考虑景观性的同时，将继续为开发树木可正常生长的栽植基质而进行相关的开发活动。

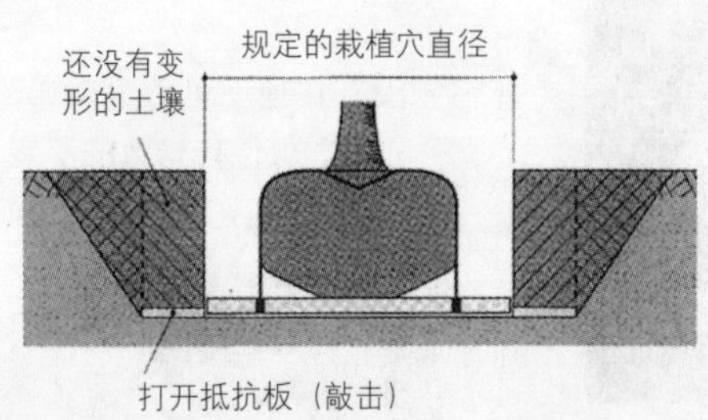

图4 “强力支撑”在强度上的优点

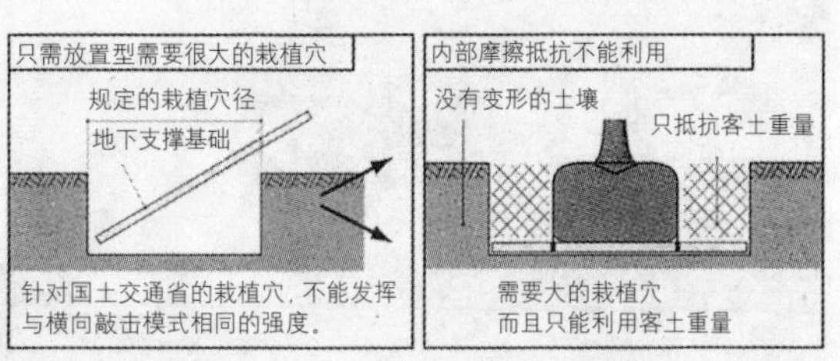

图5 “只需放置型”在强度上的优点

12-1 极管

●香取良一　株式会社堂科学

在屋顶绿化不断普及的形势下，重要的是不能缺少给植物浇水的设施。以下介绍的极管是实现造园家梦想的绿化用灌溉管，已经积累了很多业绩，今后，对屋顶、人工基盘状态下的庭院、花坛、草坪、栽植带等，还有其他多种用途，都可应用本产品。

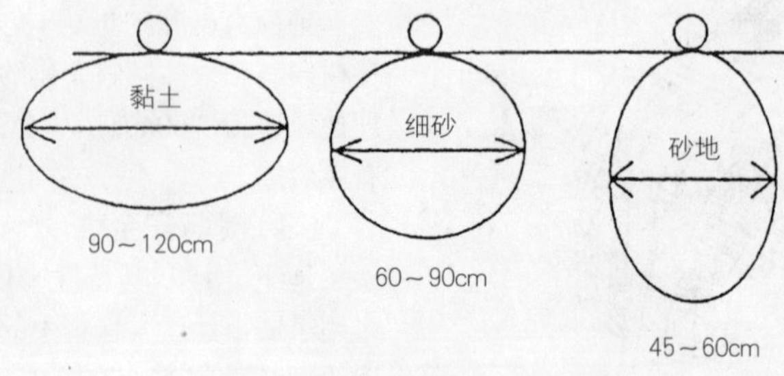

图 1　根据土质的水扩散情况

概　要

是长时间灌溉很小水量的管，与喷灌等相比，省略了泵等设备。一般来说，我们设定每分钟在 1m 内通过大约 0.07L 的水量，最大可到0.25L/min/m，最小为 0.06L/min/m。

一根管可浇灌两侧约50cm左右，根据栽植地的形状，最大可铺设宽度1m的浇灌管。而且，地表、地下（10cm 程度）都能用。

针对坡面等有倾斜的地方，可沿等高线铺设极管，由于低处渗出的水比高处要多，所以，需要用流量控制器对水流进行调节。

浇灌控制

该系统有手动方式和自动方式。手动方式通过散水栓的停止阀连接到极管上，浇灌的开始和停止通过开关停止阀进行操作。

另一方面，自动方式在散水栓之后安装电磁阀，用开关电磁阀的方式进行控制。启动、停止的指令是在定时器上设定一天的浇水时间后，用湿度感应器进行设定，雨天栽植地湿润时停止浇水，干燥时浇水。

使用输送水流的管时，还是应该用时间控制器和湿度感应器控制启动和停止。

特　点

- 从地下、地表都能够进行高效率的浇灌。
- 可与现有给水设备等连接。
- 耐荷载、冻结，不会发生龟裂等。
- 在任何曲线部分都能够铺设。
- 容易施工，不存在机械故障问题。
- 没有在地上可称为障碍的东西，可保持景致的美观。
- 没有水的飞沫，浇水时间不受限制。
- 容易进行管道的迁移和变更。

照片 1　极管

●庭院、花坛、草地

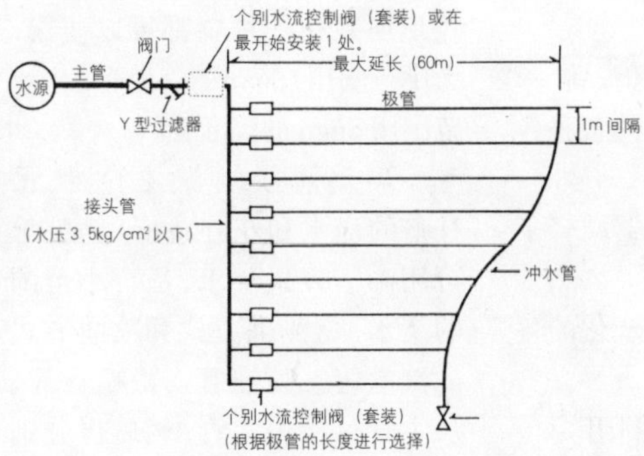

●栽植带

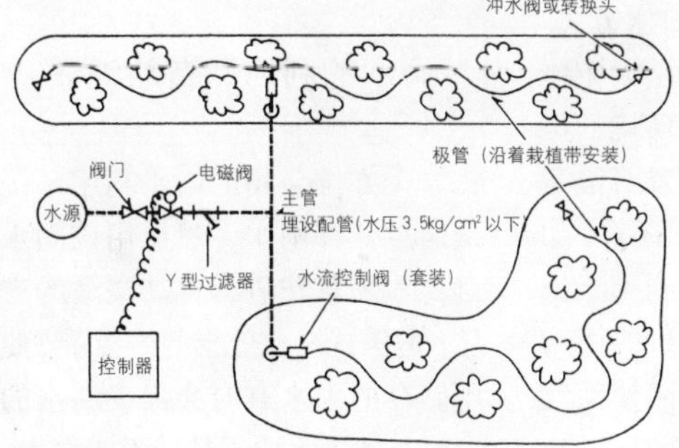

图2　极管施工实例

照片2　施工照片

- 有栽植、绿篱、花坛、人工基盘、屋顶绿化、草地等很多用途。

施工实例

作为其他相关产品，又向内装浇灌管和浇灌带两种。

内装滴灌管的特点是

- 按30cm/45cm/60cm/90cm的间隔点滴浇灌，不喷水。
- 管厚1.2mm，外径16.2mm。
- 材质为聚苯，内部装有对出水水压进行调节的水压转换器。
- 最大延长：100m（水压3.2kg/cm²，间隔45cm）。
- 水压转换器的出水水量为2/4L/h。
- 使用适当水压为0.7～4.2kg/cm²。
- 比极管便宜。
- 适用于树木、栽植带等有高低落差的场所。

另一方面，浇灌带的特点是：

- 以32cm的间隔进行浇灌。
- 从浇灌带内流出铜离子，在抑制虫害的同时，还为植物提供了微量铜养分。
- 口径16mm，厚0.25mm。
- 材质为具有高弹力的聚苯，水的出口是防止吸入砂粒等的过滤转换器。
- 最大延长：250m（水压0.6kg/cm²）。
- 转换器出水量为18cc/min/30cm。
- 使用适当水压为0.35～1.0kg/cm²。
- 比极管和滴灌管都便宜。
- 适用于平坦的栽植和农业用地。

12-2 自动浇灌系统

●全方位株式会社

概　要

在城市绿化中，自动浇灌系统是不可缺少的。但被混凝土和沥青所包围的树木和草花却大多都得不到充分的滋润。那是因为，即使下雨，渗透率小，雨水也就瞬时流走了，不能成为丰富的地下水。从现状来看，城市地区的夏季异常酷热和干燥已使绿色植物处于枯死之前的境况。特别是对生长环境最为恶劣的屋顶庭院来说，除特殊品种的植物以外，不浇灌就企图度过夏天是不可能的事情。

全方位公司的自动浇灌系统是公园、屋顶绿化等公共商业设施和一般家庭庭院的浇灌管理系统，在不失去美化效果的前提下，可毫无浪费地将浇水控制到最小限度，是以维护和培育绿地为目的的产品（参照照片1）。

照片1

特　点

街边的绿色使温馨扩散，屋顶庭院实现了能源的节约，我们将为推进对人和地球都有利的环境建设事业不断作出贡献，全方位公司的系统具有以下特点：

- 人工费减少
- 消除了排水故障和浪费
- 实现了符合需求的各种各样的排水
- 使用太阳能控制器减轻了环境负荷
- 有符合各种气候变化的各类排水感应器
- 雨水可得到有效利用

该系统的特点是消除了洒水的人工费、排水故障和浪费，还能够根据要求和目的选择排水方式。

而且，由于使用的是太阳能控制器，这就减轻了对环境的压力，各种感应器类的装置对浪费的排水可进行自动管理。还有，如让自动排水系统和雨水利用系统产生联动，就能够让珍贵的雨水资源得到有效利用，从而使生气盎然的绿色也能够得到了保持。所以，减轻环境负荷和对珍贵水资源的考虑是本系统的特点，可以说是理想的绿化效果保持法。

关于自动排水

我们全方位公司的自动排水系统可根据具体要求选择排水方式：

① 喷灌方式：使用伸缩功能可以只有在浇水时才让喷头露出地面，不破坏庭院的美观，可让植物的叶片像淋浴一样淋水，同时具有中小规模的喷头和大中范围使用的喷灌头。

② 滴灌方式：是从铺设灌溉管中滴落浇水用水的方式进行浇灌，根据栽植区域，公园和庭院或花坛所栽植的植物都可以使用。大中范围用16mm的滴灌管，中小范围用6mm的滴灌管。

③ 滴箭方式：树木容器、吊挂篮的浇水和花卉栽植、庭院等可用滴箭方式浇水，适合小范围的浇水。有滴灌方式和喷灌方式的滴灌管、喷灌管、微喷管等，从主管可接出支管，然后再分别安装。

雨水的利用和自动浇灌

全方位公司的雨水利用系统是通过储存雨水，然后用该雨水对树木和草花进行自动浇灌的产品，是保持绿化效果的好帮手。使用储存的雨水有时会出现断水的情况，如果水槽干枯，不能浇水，树木和草花就会枯死。为弥补这样的漏洞，全方位公司的雨水利用系统在储存到雨水罐里的水即将用完之前，会最低限度地补充上水，下雨后还可以储存雨水，而且，最低限度的补水具有让植物不至枯死的特点，是最大限度利用水资源、可保持绿化效果的新系统（参照图1）。

预测效果

通过该雨水利用系统和自动浇灌系统的结合使用，具有各种各样的效果，对家庭还能发挥出余暇效果、待客效果。

- 节水效果

最大限度地利用雨水，毫无浪费地均匀浇水，这样，就获得了节水效果。

• 绿化效果

可保持生气盎然的绿色效果。

• 降低人工成本效果

从浇水到补水的管理，由于全部是自动完成，所以，把人工费降到了最低。

• 余暇效果

从每天给植物浇水的劳动中解脱出来，可以去长期旅行。

• 待客效果

每时每刻都可用淋了水的最好状态的植物迎接客人的到来。

保持绿色就是创造更为舒适的环境，这与给人好心情密切相关。而且，如果是屋顶绿化，还具有对建筑物的隔热作用、空气净化效果、缓解热岛效应作用等很多绿化效果，这一切都是因为保持了植物的健康状态，如果植物枯死了，那就什么效果都谈不上了。在混凝土和沥青的狭窄空间栽植树木和草花时，作为栽植责任，首先必须做好浇灌的养护工作。

今后的发展

作为今后的发展，我们必须要首先记住的是，对屋顶庭院的雨水有效利用非常重要。雨下到屋顶上，从而雨水就渗透到屋顶庭院的栽植区域或土壤中，然后通过雨水井排出。一般来说，是把该雨水存储到安装在地下的存水槽里，然后用水泵把水抽上来进行浇灌。但是，这种方法对现有建筑和大厦的屋顶来说，在设备费用方面很难实现管理。然而，我公司对屋顶庭院的中水利用和雨水利用可通过埋设在土壤中的排水嵌板把降到屋顶的雨水集中起来并储存到存水罐中。用这种方法储存起来的雨水用于浇水，可实现保持绿化效果的目的。

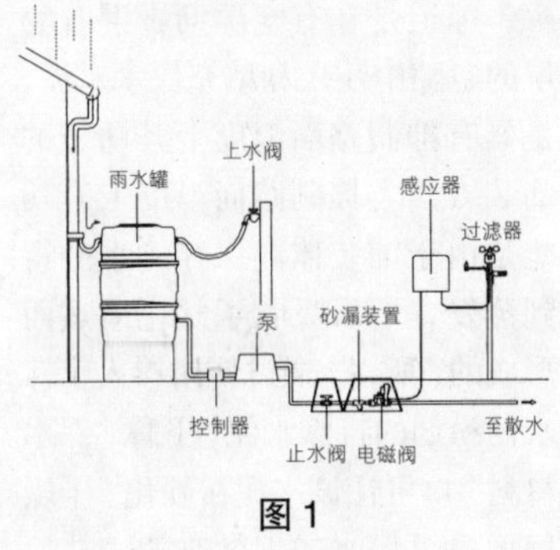

图1

① 降到屋顶庭院的雨水通过土壤下的排水嵌板存储到集水盘中。

② 从集水盘把水输送到屋顶储水罐。

③ 用储水罐中存储的水进行自动浇灌。

④ 浇灌的水也和雨水一样返回储水罐，①~③程序不断反复。

是一次下的雨可用到最后一滴的浇灌方法，该方法考虑了减少上水的利用量。当然，如果因蒸发而使雨水减少，也考虑了必须最小限度地上水补充。全方位公司的使雨水利用系统和自动浇灌系统联动的屋顶绿化系统作为“雨水利用系统”，是对环境最好的水资源利用和绿化效果保持系统，我们将不断改良和开发。

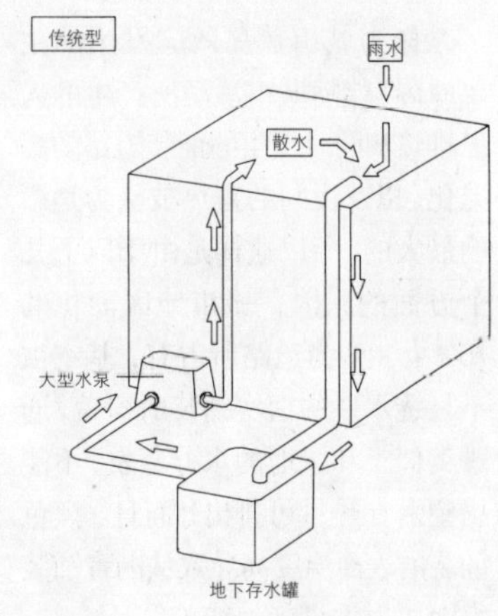

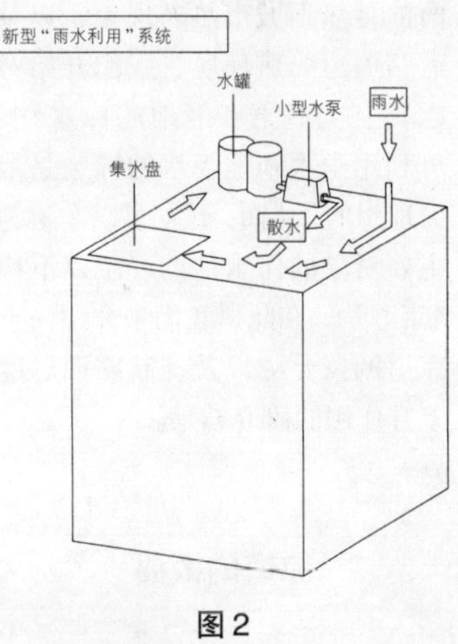

图2

13-1 保水性铺装

●十井　豪・福田万大　大成技术株式会社技术研究所、营业企画推进部

作为城市热岛效应发生的主要原因，伴随城市活动所产生的人工排热和同时发生的铺装道路的高温化，以及夜间的蓄热被认为是影响最大的。所以这样是由于以下几个方面的原因，城市地区面积的10%～20%为道路所占有，基本被不具透水性的密实铺装所覆盖，通过类似土和绿地的水分蒸发，不能指望潜在热量可排出，而且，黑色铺装的表面温度高导致从沥青铺装表面放射大量紫外线等。

所以，为缓解从铺装功能方面的蓄热到城市热岛现象，以及道路周边的热环境，我们开始考虑具有类似土和绿地的保水性、可利用雨水和地下水的铺装是最为理想的，从而，开发了以车道为主要对象的保水性铺装（以下称"凉道"）。在此，我们来介绍一下凉道的概要，以及抑制路面温度上升作用的研究结果。

凉道的概要

（1）凉道的构造

凉道是在有空隙沥青混合物层的空隙中注入和填充保水水泥，是具有抑制路面温度上升功能的铺装方法。抑制路面温度上升功能是由于铺装体内保存的水分得到蒸发，然后吸收了气化潜热而形成的，所以，通过使用掺入了保水性粉剂的特殊水泥（下称"保水材料"），可让该水泥在硬化、干燥后形成可保水的细微空隙，从而确保保水功能。凉道的断面举例以及保水材料细微空隙的保水状态形式如图1所示。

（2）凉道的特点

① 是在空隙率为25%左右的分离粒度沥青混合物层空隙中填入了保水材料的铺装材料，通过强化母体沥青混合物，达到符合车道使用的要求。

② 通过铺装体内保存水分的蒸发，气化潜热被吸收，从而实现了抑制路面温度上升的目的。

③ 具有凉道铺装体容积大约10%左右（厚5cm时约5L/m²）的保水能力，放置自然状态时，1天的蒸发量以2～3L/m²计算，大约可保存2～3天蒸发量的水分。

（3）凉道的用途

① 改善道路周边热环境（城市内街道的车道铺装及步道铺装等）；

② 环境上好的公园广场和停车场铺装、步道铺装等。

凉道的功能

（1）路面温度上升的抑制效果

夏天，我们对夜间降雨后2天之间的路面温度、沥青铺装（高密度、透水性）、土质铺装，以及凉道所测定的结果如图2所示。

上图显示了不过水高密度铺装的白天最高路面温度，透水性铺装也基本显示了同样高的路面温度，比沥青铺装路面温度最多低15～20℃，换算成紫外线的放射量是减少了110～115W/m²这么大程度的热量。

凉道所包含的水分在蒸发时吸收了气化潜热，作为水蒸气散发到上空，在升空凝结时放出汽化热，所以，可借助自然的力量把地表的热量输送到生活圈之外。

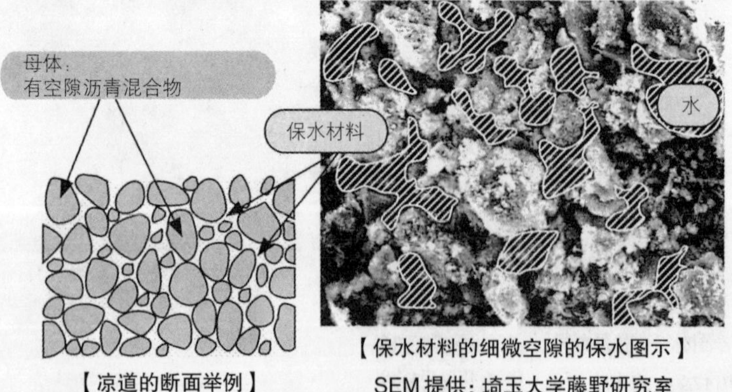

【凉道的断面举例】

【保水材料的细微空隙的保水图示】
SEM提供：埼玉大学藤野研究室

图1　凉道的断面举例和保水图示

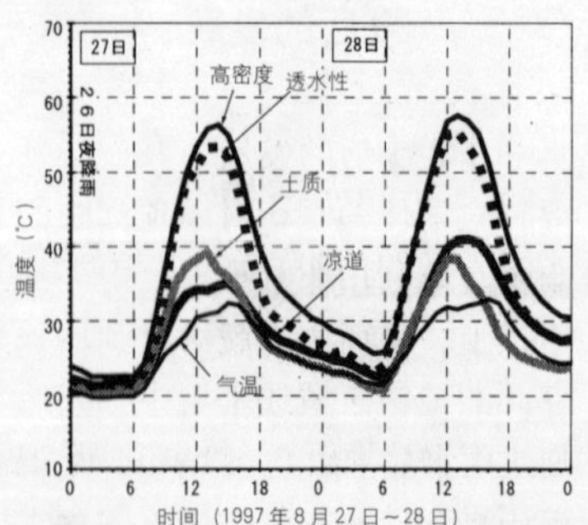

图2　各种铺装路面温度的测定举例

还有，如果夏季白天的水分蒸发量为大约3L/m²，气化潜热量就是大约270W/m²。

（2）铺装表面的热吸收和散发

铺装表面接收来自太阳的日照和来自大气和云层的紫外线放射而使铺装升温。另一方面，铺装表面在反射日照的同时又将紫外线放射和显热排放到上空。铺装表面的热放射模式如图3所示。根据图例，从大气环境上来看，凉道通过潜热的输送可消耗262W/m²的热量，这样就可以把步行者所接受来自铺装表面的热量排放减少121W/m²。

（3）温度上升抑制功能的测算举例

我们进行了城市街区规模的路面温度降低效果对抑制气温上升影响的测算，采用三维多方向流动模式计算出了道路上的气温。气象条件是假设东京8月晴天的日照量、紫外线放射量，地上附近初期气温为下午5点26℃。根据白天的分析结果，下午3点铺装道路上的气温空间分布如图4所示。

如果把沥青铺装改为凉道，我们测算出以下结果，道路上的气温在1.5m处约降低1.2℃,10m处约降低1℃。

（4）功能的持续性

土和绿地在失去降雨和来自地下的水循环后会停止蒸发散热作用。同样，凉道如没有水循环，也很难长期维持功能的发挥。所以，有效利用储存和渗透雨水和地下水才能维持凉道的功能，从而起到改善热环境的作用。现在，我们正在研究对一时储存雨水和地下水进行从基础层供水的双层供水式保水铺装（参见图5）和对直接向道路基盘内部渗透的储水进行从凉道表面蒸发的铺装构造等。

为能使保水性铺装功能得到充分发挥，需要提供适合蒸发量的水。在进行增加铺装自身保水量改良的同时，在城市水循环系统中如何考虑对保水性铺装的供水系统是今后的重要课题。

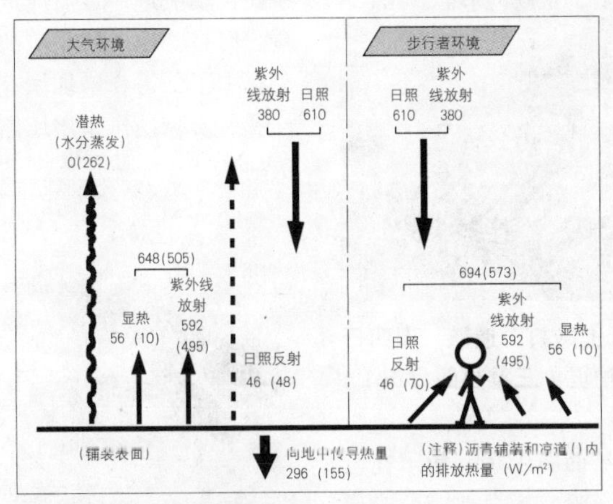

图3 铺装表面的热量排放比较（以夏季白天排放热量为例计算）

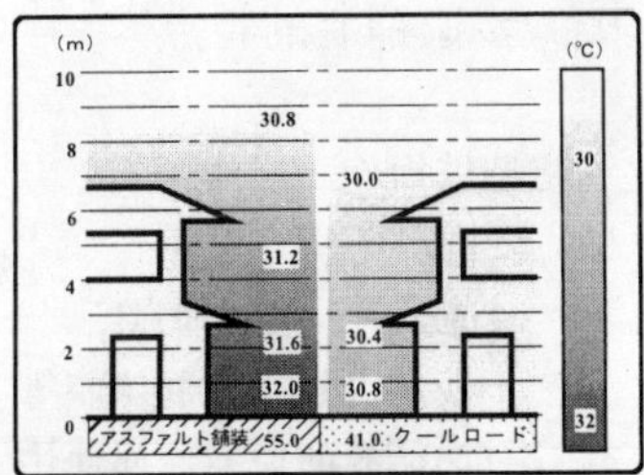

图4 铺装上和周边的气温分布计算举例（沥青铺装和保水性铺装）

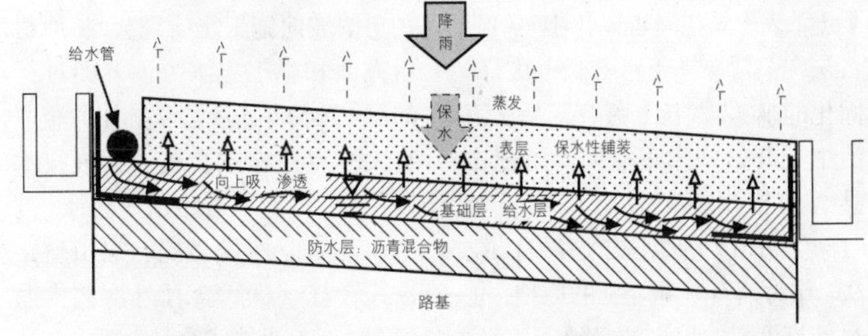

图5 双层供水型保水铺装图示

13-2 土壤坡面施工方法

●井村竹应　株式会社 INAX　公共装饰商品部

开发背景

现在，报道我们身边环境问题的文章每天都有。在当今的时代，我们不得不解决作为20世纪负面遗产的环境问题。

在企业活动方面，从商品的制造环节，到排出废弃物的整个过程中对环境有所考虑是作为企业市民的责任。

现在，铺装材料多种多样，让我们的街道景观变得五颜六色。色彩鲜艳、好走路、价格便宜等，在功能和成本方面都作了很多努力。使用循环利用原料的商品也逐渐多起来，所以，铺装材料参与解决环境问题已站到了起跑线上。

在INAX方面，首先，欧洲注意到了作为土灰砖制造方法所利用的土灰（土的成分之一）和消石灰（钙）在水热条件下发生固化反应，在土里掺加消石灰，开发了用比较低的温度（180℃以下）进行水处理制造固化体的技术。作为用于铺装砖材和用于铺装装饰材料的该技术被应用到了叫作“土壤陶材”的商品（1996年～，图1）。

图1　土壤陶材施工实例（千叶县松户市）

更进一步说，在摸索节省资源、节省能源的技术中，我们发现了土（表土=花岗岩风化物）和消石灰在“常温”下可“长七敲打”固化的事实。“长七敲打”是从明治中期开始到大正初期，由爱知县碧南市出身的左官服部长七（1840～1919）所创造的“敲打”技法。作为消石灰和表土的原理，通过敲打可变的惊人的坚硬，从此，开始应用于从未想到过的河川堤防和护岸等大规模治水工程。在其遗骸里，中部地方为中心大约经过了100年，直到今天仍然有很多部分留下了坚硬的形态。（图2）

图2　“长七敲打”遗骸。旧四日市港潮防护堤（三重县四日市）

土壤坡面施工法利用了在石油原料等还没有十分普及的时代就使用了的长七敲打固化原理，从而开发了全新的、节省能源的土质步道铺装技术。该开发活动是土壤坡面施工法研究会*从原材料方面和施工方法方面开始进行的。（*2003年5月至今参加的企业有大林道路株式会社、大成技术株式会社、鹿岛道路株式会社、世纪东急工业株式会社、福田道路株式会社、株式会社外部艺术熊谷、常盘工业株式会社、株式会社INAX）

固化原理

土壤坡面施工法的固化原理与“长七敲打”是完全相同的。以下对其固化反应做一下说明（参照图3）。

- 消石灰与空气中的CO_2发生反应，生成碳酸钙（碳酸化反应）。
- 消石灰与土中的反应性物质发生反应，生成各种钙水化合物（水化合反应）。

土壤坡面施工法是对促使这些固化反应进一步反应进行了试验。但是，比上述反应的生成物量减少了，需要增加填充性（敲打——实际操作是用压路磙子等压制）。

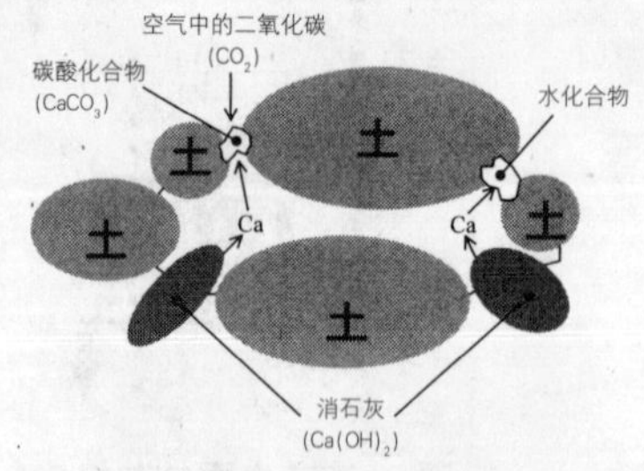

图3　固化原理的形象说明

步道铺装的特点

土壤坡面施工法作为施工方法的主要特点是：

- 通过压制，可增加强度。
- 不使用大量水泥和树脂等石油能源的原料，而使用天然原料。

由于是不用把天然土进行完

熟化，而可直接固化的施工方法，可保持土本来的特性。以下为土壤坡面施工法步道的特点：

① 减轻环境负荷

制造时所需能源量的测算结果[生活循环评估（LCA）测算]如图4所示。由于没有使用需要大量水泥和树脂等石油能源的材料，可大幅度减少燃料能源消耗和因二氧化碳排出而带来的环境负荷。

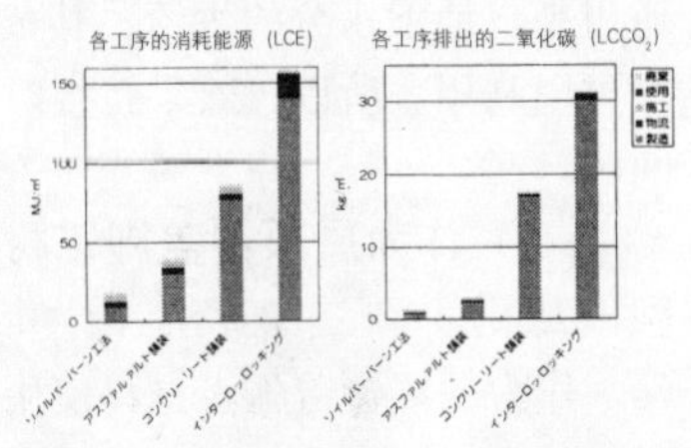

图4　按工序分类的LCA测算结果

② 降低路面温度

由于用天然土本来的温度进行固化，所以，与踩实的土具有同样程度的保水性。为此，保存的水分通过蒸发可抑制路面温度的上升，对沥青可望有一半到三分之二程度的抑制效果（图5）。

③ 舒适路面的实现

为增加固化程度，在发挥步道功能的同时，还有防滑、不因风而起灰尘、下雨时不泥泞的优点。缓解冲击的步行感使该材料成为不容易让人疲劳的材料。此外，由于表面具有一定的强度，对轮椅等步行者也没有问题，而且，耐磨耗性强，耐久性也强。

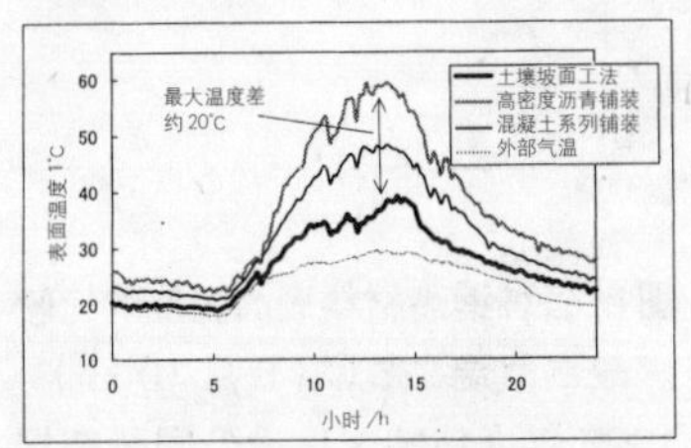

图5　路面温度测定举例（夏季）

④ 土的原始感觉创造了自然的景观

用自然本身的风格，与风土培养的周边环境很好地融合在一起。又由于使用的是现场附近的土，可再现地域特点。

施工实例

土壤坡面施工方法对需要原始土感觉的遗址、遗迹周边的步道、绿道·河川走道等是最为适宜的原材料。不过，在建筑外结构上使用的也不少。

可使用的地区是除寒冷地区之外的场所（日本海侧至平原地区）。以下按使用位置对施工环境进行一下介绍。

结束语

土壤坡面施工法是可称作完全环保的铺装材料。但是，虽然土的颜色可以调和成符合当地风景特点的色彩，但不能完全控制。在材料的特性上，有时，颜色的差异会多少发生。还有，不能在站前广场等重步行空间使用，还存在着工艺、功能等方面的一些问题。

在思考今后街道景观的过程中，我们想，也许可以通过对铺装材料的土壤陶材·土壤坡面工法进行“适材适地”的设计，综合解决功能、景观、环境等方面的问题。

照片1　岛根县簸川郡斐川町（传统建筑周边）

照片2　东京都昭岛市（绿道）

照片3　埼玉县户田市（公园）

13-3 保水性陶材

●藤崎干士　积水室外株式会社

人们说热岛现象的原因之一是城市地区土壤面被人工构造物覆盖而使蒸发量减少。本文介绍的保水性陶质建材不仅是具有耐久性、维护性优势的陶瓷产品，而且还与土壤具有同样的功能，也就是说，是具有下雨时雨水很快被吸收到陶材内部并保存起来、晴天时又可以让保存的水分蒸发出来功能的产品。通过其蒸发潜热，取得热岛现象受到抑制的效果，同时其本身也冷却下来。

在人工聚集密度高的城市地区保留土壤和进行绿化是需要很大努力的，但保水陶质建材虽然是陶制的，却能保证具有与土壤相同的功能，所以，能够与一般的铺装材料、屋顶覆盖施工材料、屋顶材料等同使用，同时还能够起到抑制热岛效应和冷却覆盖构造物的作用。

所谓保水性陶材

保水性陶材是具有微小连续空隙的多孔质陶，下雨后，雨水通过微小空隙被快速吸收，而且保存起来，天晴后，保存的水分又蒸发出来。过去一般普遍使用的代表性透水性建材透水砖材，由于是重点放在低比例混凝土、利用均一粒径主材、确保透水性等方面的商品，所以，只能保存很少的水，蒸发效果也不可能好。

保水性陶材的空隙大小为1～100微米（千分之一毫米）的程度，空隙率为30%～60%的程度（可根据不同用途进行选择）。蒸发量是通过建材表面的釉药量来控制，现状的最大蒸发量为6mm/d的程度，近乎森林的蒸发量。产品相对密度为0.5～1.7，可自由生产，根据用途所需强度，可分别使用不同相对密度等。

保水性陶材的原料为各种残渣（高温炉煤渣、铸造物残渣、垃圾残渣、下水残渣等）、石材粉末、黏土等，大约80%为循环利用材料，而且，烧制的能源只需要一般陶制品的大约1/2，可称是功能、原料、产品能源等都重视了环保因素的产品。

使用方法

保水性陶质建材主要用于铺装材料、屋顶材料、墙面材料等。材料的颜色与其他陶制品相同，是通过釉药配合成需要的颜色，如需进一步美化和增加设计性，凸面加工等也很容易，在景观性方面很有优势。

（1）作为铺装材料的使用方法

作为铺装材料，使用有厚度的砖材。表1叙述了砖材商品“环保装饰保水砖”的物理性参数。从数值上可以看出，不仅是保水量的多少，尺寸精度、强度都比混凝土制的砖材有优势。

接下来是与保水性步道砖和沥青铺装、混凝土铺装、ILB、草坪的表面温度比较，如图1所示。在地面上使用时，通过雨水的蒸发可取得抑制热岛效应的作用，同时，晴天保水量持续减少时，

环保装饰保水砖的物理性参数　表1

尺寸（mm）150 × 300 × 50		
项目	测定值	测定方法
尺寸允许差	± 1.0 以下	游标测量
粗相对密度	1.67	测定值
空隙率（体积比）	37%	根据 JIS A5209
吸水率（重量比）	15%	根据 JIS A5209
保水量	12.5L/m²	测定值
弯曲强度	9MPa	根据JASS7M-101

通过来自地下水分的供给，其蒸发可以利用，所以，效果持续时间长。

（2）作为屋顶覆盖施工材料的应用

作为屋顶覆盖施工材料使用时，我们举例说明一下保水性陶材“环保装饰保水板材”的物理性参数，如表2所示。该产品的产品认证属于JIS A5209规格。具有步道可使用性和景观性，而且，由于是陶制品，作为屋顶覆盖材料使

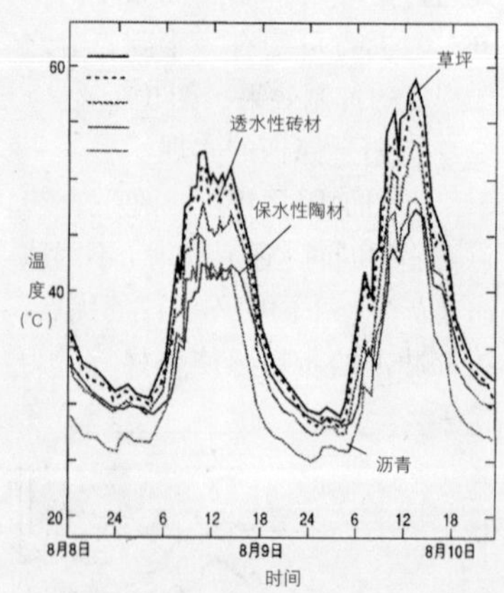

图1　各种铺装材料表面温度的比较
最高气温　36℃（8月10日）
1996年度住宅・建设公团研究报告会资料

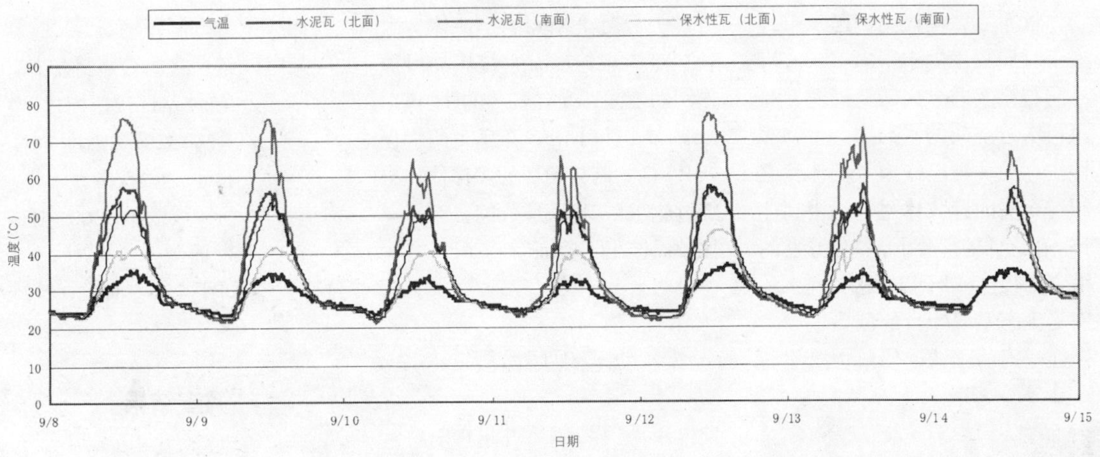

图2　瓦内侧温度的差异

环保装饰保水板材的物理性参数　　表2

尺寸（mm）297×297×25		
项目	试验结果	试验方法
粗相对密度	1.4	游标测量
吸水率	24%	测定值
体积空隙率	48%	根据JIS A5209
弯曲强度	250N/cm	

照片2　屋顶覆盖材料(医院屋顶)

照片3　试验楼（埼玉大学内）

照片1　住宅小区内环绕住宅楼的保水性砖材

用时也基本不需要维护，可获得与绿化土壤相近的效果。

作为屋顶覆盖施工材料的施工实例如照片2所示。

（3）作为屋顶材料的应用

作为屋顶材料使用时，需要把防水层做得非常好，其他的使用方法与以往的屋顶材料同样施工即可。在埼玉大学实验楼所做保水陶材和水泥瓦的温度比较试验结果如图2所示。

根据对瓦内侧温度的测量，水泥瓦在南面的最高温度为77℃，而保水陶材瓦的温度竟低50℃和20℃，对空气中辐射热的排出量自然很少。而且，在天井里放了150mm的隔热材料，室内温度也可以降低0.5～1.0℃。

总　结

当今，以屋顶绿化为代表的城市绿化受到注目，但总是遇到成本、维护等课题而停止实施。保水性陶材是成本比较低、管理简单的抑制热岛效应的有效建材，根据绿化的使用方法，可算是对改善城市热环境发挥作用的建材。

14-1 组合式P·G预制板施工法

●荻原英寿　株式会社新日本草坪

近年来，国民意识已从单纯追求物质数量的丰富向追求心理滋润与充实的方向转变。尤其是河川水边空间的水与绿、生物多样生存的环境已作为人们体验滋润与充实的开放休憩空间受到注目。在这样的形势下，我们开发的组合式P·G属于以治水、利水和恢复生态系统为目的创造生物多样性空间的工法，使植物能够在与过去混凝土相同的构造体上生长，是为自然生态系统增加保护作用的工法，受到各界的注目。

本文针对1995年施工的组合式P·G预制板护堤的多样性，与经过施工后5年而形成的自然河岸比较而作出了验证。

照片1　现场（施工后4年半的状况）

调查现场概要

发包者　国土交通省九州建设局武雄工程事务所

工程名称　石原川挖削筑堤护坡工程

工程地点　佐贺县多久市牟田边地前

护坡工法　组合式P·G预制板工法（5号碎石、2层模式、空隙率22%、强度18N/mm²、t=35cm）

河道特性　河床坡度I=1/300，河道断面……

浇水频率　每年4次左右

强度调查　表1

核心编号	压缩强度（N/mm²）	备注	核心编号	断裂拉张强度（N/mm²）	备注
1	19		6	1.12	最小值放弃
2	18.1		7	1.66	
3	16.8	最小值放弃	8	1.68	
4	17.4		9	2.08	最大值放弃
5	22.1	最大值放弃	10	1.54	
平均	18.2	≥18N/mm²	平均	1.63	≥1.5/mm²

植物调查　表2

	绿化覆盖率（%）	植物品种数（平均）（品种/78.5cm²）	扎根·串根（平均）（株/78.5cm²）
自然河岸（3处）	85～95	9.8	-
卡车用PG护岸（12处）	50～95	8.8	15.8·3.2

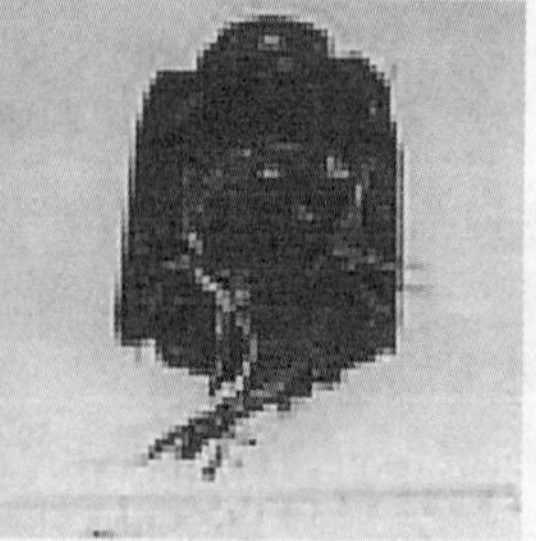

照片2　植物调查情况及中心内部

调查结果

① 河岸侵蚀严重部分某区间施工后经过5年的组合式P·G强度试验结果表明，符合上表的数据标准。施工时的参数为压缩强度18N/mm²以上，断裂拉张强度为1.5N/mm²以上，可以看出，完全没有劣质化的迹象。

② 组合式P·G护堤表面部分由于经常有很多滚石等流下，所以，其大约50%的敲打部分用的是普通混凝土。考虑这个因素后，绿

压缩强度试验状况

照片3　寻找洞穴的状况

昆虫调查（个体数及多样度指数）　　表3

调查法	项目	St.1	St.2	Ct.1	Ct.2
任意采集调查	个体数（个）	117	119	164	128
	多样度指数	5.53	5.14	5.64	4.76
陷阱调查	个体数（个）	34	20	10	30
	多样度指数	3.43	3.31	2.50	3.55

St.1：核心部（有防止吸收排放的材料）　St.2：核心部（无防止吸收排放的材料）
Ct.1：衔接部附近 Ct.2：自然河岸（在土壤动物调查中也是调查的同一地区）
关于多样度指数（注释1），采用的是Shanon-Wiener的多样度指数。
注释1：石原川多自然型工发评估讨论业务报告（2001年3月 财团法人先端建设技术中心）

土壤（土壤动物）调查　表4

土壤调查

调查点	土壤硬度 mm	pH	透水试验 10^{-6}cm/s	保水性 ①/⓪
St.1	7.6	7.2	3.08	178
St.2	6.6	7.1	2.19	138
Ct.2	22.3	7.1	0.15	120

照片4　土壤（土壤动物）采集

土壤动物调查　　表5

项目	St.1	St.2	Ct.1	Ct.2
大型土壤动物（只）	29.6/2116cm^2	25.3/2116cm^2	13.5/2500cm^2	26.3/2500cm^2
中型土壤动物				
数量（只）	93.6/20cm^2	95.2/20cm^2	87.8/20cm^2	88.0/20cm^2
分类群数（种）	37.5/20cm^2	35.6/20cm^2	47.8/20cm^2	27.9/20cm^2
螨虫指数	57.7%	75.6%	79.9%	82.9%

螨虫指数：螨虫中型土壤动物的代表种群，衡量多样性以此为标准指数化。

微生物调查　　表6

项目	生物资源氮元素（mg/100g 干土）	丝状菌数（X106CUF/g 干土）
自然河岸土壤	54.28	2.06
核心内部土壤	103.38	6.43
核心下部土壤	26.41	5.67

照片5　核心采集后及丝状菌状况

色覆盖率及植物品种数量都没有出现太大的差异，处于非常良好的生长状态。而且，由于很多品种的植物发现多少有些干燥，所以了解到核心部的生存环境是比较干燥的。核心部为切割出来的直径10cm圆柱体，核心内部有15.8株根伸展着，其间，3.2株的根以背面土壤生存着，我们已确认到，与自然河岸的生长环境基本没有区别。

③ 昆虫的种数和个数及多样性指数，无论哪一个参数，在各调查区都没有发现很大的区别。所以，我们判定已成功地创造了与自然河岸相同的生物生息环境。在虫的种类方面多少有些差别，核心部的植物一般高度较低，我们可以判断，喜欢这样环境的昆虫比较多，所以，我们认为，维持草原性昆虫群生存的环境已创造成功。

④ 我们还确认了土壤的适应性，也非常好。

⑤ 螨虫指数是对全体螨虫比例进行指数化的参数，螨虫越多，多样性越低。在大型土壤动物上，P·G护岸与土坡护岸没发现有很大区别，但在中型土壤动物上却可判断P·G护岸富有多样性。通过调查可得出结论，与昆虫调查相同调查地点的植生带植物品种也会发生很大的影响。无论怎样，我们可以断定，作为P·G护岸的生物生息环境可创造出与自然河岸同等的多样性环境。

⑥ 比较自然河岸，我们确认内部土壤的微生物性及下部土壤的微生物性都维持得很好。由此得出结论，P·G部的连续空间所具有的通气性、透水性对植物的生长和根部的健康都发挥了良好的作用，同时，从微生物性可以看出，直到内部和下部，对土壤的物质循环起到了很好的帮助作用。

结　论

通过一系列检测证明，组合式P·G预制板护岸施工法在构造上和比较自然河岸的生态系统保护功能两方面都是非常有效的。今后，我们将在更多的现场继续进行随时间变化的监测和实验，这对普及和开发更利于环境改善的P·G混凝土施工法是非常必要的。

15-1 艾尔陀螺

●株式会社日野绿化　草坪绿化部

概　要

“艾尔陀螺”与以往的日本草坪相比，可大幅度减少维护管理的作业内容（剪草、除草、洒水），是环境压力适应性强的结屡草的改良品种。

结屡草·马尼拉草广泛分布在日本全岛，是最适合日本气候风土的草坪品种。但是，这些草坪品种只不过是栽培、繁殖了自古以来就有的野生品种，将现有规格一定的草坪栽植到不同地方就会出现形状、质量不同的情况。随着高尔夫球场和足球场的普及，作为运动场草坪，需要在草坪的质量和均一化上有所提高。

在美国，日本草（结屡草）的评价很高，从20世纪50年代开始掀起了草坪研究的高潮。其间，在加利福尼亚大学的河边对日本草的缺点进行了改善，为能发挥特性，引进了比包括日本在内东南亚地区更新的遗传特性，并进行了品种的培育、筛选。在培育研究过程中产生了日本草（结屡草）的新品种“艾尔陀螺”。（美利坚合众国专利：植物 No.5845）

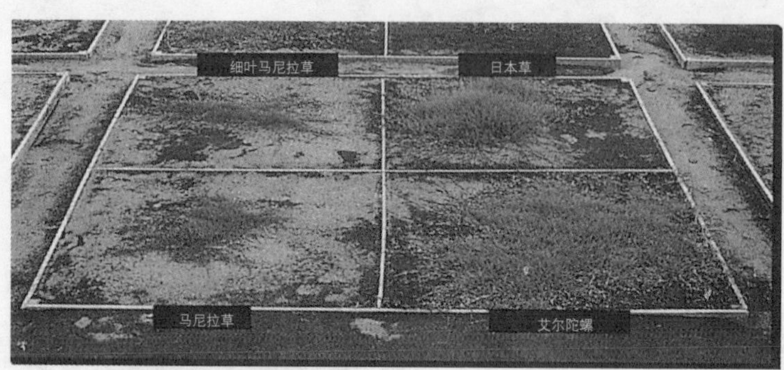

照片1　生长比较。艾尔陀螺生长旺盛。把直径 40mm 圆形根丛移植到 1m × 1m 的试验区中央部位（1992 年 7 月 14 日栽植 1993 年 6 月 25 日拍摄）

我公司技术中心（千叶县）

艾尔陀螺

日本草

照片2　艾尔陀螺的地下茎发育好，叶身呈横躺状态

剪草等的比较　　表 1

		艾尔陀螺				日本草			艾尔陀螺/日本草
剪草次数*（5月~8月）		36次				48次			3/4
杂草发生量（1995年）株/m²		2月	4月	6月		8月	10月	12月	1/4~1/10
	阔叶	2.5	2.6	2.0	阔叶	14.5	24.3	7.2	
	稻草科	0.1	0	0.2	稻草科	0.2	0.9	0.7	
	其他	0	0.1	0	其他	0	0.8	0	
	合计	2.6	2.7	2.2	合计	15	26	7.9	

*进行剪草 20m² 管理时的剪草次数（草高 30mm 时剪草）

特　点

日本草的杂交品种“艾尔陀螺”与以往的日本草相比生命力更加旺盛，地下茎发育得更好，所以不容易受践踏等伤害的影响，恢复速度也快。而且，耐干旱，由于是叶身躺着的形式，也能减少剪草的次数，即使有种子飞来，由于叶身是覆盖地面的，所以种子不容易掉到地上，抑制了杂草的发生量，减轻了维护管理的负担。

单位面积的芽数比传统日本草更多，是密度非常高的高品质草坪。适应能力强，在海岸沿线的

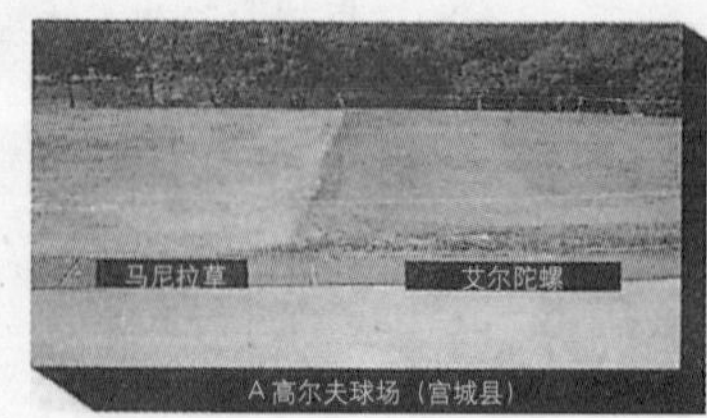

照片3　耐干性强。1995年干旱时的状态（九州）

照片 4　艾尔陀螺 · 大卷
（1m × 10m）

照片 5　大卷的施工

照片 6　在草坪上召开运动会

高盐分地带和降雨少的地方也能够很好地生长。

利用场所

为满足召开淘汰赛高尔夫球场那么高质量的要求，从赛马场、运动场、公园的草坪广场等实用频率高的高处到利用河川浇水的条件恶劣场所，适用范围非常广泛。而且，由于地下茎发育好，使日本草第一次能够卷成超大卷（大卷），可用于希望缩短培育时间的校园庭院绿化的灾害恢复。

艾尔陀螺 · 大卷

• 施工简单、省力
• 大幅度缩短了成坪时间
• 成坪效果好

实现了更快、更好的目标，2003 年，在国土交通省发包的明石海峡公园使用了 $20998m^2$。

对校园环境绿化的参与

作为现在受人注目的绿化领域，我们可以列举校园环境的草坪化。校园环境草坪化的规划也在逐年增加，而且是全国范围的。其中，艾尔陀螺自 1995 年开始作为校园环境草坪被使用，而且，按草坪品种分类，采用最多的是艾尔陀螺。如前所述，艾尔陀螺耐磨、耐践踏，非常适合使用频率高的校园环境草坪使用。

用艾尔陀螺 · 大卷进行校园环境草坪化的从现有校园到新建校园，业绩很多。用大尺寸草坪施工缩短了工期，可更快地提供给学生使用。

校园草坪化的最大问题是要优先考虑学生的安全，所以，施工工期短和在培育上不用花太多时间是非常有利的。不利用暑假和寒假、还有春假的时间，一般很难进行铺设草坪的施工。在此，施工大卷就可以将投入使用的时间提前，不仅铺设效果好，大卷自身重量很重，施工后也能够马上投入使用。而且，为推进校园草坪化的建设，我们还以问答的形式准备了参考资料《我们要把校园草坪化》。该资料包罗了从基本的草坪知识到规划、施工、管理的内容。接受校园绿化的咨询时，我们在颁发这份资料的同时，还进行推动今后校园草坪化的活动，创建了在全国范围内迅速收集校园草坪化动向的组织机构。

15-2 地青

●长沼和夫　日本生物株式会社研究开发室

概　要

以前，草坪的主要使用者是高尔夫球场、公园、体育场等，近年来，工场和海岸等至今未能开发的恶劣土壤条件下的地方也开始对草坪有了需求。特别是工厂的环境，根据工厂建设法的规定，工场规划面积的20%以上必须绿化。树木也可以使用，但是从土地利用的便利性和通透性等保安方面的因素考虑，对地被植物的需求也非常大，对考虑了美化效果和体育娱乐等用途的可管理优质草坪有很大需求。

但是，适合上述土壤栽植的品种很少，比如，由于pH值极低或极高，还有高酸碱度（EC值）的问题，一般使用的草坪品种基本不能生长。地青作为用于草坪的植物是最能适应恶劣条件的草坪品种，近年来，其应用已逐渐推广。

照片1　出穗的地青

地青是把日本名称为沼燕稗（*Paspalum vaginatum*）的植物改良为适于作草坪的品种，野生品种在日本生长于屋久岛以南的海边湿地，在世界上分布于热带、亚热带地区。野生品种的穗高为50～80cm，地青是矮化的，出穗时的草高只有20cm左右，匍匐茎节间狭窄，叶片密度高。叶片颜色类似兰草和马尼拉草，是有些发蓝的深绿色，覆盖地面的速度也与马尼拉草相同，非常快。主要是在地上匍匐伸展茎叶，在干燥地区也长粗的地下茎。由于是暖季型草，冬天休眠，但是，如果在由于工厂废热等使环境温度不下降到0℃以下的冬天，也能够保持绿色。在美国称作海岸路棕榈，在浇水混入盐分地区的高尔夫球场等地用得很多，国岭也用这种草做。

照片2　把放在2m × 2m格子中间的长10cm地青匍匐茎种植后3个月的状况

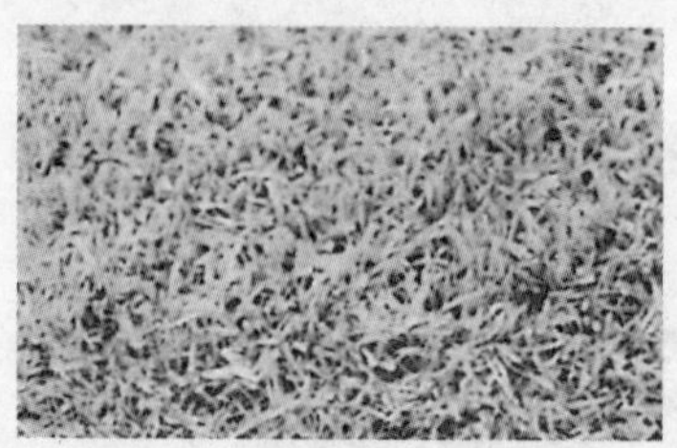

照片3　地青的草坪表面

耐盐碱性

耐盐碱性的强弱根据草的状态和环境而有所不同，而且，即使种类相同，不同品种也差别很大。作为草坪完成的地青如果有充足的日照，即使淋了海水，也不会出现叶色发生变化等的受伤现象。对盐分影响反应最大的是作为苗栽植的地青匍匐茎，发根时，包括EC值（盐类浓度）为4dS/m程度的高盐分含量土壤也能够发根、伸展叶片，并延伸匍匐茎。一旦有了充分的叶片，从叶片表面的盐类腺即可排出盐分，而且，因排出盐而实现了无害化，能源可通过光合化取得，也能够进一步扩展到高浓度的土壤。在众所周知的草坪品种中，马尼拉草等具有很强的耐盐性，地青比马尼拉草的耐盐性还强。

土壤pH

强酸性土壤所渗出的铝和锰等毒性与钾、镁、磷、钙等元素的不足构成双重障碍，阻碍了植物的生长。地青对这些障碍非常有耐性，比较在pH6.5和pH4.2土壤条件下生长的结果，发现即使在pH4.2土壤上生长也不受阻碍。pH5.5以下时，氨的硝化作用受到阻碍，氨中的氮元素作用弱化，但硝酸氮化和施用氮元素时添加石灰可以有所改善。作为低pH值也能生长的草坪品种，众所周知有结缕草和蜈蚣草，地青具有更强

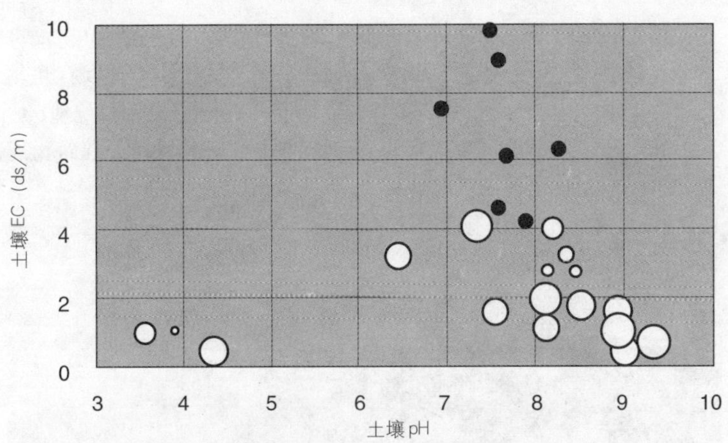

图1 土壤pH值、EC值与地青的发芽

在现场取得的各种各样pH值、EC值土壤中，栽植地青的匍匐茎，然后调查了萌芽的芽数。大白丸发了10个芽，小白丸发了2个芽，黑丸没有发芽。

照片4 2000年城市景观大奖所选尾道站前草坪广场

照片6 临海工业地带土壤盐分浓度高的高罐院内的地青草坪

照片5 使用喷播机（机械化播种植草施工法）大幅度提高了植草速度

的耐性。

在碱性强的土壤中铁、镁、磷等得不到利用，一般的草坪需要在pH8以下的土壤才能正常生长。地青在pH8.5以上的土壤也显示了稳定的生长状态。而且，在因高浓度钠离子而形成pH9.5到pH10.2的土壤上也能够生产草坪的包括地青在内，只有海边植物棕榈等耐性强的品种。

适应地区

可栽植地青的平原地区是北关东以南，适用于温度指数在100℃以上、年平均温度12.7℃以上的场所，冬季有几次－5℃的情况也能够越冬。盐分和pH等压力大时，根据其程度需要有充分的日照。

管 理

作为草坪的质量，管理是非常重要的。地青只要有适当的管理，完全可以成为与西洋草419和兰草有同样细密程度的草坪。地青只需要粗放的管理，对省略施肥和干燥非常有耐性。可使用各种各样的再生水，对喷淋也有很强的适应性。更重要的是没有病虫害，农药的使用量是最少的。种子不发芽，所以，不容易杂草化。

施工方法

地青可用块状（切块草）、容器、GO-LAWN（草坪网施工法）、喷播机（机械化播种植草施工法）进行施工。

草坪网施工法是日本生物的专利产品，在木绵的双层网之间夹着地青苗。在施工现场只要打开草坪网，覆上薄薄的土即可发根、发芽，并完成草坪的施工。

使用喷播机（机械方式）是喷播草坪苗并在其上轻轻覆土一次完成，属于机械化播种植草施工法。

在工厂等施工现场，各部位条件不同的情况比较多。实际施工之前，高精度测量土壤的pH值、EC值非常重要。出现地青不能生长的条件数值时，需要进行土壤改良。即使土壤表层EC值高，深度为10cm的地方也有可能EC值低，只要翻耕、搅拌，即可具备充分的地青生长条件。

15-3 都

●今田贵之　东洋绿色株式会社企画开发本部

概　要

"都"是在株式会社日本牧草（JTG）所收集的遗传资源中寻找繁殖能力强和绿叶时间长的品种而开发出来的草坪品种。1995年，作为新品种已登记，在改良的日本草（杂交结缕草）中属于最早登记的品种，也是最早得到应用的品种。

根部一直伸展到地下很深的部位，所以非常耐干，即使在干旱时也能保持绿叶。而且，还耐盐碱性，所以可以用于海滨地带的绿化。针对病虫害的耐性也与以往的结缕草相同，可利用旺盛的繁殖能力增强草坪的恢复能力，从而把灾害控制到最小程度。

过去，用集中管理的方法可作为运动草坪使用，但现在，可适合多种用途的草地。最近，我们利用其根部向深层的特性，进行了用于多自然型护堤的试验，其保护坡面的作用受到注目。

特　点

① 繁殖快，草坪的恢复能力强。

② 匍匐茎多，一直到土壤深层都发育，可形成密集的草坪。

③ 比过去的结缕草更耐干。

④ 比过去的结缕草更具耐盐碱性。

⑤ 与马尼拉草具有相同的绿叶时间。

适用地区及用途

"都"是结缕草和马尼拉草的杂交品种，大致在关东以南地区可以种植，根据使用现场的不同，也有在东北地区使用的业绩。

发挥"都"特点的使用方向可以有公园、多用途草坪广场、机场绿化带、墓地陵园、海滨绿地、坡面保护、工厂内环境及建筑物周围的绿化等。

主要施工实例

照片1　兵库县立三木山森林公园施工实例

施工实例　　表1

施工实例	场所	概算数量（m^2）	施工时间
综合运动场			
长野县立佐世保西高等学校第2运动场	长崎县	4000	2003.1
砂町运动场迁址工程	东京都	10700	2002.10
城西国际大学棒球场	千叶县	8500	2002.6
汤田町棒球场	岩手县	8000	2002.7
早稻田大学运动场	东京都	11500	2002.4
新地町综合公园棒球场	福岛县	8500	2001.3
综合町门球场	茨城县	14000	2001.3
宇都宫作新学园	枥木县	5000	2000.12
日动火灾运动场	琦玉县	12000	2000.5
江户川棒球场	东京都	3000	2000.2
小鹿野町棒球场	琦玉县	8000	1997.9
细江町运动公园多用途运动场	静冈县	12000	1996.4
足球场、橄榄球场			
北茨城市市民足球、橄榄球场	茨城县	4700	2002.3
紫云寺纪念公园足球场	新泻县	9700	2001.5

续表

施工实例	场所	概算数量（m²）	施工时间
保土谷足球场、橄榄球场	神奈川县	20000	1998.4
白子町民足球场	千叶县	1800	1997.3
公园			
长野县向日葵公园	长野县	300	2003.3
御崎公园建设工程之5	兵库县	3600	2003.1
横尾池公园	兵库县	6500	2002.9
嬬恋村综合运动公园	群马县	650	2002.5
丸山综合公园	富山县	600	2002.3
小山市城南公园	栃木县	1300	2002.3
阿见町综合运动公园	茨城县	9000	2002.2
冠山综合公园	山口县	5000	2001.12
安来亲近自然公园	岛根县	12000	2001.7
横浜市山下公园	神奈川县	15000	2001.5
小山市恬静森林公园	栃木县	2000	2001.2
八尾市公园	大阪府	3000	2001.3
横浜市儿童自然公园	神奈川县	1200	2000.3
三潴町公园	福冈县	14000	2000.1
浜松市高冈公园	静冈县	15000	1998.3
草坪广场			
寺野东遗址草坪工程	栃木县	6100	2003.3
21世纪森林公园、公共广场	福岛县	3000	2002.2
安来亲近自然公园	岛根县	9000	2001.7
种子岛中山间、多用途广场	鹿儿岛县	2800	2001.8
平矶下水处理场、草坪广场	兵库县	4000	1997.4
佐贺县森林公园、草坪广场	佐贺县	35000	1996.6
校园、校园庭院			
若草幼儿园	静冈县	600	2003.2
杉并区立南永福幼儿园	东京都	100	2002.3
立命馆大学	京都府	1400	2000.3
鹿儿岛市大迫学校	鹿儿岛县	460	2000.2
高知工科大学	高知县	9300	1997.5
机场、港湾、海滨绿化			
德山下松湖港湾环境建设	山口县	1700	2002.11
鹿儿岛港湾环境建设	鹿儿岛县	1400	2001.9
松山机场	爱媛县	15000	1998.1
高尔夫球场			
宇陀练习场	奈良县	600	2002.6
志度练习场	香川县	1700	2002.2
角田市民高尔夫球场	宫城县	2000	2001.6
常陆台练习场（新建T型练习场）	茨城县	3500	1996.8
出云机场练习场（新建专用道路）	岛根县	54000	1996

结束语

现在的“都”产地分布在东日本（千叶县、茨城县）、中部（三重县）、西日本（鸟取县），其栽植面积大约40hm²。产地对订货也建立了迅速处理的体制和措施。

自1995年品种登记以来至今，供货的业绩共计全国范围内大约250万m²，高尔夫球场和很多公园、运动场、草坪广场、学校校园、校园庭院、机场、港湾、海滨绿化等都采用了我们的产品。

今后，在发挥“都”的草坪恢复能力强和根部深、耐干旱、耐盐碱性等特点的基础上，期待着从多用途草坪广场到机场绿化带、墓地陵园、港湾、海滨绿化、坡面保护等场所的普及和应用。

“都”相关网页
株式会社J2
:http://www2.odn.ne.jp/jtg.j2/

15-4 过江藤

●佐藤　正　株式会社绿野　小野文夫　西武造园（株式会社）

概　要

在环境绿化领域，关于植物的利用方法，在以往的手法上增加了野草草花的利用，这项事业正日益得到发展。

作为绿化材料的植物，需要具有品种上多样性和适合环境变化的耐性。而且，随着几年来日本经济形势的突变，建设事业经费被削减，管理费标准也不得不降低，所以，整个社会的中心议题就是经费的节约。

作为从事绿化事业的企业，针对当前的社会课题，我们认为，新商品的技术开发必须是社会所需要的。

在此，以降低伴随绿化的维护管理成本为目的，对从日本国内原生品种筛选出来的新地被植物（过江藤）进行以下介绍。

关于过江藤

过江藤生长在日本从关东以南到西南诸岛海岸附近的沙地和岩石上，是马鞭草科的多年生植物，在海外，广泛分布在从南欧、南北美等热带到亚热带地区。

本文介绍的过江藤是从日本原生品种的垂岩草经过长年研究开发而筛选出来的改良品种。

学名*Lippia nodiflora L.*，登记商标名为“S 叶”。

该品种的特点如下所述：

① 节间短，生长点多。

② 小叶密集，繁殖性强。

③ 可形成密度很大的草坪。

用垂岩草的名字在一般市场上销售的品种是叫作小垂岩草的植物，与原生品种在学名和形式、质地上都有所不同。而且，原生品种已于2000年2月完成农林水产省的种苗法品种登记申请。

S 叶的主要环境适应性

① 繁殖性强，可形成高密度草坪。

- 覆盖速度是马尼拉草的6～10倍。
- 节间短，小叶密集。

② 草高不到3cm，可让高度有所控制。（有光地方）

③ 耐践踏性强。

④ 耐潮湿性强。

⑤ 栽植基质的pH值适应性广。（大约4.5～11）

栽植适应用途及引种效果

① 公园、运动场周边等压尘和抑制杂草进入，维护管理费降低。

② 作为代替草坪的植物，削减了剪草成本。

③ 海岸绿地带（盐类板结土壤地带）的栽植。

④ 道路中央隔离带等抑制杂草进入和降低维护管理费。

⑤ 河川坡面等抑制杂草进入和降低维护管理费。

⑥ 医院、福利设施等的景观绿化和维护管理费用的降低。

草坪形成状况

开花状况

S叶和小垂岩草的特性比较　表 1

植物名称及学名	过江藤（S叶）*Lippia nodiflora*	小过江藤（S叶）*Lippia cannescens*
草高	不到3cm	不到15cm
茎的形状	不木质化	木质化
种子发芽性	好（无休眠期）	不好（基本不长芽）
花茎长度	短	长
花的大小	小	比较大
密集型	好	略差
践踏耐性	强	弱
耐雪性	弱	较强
春天的萌芽性	晚	早
对熏蒸的抵抗性	强	弱
耐酸性	比较强	弱

备注：网状部分表示劣质性。

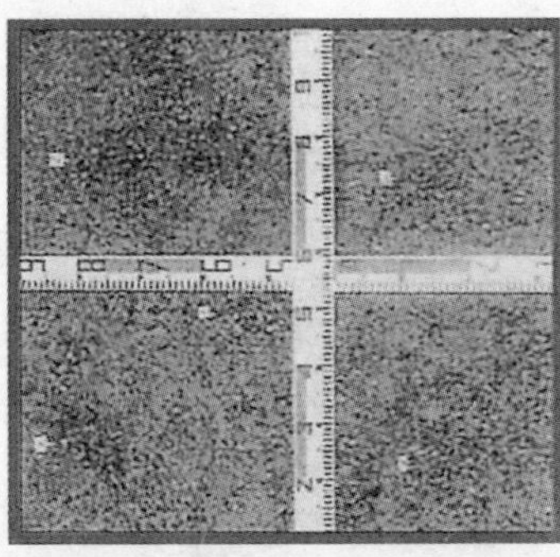

2001年6月

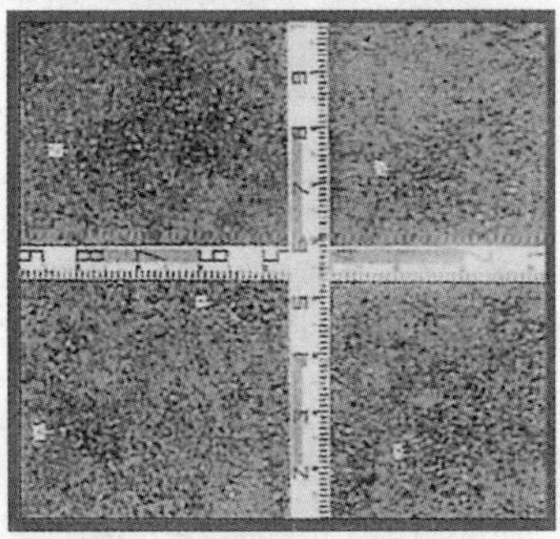

2001年7月

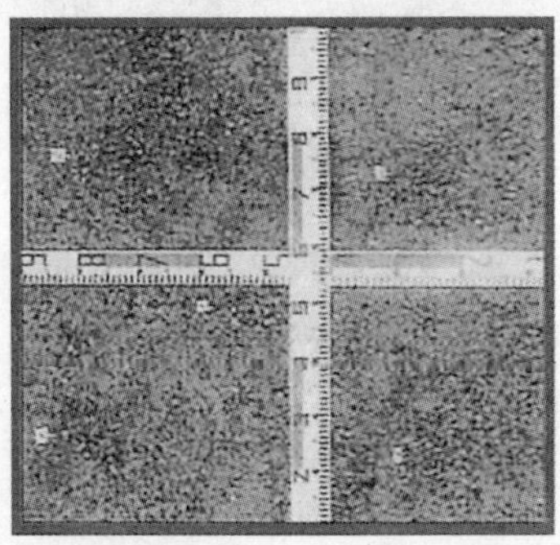

2001年8月

⑦墓地·陵园等的绿化和维护管理费用的降低。

⑧工厂·办公楼·住宅小区等的绿化和维护管理费用的降低。

⑨飞机场等大面积地带的绿化和维护管理费用的降低。

⑩楼顶等绿化面积的保证和室内温度的缓解。

S叶

小过江藤草

试验场地的状况

海滨盐碱土壤(pH11)地带的生长状况

S叶的缺点

① 容器种植时，从晚秋到冬季，基本不适合种植。但是，基质板块则全年可用。

②一旦覆盖后杂草基本不会侵入，但覆盖之前需要除草。

S叶和草坪的成本比较（$1m^2$的费用）　表2

项目	S叶	草坪
材料、工费（日元）	1444	1000
每年的管理费（日元）	154	675
1年总计（日元）	1598	1675

商品的标准及规格

标准	规格	栽植期
容器苗	9cm	原则上为3~9月
苗盘苗	200孔、220孔苗盘	同上
板块基质苗	25cm见方	全年

③萌芽较迟，而且，讨厌淹水。

④在冬天，叶子变成褐色。

S叶的主要栽植实例

① 大阪市长居公园市民广场

② 多摩都市单轨高架下

③ 地球演示中心

④ 国土交通省（霞关3号馆屋顶）

⑤ 大阪市高见公园

⑥ 三原市支路等

*

S叶是作为2000年的新地被植物，以降低维护管理费用为目的而开发的商品。该商品符合现代社会的管理简单型绿化手法及降低成本的要求。

至此，尽管时间很短，但我们已在全国各地的事业化和试验栽植中取得了多次定量评估，在积累数据的同时，从业主获得了很高的评价，为普及和推进我们的开发成果奠定了良好基础。

15-5 天然草坪 EMR

●大田浩二　株式会社试管绿地

开发背景

“草坪事业的合理化是否可能？”

在生产草坪和用草坪进行施工的过程中，我们开发了天然草坪 EMR。

在战后的数十年间，在道路、大坝、隧道、桥梁、铁道、港湾、机场、高层建筑等方面，建筑技术和土木技术都得到了飞跃性的发展。

但是，草坪的生产和施工仍然按照传统的做法，依靠的是人工为中心的作业。伴随劳动人员的高龄化，出现了劳动人员不够充足的问题，我们认为，这一定会对生产业者和施工业者在不远的将来产生影响。

为什么不能采用机械化生产、机械化施工呢?

至今为止，野草、高丽草的规格为 30cm × 37.1cm × 9 张 =1m²，大尺寸草块主要以这种规格捆扎起来。串根性较弱的狗牙草规格是以根系为单位起草。

铺设 1000 m² 草坪摆放 9000 张草块的施工方法是否合理? 为使用以草根为单位的起草方法，草坪培育所需的时间太长，而且施工后短时间内不能开始使用。在生产方面是否能更整齐地做成草卷?

我们开始考虑在生产苗圃通过使用草坪和网子结合的方法试图解决上述问题。网子的强度和草坪的串根性结合起来的确能够生产出草卷。再进一步可以根据使用需要把草坪的种类和网子的种类进行多种组合，这样就能够满足各种各样的草坪绿化需求了。开发背景的出发点是生产作业最简单、需要时间最短、施工最为轻松的绿化草坪，今后，我们也将以开发“草坪事业的合理化”原则，不断提出各种新的草坪事业方案。

照片 1

照片 2　现状规格

产品概要

天然草坪 EMR：E 是 eco（环保），M 是 mesh（网格），R 是 roll（草卷）

本产品是把各种天然草种植到苗圃的草坪网上，草坪的根与草坪网相互缠绕就成了草卷。草坪网根据需要可以选择具有生物降解性的塑料，也可以选择没有降解性的张力强度大的材质。

即使土壤全部散落也不致出现草坪散开的问题，直到把草坪铺设到施工现场后草坪成活，依靠草坪网的强度就可以起到保护坡面的作用，草坪成活之后，草坪保护坡面。

草坪网有可生物降解的产品，降解后将回归大自然。

特点（EMR 施工法）

EMR 是在生产苗圃用具有生物降解性草坪网和草坪培育的可起草卷运至施工现场的草坪产品。

① 标准规格以 50cm × 2m 为标准，（幅宽最大为 1m）长度可任意设定。

② 即使弄掉草场的土也能维持产品规格（还可提供洗根草坪）。

③ 可用草卷的形式提供狗牙草。

④ 施工性强，可全年施工。

⑤ 可算短工期。还有，可让运动场的使用时间提前很多（最适于校园庭院绿化）。

⑥ 由于规格为 50cm × 2m 的草卷，施工效率比以往的块状草坪产品提高了大约 3 ~ 5 倍。

⑦ 可全面铺设，杂草不易侵入。

⑧ 由于比块状草坪大，所以不容易翻个。

⑨ 从施工到交活的时间短，非常经济。

⑩ 管理方面与以往的块状草坪一样，不麻烦。

施工实例

机械操作员 2 名

照片 3

照片 4

照片 5

照片 6

照片 8

照片 7 鸟取县、供草苗

卡车 2 辆

一般工人 3 名

日测员 1 名

转压工人 0.2 名

（1 天可施工 1600m²）

供草时间：2003 年 7 月上旬

☆（鸟取县），布施综合运动公园地上竞技场

（草坪面积：106m × 69m= 7314m²）

☆暖季型草坪：改良狗牙草（草卷规格：洗根草坪）

意 义

现在，真正参与解决地球环境问题的削减 CO_2 问题已迫在眉睫，而且，抑制热岛效应、大气净化、景观建设、绿化事业等也不容忽视，那么，现在什么最重要。从地球整体角度去思考未来的世界问题，草坪的体育运动场、学校的庭院、屋顶绿化等，今后，从“为了孩子的未来”考虑，把天然草坪的新提案继续下去是非常重要的。

资料篇

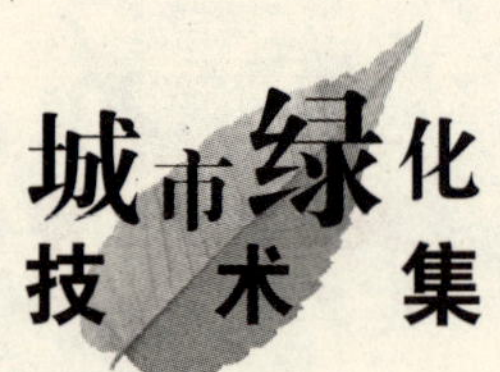

索 引